高等教育网络空间安全专业系列教材

密码学教程

毛 明　李梦东　主编

李艳俊　欧海文　张艳硕　副主编

机械工业出版社

本书系统介绍了密码学的主要知识，共 6 章：古典密码、序列密码、分组密码、Hash 函数、公钥密码和密码协议。本书内容全面，实例丰富，论述深入浅出，注重探究式讲授，将密码学中的设计与分析、理论与实践、基础与拓展等内容有机结合，最小限度地介绍数学概念，并将其"随遇随讲"地寓于各类型密码算法的介绍之中。

本书凝聚了作者多年教学经验和教研成果，可作为高等院校密码科学与技术、信息安全、网络空间安全及相关专业的本科生和研究生教材，也可作为密码与信息安全专业人员的参考书。

本书配有授课电子课件，需要的教师可登录 www.cmpedu.com 免费注册，审核通过后下载，或联系编辑索取（微信：13146070618，电话：010-88379739）。

图书在版编目（CIP）数据

密码学教程 / 毛明，李梦东主编. -- 北京：机械工业出版社，2024.10. --（高等教育网络空间安全专业系列教材）. -- ISBN 978-7-111-76691-9

Ⅰ. TN918.1

中国国家版本馆 CIP 数据核字第 20243NN576 号

机械工业出版社（北京市百万庄大街 22 号　邮政编码 100037）
策划编辑：郝建伟　　　　　　责任编辑：郝建伟　解　芳
责任校对：郑　雪　张　薇　　责任印制：郜　敏
三河市航远印刷有限公司印刷
2024 年 11 月第 1 版第 1 次印刷
184mm×260mm・15.25 印张・376 千字
标准书号：ISBN 978-7-111-76691-9
定价：65.00 元

电话服务　　　　　　　　　　网络服务
客服电话：010-88361066　　　机　工　官　网：www.cmpbook.com
　　　　　010-88379833　　　机　工　官　博：weibo.com/cmp1952
　　　　　010-68326294　　　金　书　网：www.golden-book.com
封底无防伪标均为盗版　　　　机工教育服务网：www.cmpedu.com

高等教育网络空间安全系列教材
编委会成员名单

名誉主任 沈昌祥 中国工程院院士
主　　任 李建华 上海交通大学
副 主 任（以姓氏拼音为序）
　　　　　　崔　勇 清华大学
　　　　　　王　军 中国信息安全测评中心
　　　　　　吴礼发 南京邮电大学
　　　　　　郑崇辉 国家保密教育培训基地
　　　　　　朱建明 中央财经大学
委　　员（以姓氏拼音为序）
　　　　　　陈　波 南京师范大学
　　　　　　贾铁军 上海电机学院
　　　　　　李　剑 北京邮电大学
　　　　　　梁亚声 31003 部队
　　　　　　刘海波 哈尔滨工程大学
　　　　　　牛少彰 北京邮电大学
　　　　　　潘柱廷 永信至诚科技股份有限公司
　　　　　　彭　澎 教育部教育管理信息中心
　　　　　　沈苏彬 南京邮电大学
　　　　　　王相林 杭州电子科技大学
　　　　　　王孝忠 公安部国家专业技术人员继续教育基地
　　　　　　王秀利 中央财经大学
　　　　　　伍　军 上海交通大学
　　　　　　杨　珉 复旦大学
　　　　　　俞承杭 浙江传媒学院
　　　　　　张　蕾 北京建筑大学
秘 书 长 胡毓坚 机械工业出版社

本书编写组人员名单

主　　编　毛　明　　李梦东
副 主 编　李艳俊　　欧海文　　张艳硕
参编人员　谢绒娜　　谢惠琴　　王　克　　刘　冰
　　　　　　孙　莹　　辛红彩　　季福磊　　鲁小娟
　　　　　　董有恒　　王彩冰　　刁嘉文

前　言

　　21 世纪以来，随着信息技术的飞速发展，高等教育教学理念发生了重大变化，培养具有创新精神和创新能力的高素质人才成为时代共识，为了培养具有创新精神与创新能力的密码和信息安全高素质人才，本书编者根据多年从事"密码学"课程教学和科研实践的心得与体会，尝试编写一部能体现探究式、研究性教学理念的密码学教材——《密码学教程》。

　　本书遵循密码理论和技术发展的历史脉络，以历史上几个重要时期的通信安全问题为切入点，引导学生分析问题、研究问题，不断探究解决问题的方法和思路，顺其自然地引入密码学的基础概念、基本理论、科学方法和科学原理。与市面上已出版的同类教材相比，本书具有如下特点。

　　一是以密码通信的需求为导向。以密码通信的实际需求和现实问题为出发点，采用探究式、研究性讲授方式，启发和引导学生积极思考与探索解决问题的思路和方法，从而使学生接触密码学基本概念和简单的加/解密方法，再通过提出新的需求和问题来启发与引导学生完善已有解决方案。比如，第 1 章"古典密码"以古代战争中需要传递秘密消息这一实际问题为出发点，通过介绍斯巴达人和凯撒大帝传递秘密消息的方法，引入古典密码的基本思想，并启发学生提出自己的加/解密新方法。

　　二是以密码破译的现实为动力。通过经典密码算法被破译的现实，引导学生思考如何提升经典密码算法的计算复杂度，从而提高密码算法的破译难度或抗攻击能力，由此深化学生对相关数学理论的学习和研究，并尝试将新的数学方法或原理引入密码算法的设计之中，从而形成更加安全的密码算法。比如，第 1 章通过分析古典密码的密文特点，引导学生思考古典密码存在的安全缺陷，并针对这些安全缺陷思考如何破译古典密码，以及如何提高古典密码的安全性。

　　三是以重视密码理论研究为根本。通过密码算法的破译、改进和完善过程，学生可以认识到密码算法的安全性是建立在严格的数学理论基础之上的，以提升对理论基础研究重要性的认知。比如，随着机械和电子技术的发展，加/解密技术进入机械电子密码时代，此时通过介绍以图灵为代表的密码专家对德国恩尼格玛密码机的破解，引导学生分析、思考古典密码终结的根本原因，再通过介绍香农《保密系统的通信理论》的核心思想，学生可以认识到密码技术由文字变换技法走向科学的必然性和必要性，从而提升对理论基础研究重要性的根本认知。

　　上面仅以古典密码为例说明了本书的写作特点，实际上本书中其他类型的密码介绍也同样体现和遵循了这些特点。同时，本书在内容安排上注重凝练和与时俱进，标有*的为选学内容。

　　密码学中的攻防矛盾推动着密码学不断发展，这些是天然的课程思政素材。本书将这些素材有机地融入爱国主义、辩证思维、克服困难的意志品质的培养之中，做到立德树人与专业知识并重。

全书共 6 章，分别是古典密码、序列密码、分组密码、Hash 函数、公钥密码和密码协议。本书由国务院政府特殊津贴专家、北京市教学名师毛明教授负责总体设计、策划组织、部分章节编写和全书审稿。李梦东教授负责第 4 章、第 5 章和第 6 章 6.6 节的编写，并负责全书的统稿。欧海文教授负责第 2 章的编写，李艳俊副教授负责第 3 章的编写，张艳硕副教授负责第 6 章 6.1～6.5 节的编写，谢惠琴和王克老师负责第 1 章的编写，谢绒娜教授负责各章的知识脉络梳理和小结，刘冰、孙莹、辛红彩、季福磊和鲁小娟老师参与有关章节的整理、编写和校对工作。

本书于 2023 年 8 月完成初稿，以讲义形式供学生试用。根据试用情况和反馈意见，李梦东教授对初稿的部分章节进行了改写和修订，并增加了各章的应用示例。张艳硕、王克、谢惠琴、季福磊、鲁小娟、王彩冰、董有恒和刁嘉文老师参与了部分内容编写、全书修订、习题解答和校对工作。

本书凝结了多位教授长期从事"密码学"课程教学的经验和最新研究成果，适合作为高等院校密码科学与技术、信息安全、网络空间安全等专业的本科生和研究生教材，也可作为从事密码设计与分析、信息安全和网络空间安全等相关工程技术人员的参考用书。

陈小明、杨亚涛、史国振、孟璀教授等审阅了全书，并提出了许多宝贵建议和意见，在此一并表示衷心感谢！

由于水平所限，错误和不当之处在所难免，欢迎广大读者和专家批评指正。

《密码学教程》编写组
2024 年 9 月

目 录

前言
第1章 古典密码 ·· 1
1.1 源远流长的保密通信 ······················· 1
 1.1.1 "隐符""隐书"与"密码棒" ········· 1
 1.1.2 加密与解密 ···································· 2
1.2 置换密码及其破解方法 ······················ 4
 1.2.1 置换密码的数学描述 ···················· 4
 1.2.2 置换密码的蛮力破解 ···················· 5
1.3 代替密码及其破解方法 ······················ 6
 1.3.1 凯撒密码 ·· 6
 1.3.2 代替密码的数学描述 ···················· 7
 1.3.3 代替密码的频率破解 ···················· 9
 1.3.4 汉字加/解密方法——字典密码 ··· 9
1.4 Vigenere 密码及其破解方法 ············· 12
 1.4.1 Vigenere 密码 ······························ 12
 1.4.2 多表代替密码的数学描述 ·········· 14
 1.4.3 Vigenere 密码的分析破解 ·········· 15
1.5 二战中的秘密武器——转轮密码机 ·· 19
 1.5.1 转轮密码机设计原理 ·················· 19
 1.5.2 恩尼格玛密码机 ·························· 21
 1.5.3 紫色密码机 ·································· 23
1.6 香农保密通信理论概要 ···················· 23
 1.6.1 完全保密的密码体制 ·················· 23
 1.6.2 计算安全的密码体制 ·················· 26
1.7 相关的数学概念和算法 ···················· 27
 1.7.1 同余 ·· 27
 1.7.2 代数结构 ······································ 28
 1.7.3 欧几里得算法 ······························ 29
应用示例：中途岛战役中选择明文攻击 ·· 30
小结 ··· 30
习题 ··· 31

参考文献 ··· 32
第2章 序列密码 ·· 33
2.1 序列密码的起源 ································ 33
 2.1.1 产生与明文一样长的密钥 ·········· 33
 2.1.2 密钥序列的伪随机化 ·················· 35
2.2 线性反馈移位寄存器（LFSR） ······· 35
 2.2.1 LFSR 的工作原理 ······················· 35
 2.2.2 n-LFSR 的有理表示 ···················· 37
 2.2.3* 退化的 LFSR 情况 ······················ 40
2.3 m 序列的伪随机性 ···························· 41
 2.3.1 随机性和伪随机性的特性指标 ·· 42
 2.3.2 m 序列的伪随机性证明 ·············· 42
2.4 对偶移位寄存器（DSR） ················· 44
 2.4.1 DSR 的性质 ································· 44
 2.4.2 DSR 的状态更新过程 ················· 45
2.5 LFSR 序列的线性综合解和非线性综合 ··· 47
 2.5.1 Berlekamp-Massey 算法 ············· 47
 2.5.2 LFSR 输出序列的非线性综合 ··· 49
 2.5.3 针对序列密码的攻击 ·················· 51
2.6 序列密码的著名算法 ························ 52
 2.6.1 A5 算法 ·· 52
 2.6.2 RC4 算法 ····································· 54
 2.6.3* NESSIE 和 eSTREAM 项目中的序列密码 ··· 55
 2.6.4 我国序列密码商密标准 ZUC 算法 ··· 57
2.7 KG 的统计测试方法 ························· 62
 2.7.1 一般统计测试原理 ······················ 62
 2.7.2 常见的统计测试 ·························· 64
应用示例：移动通信中的序列密码 ······· 67
小结 ··· 68

习题 ················· 68
参考文献 ············· 69

第3章 分组密码 ············· 70
3.1 分组密码概述 ············· 70
3.1.1 分组密码与序列密码的区别 ····· 70
3.1.2 香农提出的"扩散"和"混淆"准则 ············· 71
3.2 国际上第一个密码标准DES ····· 73
3.2.1 Feistel 结构 ············· 74
3.2.2 数据加密标准（DES） ······· 75
3.2.3 DES的破译与安全性增强措施 ··· 81
3.3 IDEA 和 MISTY 算法 ········· 85
3.3.1 LM 结构和 IDEA ············ 85
3.3.2 MISTY 结构和 MISTY1 算法 ··· 88
3.4 高级加密标准（AES） ········ 91
3.4.1 NIST 征集高级加密标准 ······ 91
3.4.2 AES 算法 ············· 91
3.4.3 AES 的优势 ············· 98
3.5 我国商用密码标准 SM4 ········ 99
3.5.1 我国分组算法标准 SM4 ······· 99
3.5.2 SM4 的特点与优势 ········· 101
3.6 轻量级分组密码算法的兴起 ············· 103
3.6.1 更"节俭"的应用需求 ······· 103
3.6.2 标准算法 PRESENT ········· 105
3.7 分组密码的工作模式 ········· 107
3.7.1 电码本（ECB）模式 ········· 107
3.7.2 密码分组链接（CBC）模式 ····· 108
3.7.3 输出反馈（OFB）模式 ······· 109
3.7.4 密文反馈（CFB）模式 ······· 110
3.7.5 计数器（CTR）模式 ········· 111
应用示例：分组密码算法在云端存储中的应用 ············ 112
小结 ··············· 112
习题 ··············· 113
参考文献 ············· 114

第4章 Hash 函数 ············· 115
4.1 消息的完整性及可靠性 ······· 115
4.1.1 消息认证的现实需求 ········ 115
4.1.2 电子文档的指纹生成器——Hash 函数 ············ 117
4.2 Hash 函数的设计与实现 ······· 120
4.2.1 Hash 函数设计方法 ········ 120
4.2.2 Hash 函数的一般实现过程 ····· 123
4.3 Hash 算法标准的诞生与演变 ··· 125
4.3.1 早期的 Hash 算法标准 ······· 127
4.3.2 摘要长度的不断扩展 ········ 131
4.3.3 针对 MD5/SHA-1 等的攻击 ···· 133
4.3.4 针对 MD 结构的攻击方法 ····· 136
4.4 Hash 算法的新标准 ·········· 139
4.4.1 NIST 的 SHA-3 ············ 139
4.4.2 我国商密标准 SM3 ········· 142
4.4.3 针对新标准算法的攻击 ······ 144
4.5 Hash 函数的广泛应用 ········ 146
4.5.1 消息认证码（MAC） ········ 146
4.5.2 认证加密 ············· 150
4.5.3 其他应用 ············· 153
应用示例：计算机软件的完整性保护 ············· 154
小结 ··············· 155
习题 ··············· 155
参考文献 ············· 156

第5章 公钥密码 ············· 157
5.1 公钥密码的诞生 ············ 157
5.1.1 解决对称密钥建立的问题 ····· 157
5.1.2 密码学的"新方向" ········ 159
5.2 早期提出的公钥加密算法 ····· 161
5.2.1 基于背包问题的公钥加密算法 ············· 161
5.2.2 基于大整数分解的公钥加密算法 ············· 163
5.2.3 RSA 选择多大的数才安全 ····· 166
5.3 基于离散对数问题的公钥加密算法 ············· 169
5.3.1 ElGamal 提出的解决方案 ····· 169
5.3.2 椭圆曲线的"加盟" ········ 171
5.3.3 离散对数的破解之道 ········ 174
5.4 公钥密码中的数字签名 ······· 177

- 5.4.1 认证技术的主要工具 177
- 5.4.2 数字签名经典算法 178
- 5.4.3 数字签名的安全性 180
- 5.4.4 数字签名的应用 182
- 5.5 公钥密码算法标准 184
  - 5.5.1 美国 NIST 公钥密码标准 184
  - 5.5.2 我国商用密码标准 SM2 186
  - 5.5.3* 我国商用密码标准 SM9 188
- 5.6 迎接量子计算的挑战 191
  - 5.6.1 传统密码算法的"危机" 191
  - 5.6.2 后量子密码算法的"涌现" 194
  - 5.6.3 后量子密码算法标准 199
- 应用示例：数字签名在电子保单中的应用 202
- 小结 202
- 习题 203
- 参考文献 204

第 6 章 密码协议 205

- 6.1 密钥分配协议 205
  - 6.1.1 密钥管理的内涵 205
  - 6.1.2 密钥分配 206
  - 6.1.3 Needham-Schroeder 密钥分配协议 207
  - 6.1.4 Kerberos 密钥分配协议 208
- 6.2 密钥协商协议 209
  - 6.2.1 共享密钥的协商 209
  - 6.2.2 DH 密钥协商协议 210
  - 6.2.3 MTI 协议与 STS 协议 211
- 6.3 秘密共享协议 213
  - 6.3.1 秘密共享的定义 213
  - 6.3.2 典型秘密共享协议 213
  - 6.3.3 秘密共享的进一步发展 215
- 6.4 身份认证协议 216
  - 6.4.1 身份认证的实现方式 216
  - 6.4.2 Guillou-Quisquater 身份认证协议 217
  - 6.4.3 零知识证明及其身份认证协议 218
- 6.5 安全多方计算协议 220
  - 6.5.1 "百万富翁"问题及其求解 220
  - 6.5.2 安全多方计算及其应用 221
  - 6.5.3 安全多方计算实现方式 222
- 6.6 隐私计算与区块链 224
  - 6.6.1 隐私计算的定义 225
  - 6.6.2 隐私计算的实现技术 225
  - 6.6.3 区块链技术 228
- 应用示例：电子证照中的身份认证 232
- 小结 233
- 习题 233
- 参考文献 234

第1章 古典密码

本章主要介绍保密通信的起源与古典密码发展过程。第一节介绍人类最早的保密通信方式及密码学基本概念；第二节介绍置换密码及其破解方法；第三节介绍典型代替密码——凯撒密码及其破解方法；第四节介绍典型的多表代替密码——Vigenere 密码及其破解方法；第五节介绍转轮密码机设计原理及其典型代表；第六节介绍香农的保密通信理论及其对现代密码学的贡献；第七节介绍一些数学概念和数论算法。

1.1 源远流长的保密通信

密码学是一门专门研究如何保护秘密信息、传递秘密信息以及如何验证信息真伪的科学，具体来讲，是专门研究如何加密、如何解密和如何实现消息与身份认证的一套理论体系。人们日常生活中所使用的手机开机密码、银行账号密码等概念，准确地讲应该称为口令（Password），它只是个人设定的秘密字符串，与密码学研究的对象不可同日而语。要全面了解密码和密码学是什么，还要从 3000 多年前讲起。

1.1.1 "隐符""隐书"与"密码棒"

人类发明文字以后就有了信息交流和信息传递，由于需要传递秘密信息，就出现了保密通信。

据记载，我国西周时期，姜太公（？—约公元前 1015 年）在军事作战时，使用一种"隐符"进行保密通信。所谓"隐符"，就是双方事先约定不同长度的木板、竹节来代表不同的军事行动，实际上就是隐语或暗号。由于"隐符"上没有文字，即使丢失也不用担心泄密。到了东周时期（公元前 770—公元前 256 年），"隐符"逐渐被"隐书"代替。"隐书"是将文字刻在一块板上，然后一破为三，分给三个人持有，只有合三为一才能显示出完整的文字内容。这样，即使丢失其中一块，也不至于泄密。这种方法实际上是密码学的基本思想——文字变换术，充分体现了中华民族先祖的伟大智慧。

春秋战国和秦、汉时期，古人使用"虎符"作为军事令牌传递秘密信息，它是帝王授予将帅兵权和调动军队的信物，所以又被称为"兵符"。"虎符"是用青铜或者黄金做成的伏虎形状的令牌，分左右两半，有子母扣可以相合（见图 1-1）。左符交给领兵在外的将帅，右符留在中央由帝王掌管。如果发生战争，需要调动军队时，由帝王遣派使者带着中央的虎符到军中，由保存另一半虎符的将帅验证虎符，若两部分能严密地合二而一，表明为真"兵符"，才能发兵。

国外最早的保密通信可以追溯到古希腊的斯巴达人（约公元前 11 世纪，与我国西周同一时期），为了在战争中传递秘密信息，斯巴达人发明了一种密码棒（见图 1-2）。其方法是：首先将一条皮革缠绕在某一特定直径的棍子上，在皮革上沿着棍子方向写上需要传递的消息，然后将皮革从棍子上解下来通过信使送达目的地。接收者收到写有秘密消息的皮革后,将其缠绕在相同直径的棍子上即可恢复原始消息,棍子的直径是双方事先约定的。这样,即使这张皮革中途被敌方截获,只要敌方不知道棍子的直径,看到的便只是一串杂乱的信息。

图 1-1　虎符　　　　　　　　　　　　　图 1-2　斯巴达密码棒（源自维基百科）

公元前 440 年,古希腊人发明了"隐写术"。奴隶主 Histaieus 为推翻波斯人的统治,想与爱奥尼亚城的统治者联合行动,于是他剃光一位忠实奴隶的头发,将情报刺在奴隶的头皮上,等待头发长出来之后,再派该奴隶前往爱奥尼亚城。奴隶到达目的地后,让人剃光头发,对方就能看到奴隶头皮上所刺的情报。"隐写术"是信息隐藏技术的鼻祖,尽管其目的也是保护秘密信息,但是它采取的方法是掩盖或隐藏信息,而密码学采取的方法是变换信息本身,两者原理完全不同。

总之,为了进行保密通信,早在三千多年前,古人凭借他们的智慧,发明了各种各样的"隐符"和"隐书"来保护秘密信息并能安全地传递秘密信息,这些方法既能安全地把情报送到己方的目的地,又能使截获到情报的敌方无法读懂。随着历史的发展,这些方法也在不断地演变和完善。

1.1.2　加密与解密

"隐符"和"隐书"只能传递简单、有限的秘密信息,而且使用起来也不方便,特别是在传递文字信息方面。于是,人们针对文字信息的特点发明了简单、便捷且安全有效的变换手法——加密方法。

所谓"加密",就是将人们能看懂的信息变换为看不懂的信息,以便于安全地传递秘密信息。比如,"esrcte"表示什么意思?学过英语的人谁也不认识,因为它根本就不是英文单词,实际上它是一个被加密过的秘密信息。它是单词"secret"加密以后的结果,加密方法是字母从左到右两两对调。加密前能读懂的文字"secret"称为明文,加密后读不懂的秘密文字"esrcte"称为密文。这种加密方法是把字母在文字中的位置进行了交换,因此称为置换加密。

置换加密的方法很多，比如美国南北战争期间（1861—1865 年），军队中使用了一种栅栏密码，加密方法是：将明文字符按列顺序写成两行，然后按行顺序依次写好的字符就是密文。

例 1-1　明文为"attack at six"（6 点进攻），试用栅栏密码将其加密。

解：

第一步，将明文"attack at six"依次按列写成 2 行 6 列，其结果见表 1-1。

表 1-1　栅栏密码加密示例 1

行＼列	1	2	3	4	5	6
1	a	t	c	a	s	x
2	t	a	k	t	i	

第二步，从左到右先写出第一行字符，再接着写出第二行字符，最后得到密文"atcasxtakti"。

此时，收到密文的一方如何操作才能得到明文？实际上传递秘密信息的双方事先已约定好了方法。也就是说，传递秘密信息之前，发方（加密并发送密文的一方）与收方（接收密文的一方）要约定采用栅栏密码加/解密的方法。这样，收方采用加密的逆过程（逆运算）——解密，便可得到明文。即"解密"是收方对收到的密文实施的逆运算。上述密文的解密方法是：收方将密文字符一分为二写成两行，然后按照列的顺序逐列抄写便得到明文。

可以看出，栅栏密码加密方法与斯巴达人的密码棒加密法极其相似，都是没有改变明文字符本身，而是改变了明文字符在文字中的顺序，它们都属于置换密码。

栅栏密码尽管可以加密，但比较简单，容易被敌方破译。所谓"破译"，是指敌方在截获到密文但不知道加密方法的情况下，经过分析研究得到明文的过程。要提高密文的破译难度，就要使栅栏密码加密的密文更加混乱复杂，加密时还可以打乱列的顺序，按自定义的列顺序形成密文。

比如，先在表 1-1 第六列第二行空格内填充"*"，再按照列顺序 3、5、1、6、4、2 重新排列各列，得到结果见表 1-2。

表 1-2　列重排得到密文

行＼列	3	5	1	6	4	2
1	c	s	a	x	a	t
2	k	i	t	*	t	a

然后顺序写出第一行及第二行字符得到密文：csaxatkit*ta，这样得到的密文更随机一些。可以看到，加密时的列顺序完全可以自行规定，只要发方和收方约定好即可。那么，收方如何解密？先将密文排成两行，然后重新排列列的顺序，最后从左到右按照列的顺序逐列抄写字符，便可得到明文。

在上述加密变换中，使用了一个自定义的列顺序（351642），其作用是使加密得到的密文更加随机、更加难以破译。这个列顺序可以自由定义，比如（621534）、（365124）等，共

3

有 6! 种不同的排列，得到的密文都不一样。这个加密过程中多出来的秘密信息，密码学中称其为**密钥**。密钥增加了密文的隐蔽性和随机性，而且可在加密方法不变的情况下随时进行更新，也就使得密文更难被破译，所以密钥的作用是十分关键的。

当然，加密时使用了密钥（加密密钥），解密时也必然使用密钥（解密密钥）才能解密密文。加密密钥与解密密钥一般相同，也可能不同，但两者一定相关，否则密文无法解密。

上述置换加密是在 6 个列之间进行的，数学上称为 6 阶置换。类似，3 个列之间的置换就是一个 3 阶置换，4 个列之间的置换就是一个 4 阶置换。

栅栏密码还可以进一步推广，形成所谓的**列置换加密**。其加密过程是：选定列高度为 n，即每列 n 行字符。在一个 n 行的表格中将明文字符从左到右逐列填充，再按行从上到下写出结果便是密文。比如，如果选择列高度 $n=3$，明文仍为 attack at six，其加密过程见表 1-3。

表 1-3 栅栏密码加密示例 2

列 行	1	2	3	4
1	a	a	a	i
2	t	c	t	x
3	t	k	s	

按第一行、第二行、第三行顺序写出结果，便得到密文 aaaitctxtks。列置换加密的本质是：将明文分为 n 组，先按顺序取每组第一个字符，再按顺序取每组第二个字符，以此类推，最终得到密文。栅栏密码可以看作分组宽度为 2 的列置换加密。

置换加密方法很多，它们统称为**置换密码**，它是古典密码的重要组成部分，其特点是保持明文字符不变而仅打乱字符顺序，因此也称为移位密码。下一节对其进行理论上的研究和分析。

1.2 置换密码及其破解方法

1.2.1 置换密码的数学描述

为了对置换密码进行理论研究，下面对置换密码进行如下数学描述。

一个有限集 X 到自身的映射 $k: X \rightarrow X$，如果是双射，就称 k 是 X 上的一个**置换**。例如，集合 $\{x_1, x_2, x_3\}$ 上的一个映射 $k: x_1 \rightarrow x_2, x_2 \rightarrow x_3, x_3 \rightarrow x_1$ 为一个置换。因为仅与位置有关，所以这个置换只记下标，记为

$$k = \begin{pmatrix} 1 & 2 & 3 \\ 2 & 3 & 1 \end{pmatrix}$$

上面置换的含义是：输入 1 放到输出 2 的位置，输入 2 放到输出 3 的位置，输入 3 放到输出 1 的位置。密码学中为了更简便和直观，仅用一行（输出的自然顺序）表示置换，即 (312)，含义是：输入 3 放到输出第 1 位置；输入 1 放到输出第 2 位置；以此类推。栅栏密码中的密钥（351642）即是这样的写法，可以看出它表示了位置的变化。

假设明文长度为 n，置换密码的加密过程定义为：对明文空间上的 n 个字符的位置执行

一个置换 k。栅栏密码的变形密码中按列排列再打乱列顺序的加密结果，等效为一种明文的置换，因此也属于置换密码。

一般情况下，对任意正整数 n，n 个位置上的置换总共有 $n!$ 种，这是因为第一个位置有 n 种可能、第二个位置有 $n-1$ 种可能，$\cdots$，总的置换数为这些可能数的乘积。

置换 k 的逆置换 k^{-1} 对应着解密过程。逆置换 k^{-1} 是将置换 k 写成矩阵形式的第一行，第二行写自然顺序的 $(123\cdots n)$。之后调整列的顺序，使第一行成为自然顺序，则第二行就是逆置换。例如上面 $k=(312)$ 的逆置换为

$$k^{-1} = \begin{pmatrix} 3 & 1 & 2 \\ 1 & 2 & 3 \end{pmatrix} = \begin{pmatrix} 1 & 2 & 3 \\ 2 & 3 & 1 \end{pmatrix} = (231)$$

置换的概念

事实上，上述置换 k 就是加密密钥，逆置换 k^{-1} 是解密密钥，它们需要通信双方事先约定。

定义 1-1（置换密码） 设 n 为正整数，明文 $X=(x_1,x_2,\cdots,x_n)$，密文 $Y=(y_1,y_2,\cdots,y_n)$，K 是由定义在 $\{1,2,\cdots,n\}$ 上所有置换构成的集合。对任意密钥 $k\in K$，即任意一个置换，置换密码定义为

$$e_k(x_1,x_2,\cdots,x_n) = (x_{k(1)},x_{k(2)},\cdots,x_{k(n)})$$
$$d_k(y_1,y_2,\cdots,y_n) = (y_{k^{-1}(1)},y_{k^{-1}(2)},\cdots,y_{k^{-1}(n)})$$

其中，e_k 为加密变换；d_k 为解密变换；k^{-1} 是 k 的逆置换，密钥集合 K 的大小为 $n!$。

置换密码的关键是设计一种敌方不易破解的置换，同时这个置换还便于记忆和使用。斯巴达密码棒和栅栏密码就是早期便于记忆与使用的典型置换密码。

例 1-2 假设明文为"five"，请利用 $k=(2413)$ 置换对其进行加密。

解：

置换 k 的第一个数字 2，指示密文的第一个字符是明文的第二个字符，第二个数字 4 指示密文的第二个字符是明文的第四个字符，以此类推，最终得到的密文为"iefv"。可求出 $k^{-1}=(3142)$，并可对"iefv"解密得到"five"。

注意，一般情况下，需加密的明文长度大于密钥长度（置换中元素个数），此时要将明文从左到右按密钥长度进行分组，每组分别进行置换加密。

比如，明文为"attack at 6.pm"，若要利用上述置换 $k=(2413)$ 进行加密，因为 k 置换只有 4 位，而明文长度为 12，所以必须将明文从左到右进行分组，4 个字母（和符号）一组，每一组分别用 k 置换进行加密。即首先将明文分为 3 组 atta、ckat、6.pm，然后每一组分别加密，最后得到密文"taat ktca .m6p"。

1.2.2 置换密码的蛮力破解

从前面介绍可知，明文经过加密可以得到密文，密文传递到约定的收方，收方通过解密才能看到明文。然而，密文在传递过程中，有可能被其他无关方、特别是敌方所截获。敌方截获到密文后会千方百计地破解它，从而得到明文。之所以称之为破解，是因为截获者一般不掌握密文的解密方法和解密密钥。所以，加密和破解是矛盾的两个方面，它们之间的斗争是敌我双方之间非常激烈的较量。密码学中将敌手对密码的破解行为称为密码分析、攻击或破译。

一份密文如何破解？最基本的方法就是穷举法，又称为蛮力破解，即穷举每一种可能的密钥和加密方法，来找出正确明文。置换密码将明文变换为密文，只是打乱了明文字符的原有顺序，密文并没有隐藏明文原有的字符，也就是说，明文中原来有哪些字符，密文中就会出现哪些字符。攻击者就可以利用这一点进行蛮力破解。以栅栏密码例1-1的密文为例，密文为"atcasxtakti"共11个字母。那么对这11个字母进行重新排列，将有11!种可能的明文，这其中只有"attack at six"排列是有意义的，可以破解密文。

理论上，蛮力破解是一种可以攻击所有密码的方法，但随着密钥长度的增加或加密方法复杂程度的提高，蛮力破解需要消耗的时间往往是天文数字。因此，在实际攻击中，蛮力破解往往不可行。此外，作为置换密码的设计者，为防止蛮力破解，进行置换的字符数量 n 必须足够大。同时，为了进一步提高密文的安全性，可对不同的分组采用不同的置换方法，这被称为多置换密码。这样可在一定程度上增加密码破译的困难性和复杂性，但同时也增加了密钥长度。

1.3 代替密码及其破解方法

置换密码是将明文字符的顺序打乱从而产生密文，其破解方法是穷举密文所有排列来找到明文。那么，是否可以采取别的方法，比如改变明文字符本身而不是位置来得到密文？

1.3.1 凯撒密码

大约公元前50年，古罗马历史上著名的凯撒（Caesar）大帝在《高卢战记》中记述了作战时使用的一种加密方法，该方法将英文中的每一个字母用比自身位置大3的字母来代替（参见表1-4）。即 a 用 d 代替、b 用 e 代替，以此类推，最后 x 用 a 代替、y 用 b 代替、z 用 c 代替。由于这种加密术是凯撒大帝最早使用的，因此被称为凯撒密码。

表1-4 凯撒密码明/密文对照表

明文	a	b	c	d	e	f	g	h	i	j	k	l	m	n	o	p	q	r	s	t	u	v	w	x	y	z
密文	d	e	f	g	h	i	j	k	l	m	n	o	p	q	r	s	t	u	v	w	x	y	z	a	b	c

例如，要传递一份情报"attack at six"时，首先查表1-4得到相应的密文"dwwdfn dw vla"，然后派信使把这份密文送到己方的目的地，目的地一方收到密文后，再通过查表1-4，即可得到明文"attack at six"。

由于凯撒密码的明/密文对照表是凯撒大帝军队内部事先约定好的，该军队内部双方之间的通信可以使用它安全地进行保密通信，而由于敌方不掌握这种明/密文对照表，即使截获到密文也难以解密，因而读不懂其中的内容。

像凯撒密码这样，每个字符都用另外一个约定字符代替的加密方式称为代替密码。代替密码中明/密文之间约定的代替关系可以用一张表来表示，见表1-4。这个表就是代替密码的密钥（key）。通过查表即可快速完成加/解密转换，因此代替密码非常方便有效。

代替密码与置换密码是古典密码的两种主要类型。

凯撒密码的明/密文对照表过于简单，也就是字母位置加3。完全可以通过加4、加5……等方式实现对照表，并为了简便，可通过数的运算来表示加解密过程。例如，将26个英文字母从0开始编码，顺序表示为0～25个整数，见表1-5。这样字母和数字一一对应，字母的代替就是数字的运算。

表 1-5 26 个英文字母的顺序编码

a	b	c	d	e	f	g	h	i	j	k	l	m
0	1	2	3	4	5	6	7	8	9	10	11	12
n	o	p	q	r	s	t	u	v	w	x	y	z
13	14	15	16	17	18	19	20	21	22	23	24	25

假设明文字母对应的数为 i（$0 \leqslant i \leqslant 25$），凯撒密码加密时是 $i+3$ 对应的密文字母。例如明文字母 a 加密后就是 0+3 对应的字母为 d，因此 d 就是 a 的密文。不过，与一般整数加法不同的是：当明文字母对应的整数为 23、24、25 时，加 3 的结果大于 25，此时应当将这个数除以 26 后取余数才能得到密文，这就是数论中的模运算。

模运算就是求余数的计算，用符号"mod"表示。例如 27 除以 26 的余数是 1，可表示为 27 mod 26 = 1。

定义 1-2（模运算） 对于任意正整数 a 和 n（$a > n$），用 n 除 a 得到余数 b 的过程称为模运算，记为 $a \bmod n = b$。

整数模 n 的运算可以使计算结果总在小于 n 的范围内，这也称为运算封闭性，一般用 $\mathbb{Z}_n = \{0,1,2,\cdots,n-1\}$ 表示整数模 n 的余数（剩余类）集合。密码学中常希望所处理的数限定在一个固定范围之内，因此往往用到模运算。明文字母和密文字母所在的集合称为明文空间和密文空间，单表（仅一个对照表）代替密码的明文空间和密文空间都为 $\mathbb{Z}_{26}$。

凯撒密码的加密过程可以用模运算描述如下。

假设明文字母为 $m_i \in \mathbb{Z}_{26}$，对应的密文字母为 $c_i \in \mathbb{Z}_{26}$，则凯撒密码的加密变换为 $c_i = (m_i + 3) \bmod 26$，解密变换为 $m_i = (c_i - 3) \bmod 26$（为了简便，将字母和对应数字等同对待）。这里解密时需要用减法，会遇到负数的问题，例如 c 解密时 $(2-3) \bmod 26 = -1 \bmod 26$。这又如何解决？

例 1-3 求凯撒密码中，字母 b 的加密及其密文字母 c 的解密过程。

解：

加密过程为
$$(b+3) \bmod 26 = (1+3) \bmod 26 = 4 = e$$

反之，求密文字母 c 的解密过程为
$$(c-3) \bmod 26 = (2-3) \bmod 26 = -1 \bmod 26 = (-1+26) \bmod 26$$
$$= 25 = z$$

也就是说：$\mathbb{Z}_{26}$ 中的元素都是除以 26 的余数，26 相当于 0。若余数为负数，可以通过加模数 26 转换为正余数。

通过模运算，代替密码不仅可以像凯撒密码那样加 3，还可以加其他的数，甚至乘以某个整数。这就是下面介绍的构造代替密码的更复杂方式。

1.3.2 代替密码的数学描述

代替密码与置换密码的显著区别是：不是改变字符在明文中的位置，而是改变字符本身，将明文中的每一个字符用另外一个字符所代替。下面给出代替密码的一般性定义，并且仍以英文字母为例,也就是在 $\mathbb{Z}_{26}$ 中进行。实际上完全可以用其他字符集合取代 $\mathbb{Z}_{26}$(也就是模其他整数运算)。

定义 1-3(代替密码) 假设明文字母为 $m_i \in \mathbb{Z}_{26}$,密钥为某一个明/密文对照表 $k: m_i \to c_i$,其中 $c_i \in \mathbb{Z}_{26}, 0 \leq i \leq 25$。单表代替密码的加密过程为 $c_i = k(m_i)$;解密过程为 $m_i = k^{-1}(c_i)$。k^{-1} 表示反向查表或反向计算过程。

明/密文对照表(即密钥)有许多种,这实际是 26 个英文字母上的置换,共有 26! 种。实际应用中构造代替密码明/密文对照表的方式是多种多样的,以下给出两种经典方法。

1. 关键字法

关键字法的明/密文对照表中,密文字母最前面是一个选定的秘密单词,其余的密文字母是剩余字母的顺序排列。例如选择"cipher"作为关键字,则明/密文对照表见表 1-6。其中为了区别,密文字母为大写。

表 1-6 关键字明/密文对照表

明文	a	b	c	d	e	f	g	h	i	j	k	l	m	n	o	p	q	r	s	t	u	v	w	x	y	z
密文	C	I	P	H	E	R	A	B	D	F	G	J	K	L	M	N	O	Q	S	T	U	V	W	X	Y	Z

这种方法的好处是便于通信双方记忆和使用,但如果关键字选取得不恰当,会造成很多明/密文字母代替完全相同的情况。例如,表 1-6 中从明文 s 开始,明/密文对照表中的明文字符与密文字符是完全相同的,相当于没有代替,也就是没有加密,这是严重的设计失误。因此,选择关键字要确保不出现此类情况。

2. 仿射密码

所谓仿射密码,就是在 $\mathbb{Z}_{26}$ 中不仅要进行加法,还要进行乘以常数的模运算,构造明/密文对照表。实际上可以直接通过计算实现加解密过程,而不需要查表。仿射密码的数学描述如下。

仿射密码

对于任意明文 $m = m_1, m_2, m_3, \cdots$ 和密钥 (k_1, k_2),设 E_k 表示用 $k = (k_1, k_2)$ 进行加密,D_k 表示用 $k = (k_1, k_2)$ 进行解密。仿射密码的加密变换为

$$c_i = E_k(m_i) = (m_i k_1 + k_2) \bmod 26 \ (0 \leq i \leq 25)$$

解密变换为

$$m_i = D_k(c_i) = (c_i - k_2) k_1^{-1} \bmod 26$$

若 $k_1 = 1$,则 $c_i = (m_i + k_2) \bmod 26$,称为加法密码。

若 $k_2 = 0$,则 $c_i = (m_i k_1) \bmod 26$,称为乘法密码。

上述仿射变换或乘法密码中需要计算 $k_1^{-1} \bmod 26$,称为求 k_1 模整数 26 的乘法逆元。比如计算 $3^{-1} \bmod 26$ 称为求 3 模 26 的乘法逆元,这个逆元 x 应满足的条件是:在 1~25 之间、与 26 互素,且乘以 3 后再模 26 等于 1。这个逆元应该是 9,因为 $3 \times 9 \bmod 26 = 1$。求解乘法逆元需要用到数论中的欧几里得算法,又称为辗转相除法,这将留到本章最后一节进行介绍。

上面 k_2 可有 26 种情况,而 k_1 必须是与模数互素才存在乘法逆,所以 k_1 的个数是小于 26 且与 26 互素的正整数的个数。这个数在数论中称为欧拉函数,记为 $\varphi(n)$(n 是一个正整数),$\varphi(26)$ 应为 12。因此仿射密码的密钥空间的大小或密钥量为 26×12。但因为 $k_1 = 1$ 和 $k_2 = 0$ 时,$c_i = m_i$,所以应当除去这一情况(即弱密码情况)。

1.3.3 代替密码的频率破解

由于代替密码替换了明文中的每一个字符，而不像置换密码仅调整了明文字符的位置，因此破解代替密码需要另寻其他更有效的攻击方法。

仔细思考后会发现，虽然代替密码替换了明文中的每一个字符，但被替换的明文字符与替换的密文字符之间存在着一一对应关系。比如，凯撒密码中用 d 代替 a，用 e 代替 b，这种代替关系是一一对应的。这样，密文中字母 d 出现的频率就是明文中字母 a 出现的频率，同样密文中字母 e 出现的频率就是明文中字母 b 出现的频率。密文字母与相应的明文字母出现的频率相同，称为**明密异同规律**，攻击者可以根据这个统计规律进行分析破译。

26 个英文字母在英文文献中出现的频率具有一定的统计规律，图 1-3 为英文字母使用频率直方图。从图 1-3 可知，字母 E 出现的频率最高，出现频率次高的字母有 T、A、O、I、N、S、H 和 R。因此，如果加密者使用的是代替密码加密法，那么密文中出现频率最高的字母应该对应的明文字母 e。比如，若加密者使用的是凯撒密码，通过表 1-4 可知，密文中出现频率最高的字母应该是 h。然后，再根据出现频率次高的字母，可以猜测出其他密文字母大致对应的明文字母，最后便能破译出有意义的明文。

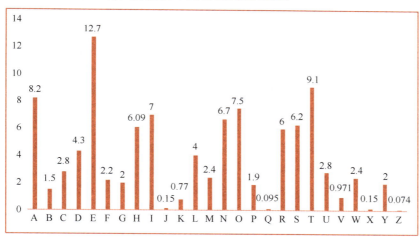

图 1-3　英文字母使用频率直方图

1.3.4 汉字加／解密方法——字典密码

上面介绍了古典密码中对英文字母的各种加／解密方法，那么汉字如何进行加/解密？显然，汉字的组成结构与英文单词不同，每个英文单词很容易拆分为若干个英文字母，而汉字由于结构复杂，不易拆分。如果拆分为偏旁部首，组合时很难简单地还原为原来的汉字。因此，上述的置换密码和代替密码无法直接用于汉字加密。

无线电报发明以后，国际上使用摩尔斯电码来传递信息，这种电码只能传递数字 0～9、26 个英文字母以及一些特殊符号，但无法直接传递汉字信息。为了使用无线电报传递汉字信息，我国电信部门编写了汉字电报码本，将常用汉字按照拼音和部首顺序进行排列，然后按顺序进行编码。

表 1-7 是中华人民共和国原邮电部于 1983 年 9 月出版的《标准电码本（修订本）》第 04 页部分内容。其中每个汉字上方的 4 位数字是其对应的电报码，供国内电报通信之用；每个汉字下方为英文字母电报码，供国际电报通信之用。这样，传递汉字时，发方首先通过汉字电报码本查到汉字的数字编码或英文编码，然后发送。收方收到数字编码或英文编码后，再通过汉字电报码本找到对应的汉字，即可译出电文。

表 1-7 《标准电码本（修订本）》实例

0400 况 APK	0401 凄 APL	0402 准 APM	0403 净 APN	0404 凉 APO	0405 冼 APP	0406 凋 APQ	0407 凌 APR	0408 冻 APS	0409 APT	
0410 凑 APU	0411 APV	0412 凛 APW	0413 凝 APX	0414 决 APY	0415 几 APZ	0416 凡 AQA	0417 凭 AQB	0418 凯 AQC	0419 凳 AQD	7685 凤 LJP
0420 凰 AQE	0421 茬 AQF	0422 凵 AQG	0423 凶 AQH	0424 凸 AQI	0425 凹 AQJ	0426 AQK	0427 出 AQL	0428 函 AQM	0429 菡 AQN	0053 卤 ACB
0430 刀 AQO	0431 刁 AQP	0432 刃 AQQ	0433 分 AQR	0434 切 AQS	0435 刈 AQT	0436 刊 AQU	0437 刎 AQV	0438 刑 AQW	0439 划 AQX	2345 击 DMF
0440 刖 AQY	0441 列 AQZ	0442 刨 ARA	0443 初 ARB	0444 删 ARC	0445 判 ARD	0446 别 ARE	0447 ARF	0448 利 ARG	0449 刭 ARH	
0450 刮 ARI	0451 到 ARJ	0452 刽 ARK	0453 刿 ARL	0454 ARM	0455 制 ARN	0456 刷 ARO	0457 券 ARP	0458 刹 ARQ	0459 刺 ARR	
0460 ARS	0461 剃 ART	0462 到 ARU	0463 则 ARV	0464 ARW	0465 削 ARX	0466 刻 ARY	0467 前 ARZ	0468 剜 ASA	0469 剌 ASB	
0470 刻 ASC	0471 剔 ASD	0472 剖 ASE	0473 划 ASF	0474 刚 ASG	0475 剥 ASH	0476 剩 ASI	0477 剪 ASJ	0478 剧 ASK	0479 副 ASL	

标准的汉字电报编码是公开发行的，不宜直接作为加/解密对照表来使用，实际中往往另外编写汉字加/解密码本。如清朝末年出现了简编密本，民国时期大量使用了自编密本。简编密本是基于明码电报编码的思路，用另行编制的秘密代码取代原来的明码数字，同时还将其中的汉字按错乱的部首编排，以达到充分混乱的目的，提高分析破解的难度，表 1-8 是简编密本实例。

表 1-8 简编密本实例

5	3	0	9	1	8	4	7	6	2	79
况	凄	准	净	凉	冼	凋	凌	冻		4
凑		凛	凝	决	几	凡	凭	凯	凳	5
凰	茬	凵	凶	凸	凹		出	函	菡	1
刀	刁	刃	分	切	刈	刊	刎	刑	划	6
刖	列	刨	初	删	判	别		利	刭	7
刮	到			刿	制	刷	券	刹	刺	2
	剃	到	则		削	刻	前	剜	剌	8
刻	剔	剖	划	刚	剥	剩	剪	剧	副	9
割	剀	创		剽	剿		劇		剧	3
劈	刘	剑		剑		剂	剐			0

使用简编密本加密过程如下：首先根据密本部首的编制规则找到某汉字所在的页，如表1-8为"79"页，称为大角码；然后在该页中找到汉字，将其所在的列号与行号组合在一起，称为小角码，由此组成的4位数字为其密码。例如，"出"字的密码（密文）为7971，"刘"字的密码为7930。解密时，根据收到的密码中的大角码找到其所在页，再根据小角码即可找到对应的汉字。整个简编密本就相当于一部完整的明/密文对照表。

在明码本中删去某些不常用的字，加编一些常用的词组，并适当调整部首和字位的编排，配以乱序的角码，即成为自编密本。自编密本民国时期曾被普遍使用，种类有数十种，概括起来无非是文字、部首、角码三方面的变化。在文字上，主要是删去明码本中不常用的字，加编常用的词组、词组短语和一些符号，以解决明码字词编制的单一性；在部首和字位上，主要是改变明码部首、字位的布局，如采用二部位、三部位或四部位同时并进的编排方法，或者按韵、按意、按笔画分类编制，以解决部首的不平衡性及跟随性；在角码上，主要是改变明码角码，采用五码角码、多层角码和长短角码等，以解决明码角码代替的固定性。自编密本编排的总体原则是，尽可能地打乱角码和汉字，以提高分析破译的难度。表1-9是五码循环角码的自编密本实例。

表1-9 五码循环角码的自编密本实例

789	2	3	0	8	9	4	7	1	5	6
3	甲	枢	乐		荣	一团	一师	一军	一	A
7	样	乙	樊	枪弹	榴	一批	一带	一名	B	
5	梅	棋	丙	傍	榴弹炮	一挺	一带之	C	一再	一二
2	机	模	楼	丁	构	一日	D	一员	一分	一并
9	机动	模样	标	概	戊戌	E	一带之敌	一小时	一千	一俟
0	一部分	一万	一百	一旅	01	（一）	榆	椅		棉
4	一里	一团	一发	02	一时	业于	（二）	杨	森	棉花
6	一门	一辆	03	一枝	一架	极	业	（三）		棘
1	一营	04	一节	地案	一月	极力	业已	楔	（四）	棚
8	05	一部	一艘	一次	一分	激烈	业经	楚	植	（五）

如表1-9所示，发报时，可任意将大角码错乱位置，如"一"字，可发78953、79853、89753、87953、97853、98753这6组中的任意一组，因此7、8、9这3个码的任意组合再不能组成新的一页的大角码。收报时，根据前3个码在密本中找到相应的页，再由小角码找到相应的字。

简编密本和自编密本的使用方法都和查字典一样，因此统称为字典密码。因为这类密本中汉字与编码的对应关系是固定的，即同字同码，这使得一些使用频率高的汉字在电报中会反复出现，破译者可以利用频率统计规律来分析破解，因此字典密码的安全性较差。

我党密码通信创建于1930年1月，为了确保党的核心机密不被敌人获取，周恩来在上海亲自编制了一种密码，取名"豪密"。"豪密"所用的加密方法简单易行，但安全性很高，很难破译，在我党、我军早期的保密通信中发挥了重要作用。直到1949年，"豪密"都没有被敌方破译。

"豪密"的加密方法是底本加乱数。底本，一般利用市面上能买到的字典或书籍，或自编密本；乱数是若干随机编排的数字，通常编制成表，所以也叫乱数表。加密时，根据底本查询汉字对应的编码作为第一层密文，然后将此密文与乱数相加得到最后的密文。脱密时用最后的密文减去乱数得到第一层密文，再查底本即可找到对应的汉字。注意，在加/减乱数时通常采用模 10 运算，即加不进位、减不借位。因为乱数表是一组随机的数字，即使明文中出现相同的汉字，但在加乱数时，相同的汉字编码加不同的乱数就会得到不同的密文，从而实现同字不同码、同码不同字的效果，大大增强了密文的安全性，提高了分析破译的难度。

例 1-4 底本为表 1-9，乱数表为"19305 74816 27132…"。请用"豪密"方法对电文"一团机动"进行加/解密运算。

解：

加密过程：

经查表 1-9 可知"一团""机动"的第一层密文为 78934 78929。

第一组密文 78934 与第一组乱码 19305 进行模 10 加，得到密文：87239。

第二组密文 78929 与第二组乱码 74816 进行模 10 加，得到密文：42735。

因此，完整的密文为：87239 42735。

解密过程：

第一组密文 87239 模 10 减第一组乱码 19305，还原第一层密文：78934。

第二组密文 42735 模 10 减第二组乱码 74816，还原第一层密文：78929。

因此，完整的第一层密文为：78934 78929。查表 1-9 还原明文：一团机动。

1.4　Vigenere 密码及其破解方法

由于凯撒密码的明/密文对照表固定，所以利用明密异同规律及频率分析可以破解凯撒密码加密得到的密文，前述的所有代替密码都存在这种威胁。为了防止利用频率分析破解密文，是否可以使用多个不同的明/密文对照表来进行代替加密，从而打乱统计特性的分布？

1.4.1　Vigenere 密码

意大利文艺复兴时期的阿尔伯蒂利用上述思路，使用多个不同循环移位的明/密文对照表对明文字母进行加密，这种方法在 1553 年被意大利人贝拉索改进，并由法国人 Vigenere（维吉尼亚）进一步修改，进而成为著名的 Vigenere 密码。Vigenere 密码代表了加密技术发展的一个转折点，并一直被沿用到 19 世纪末。这种加密方法以其简单易用而著称，同时难以被破解，当时被公认是非常安全的密码，被称为"无法破译的密码"。

Vigenere 密码可以说是凯撒密码的最充分扩展，它是将所有 26 种可能的英文字母移位情况制作成一个方阵作为加/解密代替表，如表 1-10 所示。在 Vigenere 方阵中，行表头是 26 个明文字母（此处也写成大写字母），列表头从上到下是 26 个密钥字母，表中 26×26 方阵是 26 种不同的密文，第一行是正常的英文字母顺序，从第二行开始，每一行都是上一行向左循环移 1 位的结果。具体使用哪行明/密文代替表，由发方规定一个英文单词作为密钥字即可。

表 1-10 Vigenere 方阵

	明 文 字 母																									
	A	B	C	D	E	F	G	H	I	J	K	L	M	N	O	P	Q	R	S	T	U	V	W	X	Y	Z
A	A	B	C	D	E	F	G	H	I	J	K	L	M	N	O	P	Q	R	S	T	U	V	W	X	Y	Z
B	B	C	D	E	F	G	H	I	J	K	L	M	N	O	P	Q	R	S	T	U	V	W	X	Y	Z	A
C	C	D	E	F	G	H	I	J	K	L	M	N	O	P	Q	R	S	T	U	V	W	X	Y	Z	A	B
D	D	E	F	G	H	I	J	K	L	M	N	O	P	Q	R	S	T	U	V	W	X	Y	Z	A	B	C
E	E	F	G	H	I	J	K	L	M	N	O	P	Q	R	S	T	U	V	W	X	Y	Z	A	B	C	D
F	F	G	H	I	J	K	L	M	N	O	P	Q	R	S	T	U	V	W	X	Y	Z	A	B	C	D	E
G	G	H	I	J	K	L	M	N	O	P	Q	R	S	T	U	V	W	X	Y	Z	A	B	C	D	E	F
H	H	I	J	K	L	M	N	O	P	Q	R	S	T	U	V	W	X	Y	Z	A	B	C	D	E	F	G
I	I	J	K	L	M	N	O	P	Q	R	S	T	U	V	W	X	Y	Z	A	B	C	D	E	F	G	H
J	J	K	L	M	N	O	P	Q	R	S	T	U	V	W	X	Y	Z	A	B	C	D	E	F	G	H	I
K	K	L	M	N	O	P	Q	R	S	T	U	V	W	X	Y	Z	A	B	C	D	E	F	G	H	I	J
L	L	M	N	O	P	Q	R	S	T	U	V	W	X	Y	Z	A	B	C	D	E	F	G	H	I	J	K
M	M	N	O	P	Q	R	S	T	U	V	W	X	Y	Z	A	B	C	D	E	F	G	H	I	J	K	L
N	N	O	P	Q	R	S	T	U	V	W	X	Y	Z	A	B	C	D	E	F	G	H	I	J	K	L	M
O	O	P	Q	R	S	T	U	V	W	X	Y	Z	A	B	C	D	E	F	G	H	I	J	K	L	M	N
P	P	Q	R	S	T	U	V	W	X	Y	Z	A	B	C	D	E	F	G	H	I	J	K	L	M	N	O
Q	Q	R	S	T	U	V	W	X	Y	Z	A	B	C	D	E	F	G	H	I	J	K	L	M	N	O	P
R	R	S	T	U	V	W	X	Y	Z	A	B	C	D	E	F	G	H	I	J	K	L	M	N	O	P	Q
S	S	T	U	V	W	X	Y	Z	A	B	C	D	E	F	G	H	I	J	K	L	M	N	O	P	Q	R
T	T	U	V	W	X	Y	Z	A	B	C	D	E	F	G	H	I	J	K	L	M	N	O	P	Q	R	S
U	U	V	W	X	Y	Z	A	B	C	D	E	F	G	H	I	J	K	L	M	N	O	P	Q	R	S	T
V	V	W	X	Y	Z	A	B	C	D	E	F	G	H	I	J	K	L	M	N	O	P	Q	R	S	T	U
W	W	X	Y	Z	A	B	C	D	E	F	G	H	I	J	K	L	M	N	O	P	Q	R	S	T	U	V
X	X	Y	Z	A	B	C	D	E	F	G	H	I	J	K	L	M	N	O	P	Q	R	S	T	U	V	W
Y	Y	Z	A	B	C	D	E	F	G	H	I	J	K	L	M	N	O	P	Q	R	S	T	U	V	W	X
Z	Z	A	B	C	D	E	F	G	H	I	J	K	L	M	N	O	P	Q	R	S	T	U	V	W	X	Y

比如，如果规定密钥字是"CAR"，那么加密时对第一个明文字母用密钥 C 对应的那一行密文代替表，第二个明文字母用密钥 A 对应的那一行密文代替表，第三个明文字母用密钥 R 对应的那一行密文代替表；以后的明文字母重复使用这个密钥字。当然，为了更安全，可选择更长的英文单词或字母串作为密钥。

由于 Vigenere 密码中使用了多个不同的明/密文代替表，所以称为多表代替密码，而凯撒密码只使用了一种固定的代替，所以被称为单表代替密码。

例 1-5 明文为"I SEE"，规定密钥字为"OK"，写出其 Vigenere 密文。

解：

加密过程如下。

根据 Vigenere 密码加密原理，查表 1-10 的第 I 列第 O 行，得到明文 I 的密文 W；查表第 S 列第 K 行，得到明文 S 的密文 C；查表第 E 列第 O 行，得到明文 E 的密文 S；查表第

E 列第 K 行，得到明文 E 的密文 O。

因此，完整的密文是"WCSO"。

需要特别说明的是，在加密过程中，由于两个相同的明文字母 E，在加密时分别使用了不同的密钥字母 O 和 K，所以得到两个不同的密文 S 和 O。因此，使用 Vigenere 密码加密的密文，完全打破了相同明文字母产生相同密文字母的频率统计规律，大大增强了密文的安全性。

与凯撒密码一样，Vigenere 密码的加/解密过程可以描述为数学运算，而不需要查表。加密过程：$C_i = P_i + K_i \mod 26$；解密过程：$P_i = C_i - K_i \mod 26$。其中 $0 \leqslant i \leqslant 25$，$P_i$ 是明文中的字母，C_i 是密文中的字母，K_i 是密钥字中的字母。

例 1-6 设密钥字为"key"，明文为"Vigenere"，请用 Vigenere 密码数学运算求其密文。

解：

首先对照表 1-5 将明文"Vigenere"转换为数字编码 21,8,6,4,13,4,17,4，再将密钥字"key"转换为数字编码 10,4,24，然后将密钥数字编码循环书写在明文数字编码之下，直到明文字符的最后一个数字为止。接着将每个明文编码与对应的密钥字编码进行模 26 的加密操作，最后将加密以后的密文编码查表 1-5 得到密文字母。加密过程见表 1-11。最后一行得到密文"FMEORCBI"。解密过程见表 1-12。

表 1-11　例 1-6 的 Vigenere 密码加密过程

明　　文	V	I	G	E	N	E	R	E
明文编码	21	8	6	4	13	4	17	4
密钥编码	10	4	24	10	4	24	10	4
$P_i + K_i \mod 26$	5	12	4	14	17	2	1	8
密　　文	F	M	E	O	R	C	B	I

表 1-12　例 1-6 的 Vigenere 密码解密过程

密　　文	F	M	E	O	R	C	B	I
密文编码	5	12	4	14	17	2	1	8
密钥编码	10	4	24	10	4	24	10	4
$C_i - K_i \mod 26$	21	8	6	4	13	4	17	4
明　　文	V	I	G	E	N	E	R	E

1.4.2　多表代替密码的数学描述

多表代替密码是指明/密文对照表中有若干个代替表，用 n 个代替表的就称为 n 表代替密码。理论上，使用的代替表可以有无限多个，但实际上需要在代替表管理和密文安全性方面找到一种平衡。一般情况下，一个多表代替密码的明/密文代替表中，只有有限个周期性重复的代替表，所以称为周期多表代替密码。

定义 1-4（周期多表代替密码） 假设明文为 $m = m_1 m_2 m_3 \cdots$，n 个对照表为 $T_1 T_2 \cdots T_n$，n 称为周期。

周期多表代替密码的加密过程为

$$c = c_1c_2c_3\cdots = T_1(m_1)\cdots T_n(m_n)T_1(m_{n+1})\cdots T_n(m_{2n+1})\cdots$$

解密过程为

$$m = m_1m_2\cdots = T_1^{-1}(c_1)\cdots T_n^{-1}(c_n)T_1^{-1}(c_{n+1})\cdots T_n^{-1}(c_{2n+1})\cdots$$

多表代替密码的关键是如何设计出安全可靠的明/密文代替表，其方法是灵活多样的。比如，可采用不同的仿射变换实现多个代替表，也可选择不同关键字构造不同的多个代替表等。下面是利用模运算实现的多表代替密码的例子。

为了不限于英文字母，假设字母选自 $\mathbb{Z}_q$（模 q 的剩余类集合，q 是一个正整数，如可取 $q=26$）。对于 n 表代替密码的情况，$\mathbb{Z}_q^n$ 表示 n 个字母组成的串的集合。若用 M 表示明文空间，C 表示密文空间，K 表示密钥空间，并设 $M = C = K = \mathbb{Z}_q \times \mathbb{Z}_q \times \cdots \times \mathbb{Z}_q = \mathbb{Z}_q^n$。

1. 多表加法密码

对于任意明文 $m = (m_1, m_2, \cdots, m_n) \in M$ 和密钥 $k = (k_1, k_2, \cdots, k_n) \in K$，加密变换为

$$c = (c_1, c_2, \cdots, c_n) = E_k(m) = (m_1 + k_1, m_2 + k_2, \cdots, m_n + k_n) \bmod q$$

上式 $\bmod q$ 表示每个数分别 $\bmod q$。解密变换为

$$m = D_k(c) = (c_1 - k_1, c_2 - k_2, \cdots, c_n - k_n) \bmod q$$

2. 多表乘法密码

设 $K^* = (\mathbb{Z}_q^*)^n$，对于任意明文 $m = (m_1, m_2, \cdots, m_n) \in M$ 和密钥 $k = (k_1, k_2, \cdots, k_n) \in K^*$，加密变换为

$$c = (c_1, c_2, \cdots, c_n) = E_k(m) = (k_1m_1, k_2m_2, \cdots, k_nm_n) \bmod q$$

解密变换为

$$m = D_k(c) = (k_1^{-1}c_1, k_2^{-1}c_2, \cdots, k_n^{-1}c_n) \bmod q$$

由于解密需要进行除法运算，因此必须存在解密密钥 k_i^{-1}，密钥空间 $K^* = (\mathbb{Z}_q^*)^n$。$\mathbb{Z}_q^*$ 表示 $\mathbb{Z}_q$ 中与 q 互素的元素集合。

3. 多表仿射密码

设 $K = \{(\langle k_{11}, k_{21}\rangle, \langle k_{12}, k_{22}\rangle, \cdots, \langle k_{1n}, k_{2n}\rangle) | k_{1i} \in \mathbb{Z}_q, k_{2i} \in \mathbb{Z}_q^*\}$，对于任意明文 $m = (m_1, m_2, \cdots, m_n) \in M$ 和密钥 $k = (\langle k_{11}, k_{21}\rangle, \langle k_{12}, k_{22}\rangle, \cdots, \langle k_{1n}, k_{2n}\rangle) \in K$，加密变换为

$$c = (c_1, c_2, \cdots, c_n) = E_k(m) = (k_{11} + k_{21}m_1, k_{12} + k_{22}m_2, \cdots, k_{1n} + k_{2n}m_n) \bmod q$$

解密变换为

$$m = D_k(c) = (k_{21}^{-1}(c_1 - k_{11}), k_{22}^{-1}(c_2 - k_{12}), \cdots, k_{2n}^{-1}(c_n - k_{1n})) \bmod q$$

1.4.3 Vigenere 密码的分析破解

周期多表代替密码在一定程度上打破了明密异同规律，给破译分析带来了一定难度，但是仔细研究，会发现此类密码具有明密等差规律，也就是相隔一个或多个周期的密文字母仍然保持对应明文字母的统计规律，因为它们都是同一个密钥字母产生的代替。如果能够确定其周期 n，也就是密钥字的长度，则可将密文分解为 n 个密文组，每个密文组都是单表代替产生的密文分组，从而可用单表代替密码的攻击方法对其进行破译。Vigenere 密码的破译

就是采用这种方法。

由于破译的难度很高，Vigenere 密码也因此获得了很高的声望。1868 年，当时知名作家、数学家查尔斯·勒特威奇·道奇森（笔名路易斯·卡罗尔）在文章"字母表密码（The Alphabet Cipher）"中，称 Vigenere 密码是不可破译的。然而不久，Vigenere 密码的这种"光环"就破灭了。其实，早在 1863 年，普鲁士少校弗里德里希·卡西斯基（Friedrich Kasiski）就提出了破解 Vigenere 密码密钥长度的方法，称为卡西斯基试验。

1. 卡西斯基试验

1863 年，弗里德里希·卡西斯基提出了 Vigenere 密码密钥长度的破译方法，称为卡西斯基试验（Kasiski Examination）。它是基于这样的观察：Vigenere 密码中，明文中出现的相同明文字母片段有可能被同样的密钥字母进行加密，从而在密文中重复出现相同的密文字母片段。

如果两个相同的明文片段之间的距离 d 是密钥字长度 n 的倍数，那么这两个明文片段所对应的密文片段一定是相同的。反过来，如果密文中出现两个相同的密文片段（3 个字母以上），那么它们对应的明文片段很有可能是相同的。寻找密文中长度至少为 3（用 Vigenere 密码加密，密钥长度至少为 3）的相同密文片段，计算每对密文片段之间的距离，得到距离 $d_1, d_2, d_3, \cdots, d_i$，这些距离的最大公因子大概率是密钥字的长度，这就是卡西斯基试验。

比如：

密钥：abcdab　　　　cd　　abcda　　bcd　　　abcdabcdabcd
明文：crypto　　　　is　　short　　for　　　cryptography
密文：<u>CSASTP</u>　　　KV　　SIQUT　　GQU　　<u>CSASTP</u>IUAQJB

此时两个明文片段 crypto 对应的密文片段都是 CSASTP，两个密文片段之间的距离是 16，恰好是密钥字 abcd 的 4 倍。对于更长的段落，此方法更为有效，因为通常密文中重复的片段会更多。如通过下面的密文就能破译出密钥的长度：

密文：<u>DYDUXRMH</u>TVDV<u>NQD</u>QNW<u>DYDUXRMH</u>ARTJGW<u>NQD</u>

其中，两个密文片段 DYDUXRMH 相隔了 18 个字母。因此，可以假定密钥的长度是 18 的约数，即长度为 18、9、6、3 或 2。而两个 NQD 则相距 20 个字母，意味着密钥长度应为 20、10、5、4 或 2。取两者的交集，则可以基本确定密钥长度为 2。

例 1-7　在 Vigenere 密码中，设密钥字为 key，求下述明文的密文。

are you com pan ion you are adv ers ary

解：

明文：are　　you　　com　　pan　　ion　　you　　are　　adv　　ers　　ary
密钥：key　　key　　key　　key　　key　　key　　key　　key　　key　　key
密文：KVC　　ISS　　MSK　　ZEL　　SSL　　ISS　　KVC　　KHT　　OVQ　　KVW

密文中，两个 KVC 的出现相隔了 18 个字母。因此，可以假定密钥的长度是 18 的约数，即长度为 18、9、6、3 或 2。而两个 ISS 则相距 15 个字母，意味着密钥长度应为 15、5 或者 3。取两者的交集，则可以基本确定密钥长度为 3。

2. 弗里德曼试验

20 世纪 20 年代，William F. Friedman（威廉·F·弗里德曼）提出使用重合指数（Index of Coincidence）来描述字母频率的不匀性，从而能精确确定 Vigenere 密码的密钥字长度和密钥，最后破解密文，这被称为弗里德曼试验。

定义 1-5（重合指数） 重合指数是指在一段英文字母中任取两个字母，结果为相同的情况的概率。

设 $x = x_1 x_2 \cdots x_m$ 是一个长度为 m 的英文字母串，其重合指数记为 $I_c(x)$。假设字母 A，B，C，$\cdots$，Z 在 x 中的出现次数分别为 f_0、f_1、f_2、$\cdots$、f_{25}。从 x 中选取两个字母共有 $\binom{m}{2}$ 种情况，而选取的两个字母同时为第 i 个英文字母共有 $\binom{f_i}{2}$ 种情况，$0 \leqslant i \leqslant 25$。因此重合指数为

$$I_c(x) = \frac{\sum_{i=0}^{25} f_i(f_i-1)}{m(m-1)} \approx \sum_{i=0}^{25} \frac{f_i}{m} \times \frac{f_i-1}{m-1} \approx \sum_{i=0}^{25} p_i^2$$

重合指数

其中，$p_i = f_i / m$，表示字母 i 出现的频数。

有意义的文字段和随机的文字段，重合指数的数值是明显不同的。所谓有意义的文字段，就是能被理解、有实际含义的文字，其中的字母具有相应的统计规律，如图 1-3 所显示的那样，E 出现的概率为 12.7%、T 出现的概率为 9.1%等。而随机的字母段中，每个字母出现的概率都是 1/26。

对于有意义的文字段，每个字母出现的概率符合图 1-3 的概率分布，将各字母出现的概率代入重合指数的公式可得

$$I_c(x) \approx \sum_{i=0}^{25} p_i^2 = 0.065$$

而对于随机的文字段，代入 $p_i = 1/26$，$0 \leqslant i \leqslant 25$，可得重合指数为

$$I_c(x) \approx 26 \times \left(\frac{1}{26}\right)^2 = 1/26 = 0.038$$

可以看到，上述两个重合指数有明显差别。由于单表代替不能改变明文统计规律，因此对于单表代替的密文段而言，其重合指数应当与有意义的明文段的重合指数相同，也就是约为 0.065；而对于多表代替，由于打乱了统计规律，密文段可以视为近似随机的，也就是其重合指数约为 0.038。由此可判断一个密文段是否为单表代替。弗里德曼试验就是借助这个指标确定 Vigenere 密码的周期。

对于某个 Vigenere 密码的密文段，其破译方法是：首先采取逐步试验方法猜测密钥长度。从假设周期为 2 开始，将密文段分为两组，每组对应相同的密钥字母，判断各组是否为单表代替；如果不是，则假设周期为 3，将密文段分为三组，再判断各组是否为单表代替。如此下去，最终可确定密钥长度。确定了 Vigenere 密码的密钥长度之后，可对每个单表置换对应的密文分组采用统计规律进行密钥字母猜测，还可以借助下面类似重合指数的方法确定密钥字母。

将密文 $y = y_1 y_2 \cdots y_m$ 排成 n 行，使每行的密文是单表代替加密的结果，记第 j 行密文为 $\overline{y}_j (j=1,2,\cdots,n)$，其长度为 $m' = m/n$。在字母串 $\overline{y}_j$ 中，统计字母 $a,b,c,\cdots,x,y,z$ 出现的次数，假设分别为 $f_0, f_1, \cdots, f_{25}$，则相应的频率分布为

$$\frac{f_0}{m'}, \frac{f_1}{m'}, \frac{f_2}{m'}, \cdots, \frac{f_{25}}{m'}$$

设 $\overline{y}_j$ 对应的明文字母 $a,b,c,\cdots,x,y,z$ 出现的概率分布为 $p_0, p_1, p_2, \cdots, p_{25}$，这些概率应当与图 1-3 中的概率一致。由于 $\overline{y}_j$ 中所有字母均是相应明文字母移动某个 k_j 位置所得，所以明文中第 i 个字母加密成 $\overline{y}_j$ 中第 $i+k_j (j=0,1,2,\cdots,25)$ 个字母，由此，

$$\frac{f_{i+k_j}}{m'} \approx p_i \ (j=0,1,2,\cdots,25)。$$

定义函数：

$$M_g(\overline{y}_j) = \sum_{i=0}^{25} \frac{p_i f_{i+g}}{m'} (g=0,1,2,\cdots,25, j=1,2,\cdots,n)$$

函数 $M_g(\overline{y}_j)$ 满足以下结果：

1）当 $g = k_j$ 时，$M_g(\overline{y}_j) \approx \sum_{i=0}^{25} p_i^2 = 0.065$，$M_g(y_j)$ 比较大。

2）当 $g \neq k_j$ 时，$M_g(\overline{y}_j) \ll 0.065$，$M_g(y_j)$ 比较小。

因此通过变化 g，可以确定 Vigenere 密码的每一个密钥 $k_j, j=1,2,\cdots,n$。

例 1-8 下面是由 Vigenere 密码加密的一段密文，请用上述两种试验方法对其进行分析破译。

PPCRC QRBJV OFVTS UFLBT SVNOB SSNOS SPOZP EFFBE FSVOS RMKVH DADOV OSUFV

BSKQU NQBXV UOEPC HDDFN TPILB SDNOC ZVBUN NEFSE VRGXN EUGLJ MSPQZ BSVPM

GIZAT OVFRN OOGIH FJMGF KYJFR OBRFW RSSFH QRBSV OEYVD ADDHQ NAUGR QNYJB

VFRBG FBWDE OLROS FZDGJ SUBRA FURSG NEZPI QBOHP MDE

解：

破译过程如下：

（1）求重合指数

统计密文中每个字母出现的次数，可得密文中每个字母出现的频次，见表 1-13。

表 1-13 密文中每个字母出现的频次

字母	D	E	F	G	H	I	J	K	L	M	N	O	P	Q	R	S	T	U	V	W	X	Y	Z	A	B	C
频次	11	10	18	9	6	4	6	3	4	5	12	17	10	8	14	20	4	9	15	2	2	3	6	5	16	4

计算重合指数：$I_c(x) \approx \dfrac{\sum_{i=0}^{25} f_i(f_i-1)}{m(m-1)} \approx 0.048 (m=223)$，此值比单表代替的重合指数

0.065 小得多，可以初步断定此密码是多表代替密码。

（2）确定密钥长度

按卡西斯基试验判定法得到表 1-14。

表 1-14 密文中相同片段之间的距离

相同片段	QRB	SUF	SPQZ	EFS	VOS	SVO	DADD	NOC	BSV	VFR
距离	150	42	81	57	12	117	114	42	42	54
因子分解	$2\times5^2\times3$	$2\times7\times3$	3^4	19×3	$2^2\times3$	13×3^2	$2\times3\times19$	$2\times3\times7$	$2\times7\times3$	2×3^3

在表 1-14 的因子分解中，出现最多的因子是 3，可以初步猜测周期可能是 3。为证实这种猜测，将密文排成以下 3 行：

PRRVVUBVBNSZFEVRVAVUBQQVEHFPBNZUEEGELSZVGAVNGFGYRRRFRVYAHARYVBBERFGUARNPBPE

PCBOTFTNSOPPFFOMHDOFSUBUPDNISOVNFVXUJPBPITFOIJFJOFSHBOVDQUQJFGWOOZJBFSEIOM

CQJFSLSOSSQEBSSKDOSVKNXOCDTLDCBNSRNGMQSMZOROHMKFBWSQSEDDNGNBRFDLSDSRUGZQHD

经计算，三行密文的重合指数分别是 0.0717、0.0637 和 0.0641，均接近 0.065，由此进一步证明代替表的周期很大可能是 3。

（3）确定密钥字

分别对 3 行密文进行计算：$M_g(y_j) = \sum_{i=0}^{25} \frac{p_i f_{i+g}}{n'}$（$g = 0,1,2,\cdots,25, j = 1,2,3$），经计算，当 $j=1,2,3$（对应第 1, 2, 3 行）时，g 分别是 13, 1, 25 时其相应的 $M_g(y_j)$ 值接近 0.065。所以密钥字 $k = (k_1, k_2, k_3) = (n, b, z)$。根据密钥字 nbz，通过查表 1-10 的 Vigenere 方阵，对上述密文进行解密，得到以下明文：

Code breaking is the most important from of secret intelligence in the world today it produces much more and much more trust worthy information than spies and this intelligence exerts great influence upon the policies of governments yet it has never had a chonicler

1.5 二战中的秘密武器——转轮密码机

早期的置换密码和单表代替密码的加/解密过程都是靠手工方式完成的，它适合于简单而少量的信息加密。随着 Vigenere 密码等多表代替密码的诞生以及需加密的信息量的增大，手工方式加密不仅效率很低而且容易出错。因此，人们开始思考能否设计一种能够自动完成明文加/解密操作的机械设备或机器，转轮密码机便应运而生。

1.5.1 转轮密码机设计原理

伴随着第二次工业革命的到来，为了适应密码通信的需要，人们逐渐发明了各种机械设备来处理数据的加/解密运算，最典型的设备就是转轮密码机（Rotor Cipher Machine），它是用机械方式实现长周期的多表代替密码。之后又借助于电报机和打字机，密码通信变得更加方便和高效。

转轮密码机由一个用于输入的键盘和一组转轮组成，转轮之间由齿轮进行连接。图 1-4 是一个由三个转轮组成的密码机模型，三个带有数字的矩形框代表三个转轮，从左到右分别命名为慢转子、中转子和快转子。它的工作原理是，从键盘输入的明文信号进入慢转子，经过中转子，最后从快转子输出密文。每个转轮具有 26 个输入引脚（转轮中左边一列数字）和 26 个输出引脚（转轮中右边一列数字），其内部连线将每个输入引脚连接到一个对应的输出引脚，每个转轮内部相当于一个单表代替。

比如，在图 1-4 中，如果按下字母键 A，则一个电信号被加到慢转子的输入引脚 24 并通过内部连线连接到慢转子的输出引脚 24，经过中转子的输入引脚 24 和输出引脚 24，连接到快转子的输入引脚 18，最后从快转子的输出引脚 18 输出密文，即字母 B。

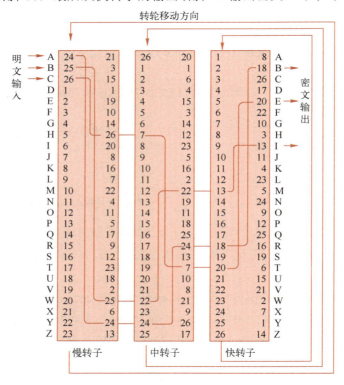

图 1-4　三转轮密码机的初始状态（源自 https://blog.csdn.net/suu_an/article/details/105957748）

为了实现多表代替，转轮密码机在每次击键并输出密文以后，快转子要转动一个位置，以改变中转子与快转子之间的对应关系。比如，在图 1-4 所示的状态下，如果按下 A 键，转轮密码机输出一个密文字母 B；然后快转子向下环移一个位置，如图 1-5 所示。此时若再按下 A 键，则一个电信号被加到慢转子的输入引脚 24 并通过内部连线连接到慢转子的输出引脚 24，经过中转子的输入引脚 24 和输出引脚 24，连接到快转子的输入引脚 17，最后从快转子的输出引脚 17 输出密文，即字母 E，而非上一次的 B。

事实上，转轮密码机中的每个转轮都可以转动，其规律是：当快转子转动 26 次以后，中转子就转动一个位置；而当中转子转动 26 次以后，慢转子就转动一个位置，类似于钟表的秒针（快转子）、分针（中转子）和时针（慢转子）。因此，在加密（或解密）26×26×26 个字母以后，所有转轮都恢复到初始状态。也就是说，一个有三个转轮的转轮密码机是一个周期长度为 26×26×26（17576）的多表代替密码。

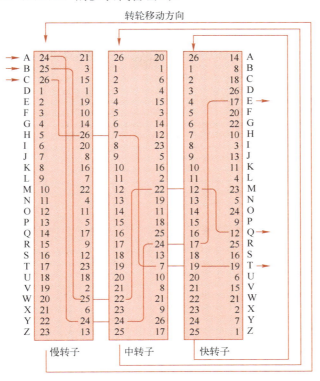

图 1-5　三转轮密码机击键一次以后的状态（源自 https://blog.csdn.net/suu_an/article/details/105957748）

1.5.2　恩尼格玛密码机

转轮密码机与电报机的有机结合为保密通信开创了新的局面，代替了繁重的手工作业，在第二次世界大战中发挥了重要作用，其中最著名的例子莫过于 Enigma（恩尼格玛）密码机。

恩尼格玛密码机是转轮密码机的典型代表，它由德国密码专家阿图尔·舍尔比乌斯（Arthur Scherbius）于 1923 年发明。恩尼格玛密码机在 20 世纪 20 年代开始被用于商业，后来被一些国家的军队与政府采用并进行改造。在第二次世界大战中，德国曾将它作为德军陆、海、空三军最高级密码使用。

恩尼格玛密码机是一种由键盘、齿轮、电池和灯泡等组成的转轮加/解密机器。发送者用其对明文加密，将生成的密文通过无线电发送给接收者；接收者将接收的密文用自己的恩尼格玛密码机解密，从而得到明文。发送者和接收者必须使用相同的密钥才能完成加密通信，因此发送者和接收者会事先收到一份称为密码本的册子。密码本中记载了发送者和接收者所使用的每日密钥，发送者和接收者需要分别按照册子的指示，通过接线板来设置恩尼格玛密码机。接线板是一种通过改变接线方式来改变字母对应关系的部件。

恩尼格玛密码机的构造如图 1-6 所示，其工作原理同 1.5.1 节所述。三个转子中的每个转子上刻有数字 1~26，与 26 个字母一一对应，为便于理解，图 1-6 将字母的数量简化为 6 个。在对恩尼格玛密码机进行设置时，可以选择转子的初始位置。加密时，按下键盘上的一个字母键后，电信号就会通过复杂的电路点亮一个输出灯泡，操作者可以在按键的同时读出灯泡所对应的字母，然后将这个字母写在纸上。这个操作在发送者一侧是加密，在接收者一侧是解密。读者只要将键和灯泡的读法互换，在恩尼格玛密码机上就可以用完全相同的方法来完成加/解密操作。

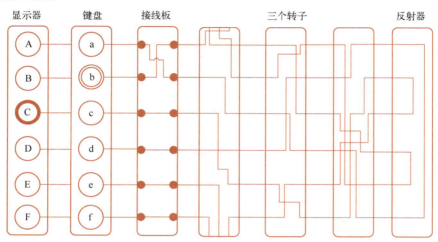

图 1-6　恩尼格玛密码机（源自 https://blog.csdn.net/weixin_39941620/article/details/109910173）

三个转子不同的方向组成了 26×26×26=17576 种可能性。

三个转子间不同的相对位置为 6 种可能性。

接线板上两两交换 6 对字母的可能性则是异常庞大，有 100391791500 种。

于是一共有 17576×6×100391791500，大约 10^{16} 种可能。

这样庞大的周期，即便能动员大量的人力物力，想靠蛮力破解几乎是不可能的。而收发双方，只要按照约定的转子方向、位置和接线板连线状况（相当于密钥），就可以非常轻松、简单地进行密码通信了。所以，当时密码专家认为，恩尼格玛密码机是牢不可破的。

比如，1926 年英国的情报机构面对恩尼格玛密码机，破解一筹莫展。然而，密码破解工作相当出色的波兰人想方设法搞到了一台商用恩尼格玛密码机，大致弄清楚了它的工作原理。但是，军用型的转子内部布线比商用型的要复杂得多，仍然难以破解。后来，法国密码分析人员从德国密码机构买来情报，并将这些情报送给了波兰人，波兰人由此开启了对恩尼格玛密码机的破解工作。1941 年，英国海军捕获到德国潜艇 U-110，才真正拿到德国海军用的恩尼格玛密码机和密码本，由此才完成了对恩尼格玛密码机的破解工作。事实上，如果得不到恩尼格玛密码机，不了解它的操作、内部转子运转方式和布线，是很难破解它的。

英国国王乔治六世称赞对恩尼格玛的破解是第二次世界大战海战中最重要的事件。但一直到二战结束，英国人都没有公布破解恩尼格玛密码机一事，因为他们想在英国的殖民地继续使用这种机器，足以见得英国人对恩尼格玛密码机的认可。1974 年，曾参与过破解工作的英国人伊·蒙塔古出版了《超级机密》一书，这才使外界了解到第二次世界大战中盟军密码学家破解密码的艰辛历程，这其中包括著名的数学家和计算机专家图灵等人。

1.5.3 紫色密码机

紫色（Purple）密码机是第二次世界大战期间日本设计使用的主要密码机，简称为紫密。"紫密"是美国人的命名，日本人称其为"97 型欧文打字机"。美国人破解了紫色密码机，为美国在第二次世界大战中扭转战局起到了重要作用，中途岛战役、暗杀山本五十六等重要行动的成功都与此有着直接关系。

紫色密码机实际上是通过配电板连接在一起的两台电动打字机，一台输入明文，一台输出密文。明文打字机和密文打字机各有 26 个插孔，通过 26 根电线连接。当明文打字机输入 1 个字母后，就会产生 1 个电流脉冲，通过 26 根电线中的 1 根输出到密文打字机，然后通过密文打字机中的加密盒加密，最后输出 1 个密文字母。

紫色密码机的加密主要基于以下两个原理。

1）电线排列顺序：26 根电线的排列顺序就是一种变换，产生的结果就是：当明文打字机输入某一字母时，密文打字机加密盒收到的可能是 26 个字母中的任意一个。

2）加密盒加密：加密盒主要由 4 个转轮组成，每个转轮都是 1 个线路转换器，明文打字机产生的电流脉冲每经过 1 个转轮就转换 1 次线路，即变换 1 次密文，且每个转轮的转动格数和转动方向都不一致。所以，通过 4 个转轮可以构成 26×26×26×26=456976 种不同的变换。

插线排序产生 26!种变换，4 个转轮产生 26^4 种变换，总变换量为 26!× 26^4 种，约 $1.84×10^{32}$，即紫色密码机是一个变换量为 $1.84×10^{32}$ 的多表代替密码算法。

1.6 香农保密通信理论概要

从 3000 年前到 20 世纪的二战时期，保密通信的发展历程非常漫长。在这一历史进程中，从"隐符""隐书"，到转轮密码机，人们把信息加/解密方法由简单的符号换位（即置换）和代替发展为复杂的机械式的换位和代替。二战前期，许多密码专家认为转轮密码机原理非常复杂、牢不可破。但到了二战后期，随着各种转轮密码机陆续被破解，密码机牢不可破的梦想被彻底打碎。那么理论上是否有安全的密码系统？又如何来设计实现？直到 1949 年，这些问题才由著名的美国学者香农（C. E. Shannon）从信息论的角度给出了答案。

1.6.1 完全保密的密码体制

1949 年，香农在《贝尔实验室技术杂志》第 28 卷第 4 期上发表了论文"保密系统的通信理论"（Communication Theory of Secrecy System），从信息的角度首次定义了什么是完全保密通信系统以及实现这一系统的条件。论文不仅从理论上指明了完全保密通信系统的设计方向，还就如何实现实际完全保密通信系统给出了重要的指导意见。香农的这篇论文为密码学的发展奠定了理论基础，使历史悠久的密码术开始走向科学。

1. 通信系统模型和信息熵

人类通信的历史非常悠久。从古典的烽火台、驿站，到近代的邮件、电报、电话、电视，再到现代的计算机网络、卫星通信等，通信技术体现出一个时代的生产力发展水平。现代的模拟电路通信、数字电路通信技术大大提高了通信能力和通信质量，同时也遇到了发展的"瓶颈"和方向问题。通信的本质到底是什么？1948 年，香农创建的信息论系统地回答了这一问题。

香农将各种各样的通信系统抽象为简单的四个模块：信源、信道、信宿和噪声。从信源发出的消息经过信道，受到噪声干扰后到达信宿。通信就是为了将消息中的信息有效、可靠地传递到信宿，为此需要将消息进行编码（或称变换），分为信源编码和信道编码，而信宿端需要进行解码（或称译码）恢复原来的消息，这一过程如图 1-7 所示。香农利用信息熵刻画了图 1-7 通信系统模型中信息的传递过程，揭示了通信的本质，为现代通信技术的发展奠定了理论基础。

图 1-7　通信系统模型

以简单的每次发送一个符号的单符号信源为例，信源可以用一个离散型随机变量 X 表示，其符号集为 $\{x_1,x_2,\cdots,x_n\}$，概率分布为 $\{p(x_i),1\leqslant i\leqslant n\}$，信源的信息熵定义如下。

定义 1-6（信息熵）

$$H(X) = \sum_{i=1}^{n} p(x_i)\log_2 \frac{1}{p(x_i)}$$

其中，$\log_2 \dfrac{1}{p(x_i)}$ 表示 x_i 的自信息，也就是 x_i 出现的不确定性。符号的概率越大，自信息越小。熵就是信源的每个符号的信息量的概率平均。熵 $H(X)$ 只与 X 的概率分布有关。X 的不确定性越大，$H(X)$ 也越大，反之 $H(X)$ 越小。所以，$H(X)$ 是随机变量 X 不确定性的一种数学度量。

通信的目的就是将信源的熵完整地传递到信宿，这样关于信源符号的不确定性也就消失了。但是由于信道中存在噪声，信源的信息熵会在其中有所损失。若对应的信宿用随机变量 Y 表示，其符号集为 $\{y_1,y_2,\cdots,y_m\}$，概率分布为 $\{p(y_i),1\leqslant i\leqslant m\}$。信道中损失的信息量用条件熵来表示：

$$H(X|Y) = -\sum_{i=1}^{n}\sum_{j=1}^{m} p(x_i,y_j)\log_2 p(x_i|y_j)$$

也就是说，在已知信宿 Y 的信息条件下，仍然存在的关于信源 X 的信息量在信道中被损失掉了，而到达信宿的信息量为 $I(X;Y) = H(X) - H(X|Y)$。

2. 完全保密的密码体制

从通信系统来看，所谓保密（又称密码）通信系统，就是从信源发出的明文，经过密钥控制的加密变换产生密文，然后在公开（不安全）信道中传输。信宿端收到密文后，采用相同的密钥完成解密过程，即得到原来的明文。其中信源和信宿两端使用的密钥相同，需要通过安全信道送达信源和信宿。由于密文在公开信道中传递,所以可能会被敌手窃听或攻击,他可以获得密文并试图破解或干扰密文的传输。保密通信系统模型如图 1-8 所示。

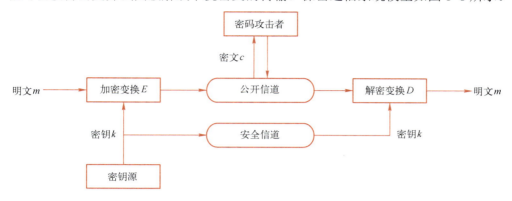

图 1-8　保密通信系统模型

通常用密码体制来描述一个保密通信系统,<u>密码体制</u>由一个五元组构成:(M,C,K,E,D),其中:

- $M = \{m = (m_1, m_2, \cdots, m_n) \mid m_i \in \mathbb{Z}_q\}$,称为明文空间。
- $C = \{c = (c_1, c_2, \cdots, c_n) \mid c_i \in \mathbb{Z}_q\}$,称为密文空间。
- K:所有可能密钥构成的集合,称为密钥空间。
- E:由密钥控制的所有加密算法集合,称为加密算法空间(算法即实现过程和步骤)。
- D:由密钥控制的所有解密算法集合,称为解密算法空间。

对于给定的明文 $m \in M$,发送者从 K 中选取密钥 k,并通过安全信道或手工方式将其秘密传递给接收者。发送者在加密算法空间 E 中依据密钥 k 选择加密算法 $E_k: M \rightarrow C$,将明文 m 变换成密文 $c = E_k(m)$,然后将 c 由公开信道发送给接收者。接收者收到密文 c 后,依据密钥 k 在解密算法空间 D 中选择解密算法 $D_k: C \rightarrow M$,即可还原为明文 $m = D_k(c)$。

香农从信息论的角度,给出了密码体制安全性的严格定义,称之为完全保密性或无条件安全性,即使攻击者拥有无限计算资源,也不可能从密文中分析出关于明文的任何信息。

定义 1-7(完全保密系统)　给定一个密码体制 (M, C, K, E, D),假设密钥空间的概率分布是均匀的,明文空间的概率分布不是均匀的且每个明文的概率不为 0。若有

$$p(c|m) = p(c), \forall m \in M, \forall c \in C$$

成立,则称此密码体制是<u>完全保密</u>(Perfect Secrecy)的。

由以上定义可知,一个密码体制完全保密的充分必要条件是明文与密文相互独立。根据贝叶斯公式 $p(m|c) = \dfrac{p(m)p(c|m)}{p(c)}$,若 $p(c|m) = p(c)$,则 $p(m|c) = p(m)$。因此利用熵的概念表述完全保密性的充分必要条件为 $H(M|C)=H(M)$,也就是在已知密文的情况下,信道中的损失熵等于明文熵的全部,换句话说,已知密文后不能消除关于明文的任何不确定性,即得不到明文的任何信息。

完全保密性的一个必要条件是 $H(K) \geq H(M)$,也就是要求密钥的信息量(即不确定性)要大于或等于明文的信息量,这样才能掩盖明文的不确定性。对应到多符号保密通信系统,

例如 n 长比特串的明文空间和密文空间的情况，比特串越长，熵越大，上述条件就是要求密钥（比特串）的长度要大于或等于明文的长度。

完全保密系统中，对于密文空间的每一个密文，所有明文加密为该密文的概率是一样的。这意味着：完全保密系统中，将一个明文加密为一个密文所用的密钥量（即密钥个数）都一样。

3．一次一密体制

1917 年，美国电话电报公司的 Gilber Vernam 发明了一次一密（One-time Pad）密码，简称 Vernam 密码，并申请了专利。

Vernam 密码可形式化地表述如下。

1）设 (M,C,K,E,D) 为 Vernam 密码体制，其中 $M = C = K = \{0,1\}^n$，即都为 n 长的二进制比特串构成的空间。其中，K 中密钥串是均匀分布的，即每个密钥串出现的概率都是 $1/2^n$。

2）对于 $m \in M, k \in K$，Vernam 体制加密算法为 $E(k,m) = c = m \oplus k$，其中 $\oplus$ 表示比特串逐比特异或，也就是模 2 加。

3）对于 $c \in C$ 以及与加密相同的密钥串 k，Vernam 体制解密算法为 $D(k,c) = m = c \oplus k$。

上述一次一密体制可以证明是完全保密的。因为该体制对于每一个指定的明文，只有一个密钥将其加密得到相应的密文。也就是说，对于固定的一个消息 $m \in \{0,1\}^n$ 和一个固定的密文 $c \in \{0,1\}^n$，存在唯一的一个密钥 $k \in \{0,1\}^n$，满足 $k \oplus m = c$，也就是 $k = m \oplus c$，这与完全保密的密码体制定义是一致的（即一个明文加密为一个密文所用的密钥量相同，都为 1）。

然而，尽管一次一密体制是完全保密的密码体制，但要求密钥与消息一样长，即如果要发送 1GB 的文件，就必须有 1GB 的密钥，这种无限随机的密钥需求在实际应用中无法满足，因此 Vernam 的一次一密密码在实际应用中是不可行的。

1.6.2 计算安全的密码体制

一次一密密码体制是无条件安全的，也就是与破译者的计算条件无关，即便敌手具有无限的计算能力也不能攻破。这种安全性也称为理论安全性，一般仅具有理论意义，并不能在实际中应用。通过适当降低无条件安全性的要求，能够取得可实现的安全性，例如，假设敌手在一定时间（如 1 万年）内不能攻破密码体制，超过这个时间则可以攻破。这种安全性在实际中已满足安全要求，且比较容易实现，这样的安全性就是计算安全性。计算安全性的密码体制从理论上讲能够被破译者攻破，但实际中若计算能力有限则无法破译。香农在其 1949 年发表的论文中也为实现计算安全性密码提出了方向性建议。

人们从两个方向努力，实现了计算安全性。一个方向是仿照一次一密，采用近似随机的密钥，形成现代的序列密码（体制或算法）；另一个方向是按照香农提出的设计思路，采用混淆和扩散的多次迭代实现乘积密码，这就是现代的分组密码（体制或算法）。

序列密码的加密过程就是将密钥序列与明文序列逐比特进行异或产生密文序列。该密码体制利用线性反馈移位寄存器+非线性化，或非线性反馈移位寄存器产生周期足够长的密钥序列，这个密钥序列近似随机序列。第 2 章将介绍序列密码。

混淆（Confusion）是使明文与密钥的关系变得尽可能复杂；而扩散（Diffusion）是使密文与明文之间的关系尽可能复杂。实现混淆的基本方法是古典密码中的代替（Substitute），简称 S 盒；实现扩散的基本方法是古典密码中的另一主要变换，即置换（Permutation），简称 P 盒。将二者结合起来形成乘积或混合密码，再做多次迭代，便形成分组密码。计算机的出现使较复杂的加解密方法得以实现，因此分组密码得到了较快发展。第 3 章将介绍分组密码。

古典密码发展到现代的序列密码、分组密码，都是所谓的对称密码，也即加密过程和解密过程使用相同的密钥。如何非人工地建立这个相同的密钥？解决这个问题随着用户增多变得越来越迫切，因此 1976 年出现了公钥密码的思想，并随后诞生了实用的公钥密码体制。公钥密码是将安全性建立在计算复杂性理论基础之上的计算安全性的密码。

公钥密码体制的建立，使得密码学的理论基础逐渐成熟，内容也大为丰富，特别是数字签名直接带动了认证技术的发展。第 4 章将介绍实现消息认证的常用工具：Hash 函数；第 5 章将介绍公钥密码；第 6 章将介绍认证协议等内容。

密码学发展至现代阶段，从形式到内容、从理论到应用都发生了很多变化。密钥不再是加密方法，而是一个随机数，即使算法公开，只要密钥保密，密码仍旧是安全的。随着计算机技术、数字处理技术、通信技术等的不断进步，信息处理方式发生了天翻地覆的变化，被加密的明文早已不局限于英文、汉字等文本信息，各类数据和信息（如声音、图像、视频等）都可以编码为二进制数据进行加/解密处理。保密通信也早已不再局限于军事、外交等核心部门使用，而是扩展到经济、生活的各个领域。当今时代，密码学已揭开了"神秘面纱"，走向了各个领域，走进了千家万户。

1.7 相关的数学概念和算法

密码学从艺术到科学的发展过程中，越来越多地用到一些数学理论和知识，其中最基础的是数论和抽象代数的基本概念，它们已经成为密码学的"基本用语"。下面简单介绍一些最常用的概念和算法，更详细的可参考有关文献。

1.7.1 同余

前面已经介绍过模运算。模 26 得到的余数，实际上代表了余数相同的所有整数的集合，例如，0 表示余数为 0 的所有整数集合，记为 $\overline{0}$。余数相同的整数集合称为同余类。因此模 26 的运算，将整数集合

$$\mathbb{Z}: \cdots, -5, -4, -3, -2, -1, 0, 1, 2, 3, 4, 5, 6, \cdots$$

划分为 26 个同余类：

$$\overline{0}: \cdots, -52, -26, 0, 26, 52, \cdots$$
$$\overline{1}: \cdots, -51, -25, 1, 27, 53, \cdots$$
$$\overline{2}: \cdots, -50, -24, 2, 28, 54, \cdots$$
$$\vdots$$
$$\overline{25}: \cdots, -27, -1, 25, 51, 77, \cdots$$

将这些同余类作为一个集合，称为模 26 的剩余类集合，记为$\mathbb{Z}_{26}$，其中用最小的正余数或 0 表示所在的同余类，加法、减法和乘法就是按照整数加法、减法和乘法计算后再模 26 取余数（除法需要除数与 26 互素），这样运算的结果都集中在这个集合中，即运算具有封闭性。更一般的情况为：模正整数 n 的剩余类集合，记为$\mathbb{Z}_n=\{0,1,2,\cdots, n-1\}$（一般为了简便，略去各数字上的短横线）。

假设a、b、n是三个正整数，如果$a \bmod n = b \bmod n$，也就是模 n 的余数相等，则称 a 和 b 模 n 同余，表示为 $a \equiv b(\bmod n)$。例如：

$$24 \equiv 9(\bmod 5), -11 \equiv 17(\bmod 7)$$

a 与 b 模 n 同余的关系等效为 $a-b$ 是 n 的倍数，或者说 n 整除 $a-b$，记为 $n|(a-b)$。这个关系写成等式为$a = qn + b$，其中 q 是某个整数。很多同余式的性质可用这一等式进行证明，例如，若 $a \equiv b(\bmod n)$，$c \equiv d(\bmod n)$，则有 $a \pm c \equiv b \pm d(\bmod n)$，$ac \equiv bd(\bmod n)$。为了简写，有时直接用“=”号代替“≡”号。

1.7.2 代数结构

观察$\mathbb{Z}_6=\{0,1,2,3,4,5\}$中的模 6 加法和模 6 乘法运算（除去 0），运算结果如图 1-9 所示。对于模 6 加法，每个数都有负元，也就是总有$(a+b) \bmod 6 = 0$，$-a = b \bmod 6$，简写为 $a+b=0, -a=b$，如 $-2 \equiv 4(\bmod 6)$，简写为 $-2=4$; $-0=0$。这样 $\mathbb{Z}_6$ 中总能进行加减法运算，0 被称为加法的单位元，任何数加 0 仍为原来的数；对于模 6 乘法，1 叫作乘法的单位元，任何数乘 1 仍为原来的数。如果$ab \bmod 6 = 1$，则称 a 的逆元为 b，简写为$a^{-1}=b$，如 $5^{-1}=5$，也就是说可以进行除 5 的运算。但其他非 1 的数不能进行除法，如 2、3、4。因此在$\mathbb{Z}_6$中总能进行乘法运算，但只有 1 和 5 能进行除法运算。

+	0	1	2	3	4	5
0	0	1	2	3	4	5
1	1	2	3	4	5	0
2	2	3	4	5	0	1
3	3	4	5	0	1	2
4	4	5	0	1	2	3
5	5	0	1	2	3	4

×	1	2	3	4	5
1	1	2	3	4	5
2	2	4	0	2	4
3	3	0	3	0	3
4	4	2	0	4	2
5	5	4	3	2	1

图 1-9　$\mathbb{Z}_6$ 的加法表和乘法表

再看模素数的$\mathbb{Z}_5=\{0,1,2,3,4\}$的运算表，如图 1-10 所示。此时非零的数都可以进行加、减、乘、除运算。之所以非零元都有乘法逆元，是因为模数 5 是素数，$\mathbb{Z}_5$的非零元素与 5 都是互素的，即最大公因子为 1。根据数论中的结论，数 a 与 5 互素可以表示为 $as+5t=1$，其中 s 和 t 是两个整数。两边模 5，得到$as \equiv 1(\bmod 5)$，即 a 有逆元 s。

一般将$\mathbb{Z}_p$中与p互素的元素的集合记为$\mathbb{Z}_p^*$。

由此可以看到，模的整数不同，得到的剩余类集合的运算性质不同。对于加法，$\mathbb{Z}_5$和$\mathbb{Z}_6$中的每个元素都有负元，称$\mathbb{Z}_5$和$\mathbb{Z}_6$为加法群；对于乘法，$\mathbb{Z}_5$的非零元素都有乘法逆元，称$\mathbb{Z}_5^*$为乘法群。这些便是抽象代数中群的概念。一个集合上定义了类似加、减、乘、除这样的代数运算，就形成代数结构。抽象代数是研究代数结构的运算性质的学科，它是现代数学中重要的基础学科之一，其中群、环、域是最常见的概念。

+	0	1	2	3	4
0	0	1	2	3	4
1	1	2	3	4	0
2	2	3	4	0	1
3	3	4	0	1	2
4	4	0	1	2	3

×	1	2	3	4
1	1	2	3	4
2	2	4	1	3
3	3	1	4	2
4	4	3	2	1

图 1-10　$\mathbb{Z}_5$ 的加法表和乘法表

群是定义一种运算的代数结构，存在单位元、满足结合律、每个元素都有逆元。定义的运算为加法的称为加法群，单位元是 0，如 $(\mathbb{Z}_6,+)=\{0,1,2,3,4,5\}$，$(\mathbb{Z}_5,+)=\{0,1,2,3,4\}$；定义的运算为乘法的称为乘法群，单位元是 1，如 $(\mathbb{Z}_5^*,\times)=\{1,2,3,4\}$。

环是定义了两种运算的代数结构，如运算为加法和乘法，其中针对加法构成加法群；而对于乘法，满足封闭性、结合律和分配律。例如，$\mathbb{Z}_n$ 称为模 n 剩余类环。如果对于乘法而言，非零元素还构成乘法群，则这种环就称为域，如 $\mathbb{Z}_p$。由于 $\mathbb{Z}_p$ 中的元素个数是有限的，所以称为有限域。有限域常表示为 F_p 或 $GF(p)$（伽罗瓦域，Galois Field），括号中的 p 是集合中元素的个数。有限域的加法群和乘法群都是交换群，即运算满足交换律。

常见的元素个数无限的代数结构有整数环 $\mathbb{Z}$、有理数域 $\mathbb{Q}$、实数域 $\mathbb{R}$。

二元域 $\mathbb{Z}_2=\{0,1\}$ 是最简单且最常见的有限域，记为 F_2 或 $GF(2)$。其中加法运算就是模 2 加，即比特异或（1 和 0 也称为比特）。二元域中，$1+1=0$，$-1=1$。一个字节（byte）有 8 个比特，可视为 8 个二元域元素的笛卡儿积（向量），所有字节构成的集合如果定义了加、减、乘、除运算，则构成二元域的 8 次扩域，记为 $GF(2^8)=F_2\times F_2\times\cdots\times F_2$，或 F_2^8。

系数为 F_2 中的元素、任意次数的一元多项式的集合记为 $F_2[x]$，这是一个环，称为 F_2 上的多项式环。其中，加法和乘法运算是系数为模 2 加和模 2 乘的多项式运算，如 $(x^3+x^2+1)-(x^2-x)=x^3+x+1$，$(x^3+x^2+1)(x^2-x)=x^5+x^3+x^2+x$。

1.7.3　欧几里得算法

两个整数 a 和 b 的最大公因子记为 $gcd(a,b)$。欧几里得算法是求两个整数的最大公因子的算法，也称为辗转相除算法。例如，求 36 和 24 的最大公因子 $gcd(36,24)$，其方法是：先用 36 除以 24，商 1 余 12；再用 24 除以余数 12，商 2 余 0。那么，12 即为 36 和 24 的公因子，即 $gcd(36,24)=12$。这一过程常写成表格形式，见表 1-15。其中，左侧两列为辗转相除过程，右侧两列的 s 和 t 是将同行最左侧一列的数表示为 36 和 24 的线性组合的系数，例如，$12=1\times36+(-1)\times24, 0=(-2)\times36+3\times24$。

表 1-15　辗转相除算法

辗转相除	商	系数 s	系数 t
36		1	0
24	1	0	1
12	2	1	−1
0		−2	3

表 1-15 中系数 s 和 t 存在迭代关系：第三行的系数等于前两行的系数-（前一行的系数×该行的商）。例如，最后一行中，$s = 0-1\times 2 = -2$，$t = 1-(-1)\times 2 = 3$。这个迭代关系在求乘法逆时是有用的。如果两个整数的最大公因子是 1，则它们是互素的。例如，$gcd(26,9)=1$，其过程见表 1-16。此时 9 模 26 存在乘法逆：$1 = (-1)\times 26 + 3\times 9 \to 1 \equiv 3\times 9 \mod 2$，即 $9^{-1} \mod 26 = 3$。

表 1-16 辗转相除算法求乘法逆

辗转相除	商	系数 s	系数 t
26		1	0
9	2	0	1
8	1	1	-2
1	1	-1	3

最后给出以后常用的数论中的两个结论。

设 a 和 n 是两个互素的正整数 $(a<n)$，则有 $a^{\varphi(n)} \equiv 1 \mod n$。其中，$\varphi(n)$ 是欧拉函数，即小于 n、与 n 互素的正整数的个数。这个结论称为欧拉定理。当 n 是一个素数 p 时，则有（费马小定理）：$a^{p-1} \equiv 1 \mod p$。

若有一个正整数 $n = p_1^{e_1} p_2^{e_2} \cdots p_r^{e_r}$，其中 p_i 是不同的素数，e_i 是正整数。则有

$$\varphi(n) = n\left(1-\frac{1}{p_1}\right)\left(1-\frac{1}{p_2}\right)\cdots\left(1-\frac{1}{p_r}\right)$$

如果 $n = pq$，其中 p 和 q 是两个不同的正素数，则 $\varphi(n) = (p-1)(q-1)$。

应用示例：中途岛战役中选择明文攻击

1942 年 5 月，美国海军密码破译人员发现：日军企图攻击太平洋中美军占领的中途岛。他们是通过截获日本人的密文片断"AF"，并怀疑这是"中途岛"对应的密文而察觉这一秘密的。但他们的上级认为中途岛被攻击是不可能的事情。为了让上级确信日本人对中途岛图谋不轨，美军密码破译人员让中途岛的驻军发出一条明文：中途岛淡水匮乏。

日本情报人员截获了这条明文后，立刻给上级发送了密文，含义是："AF"缺水。美军截取这条密文后确信"AF"对应着"中途岛"，为此美军决策者派出三艘航母增援中途岛，结果造成日军的惨败，这也成为太平洋战争的转折点。

上述密码破译过程就是典型的选择明文攻击，它表明：如果加密算法是确定性的，即相同的明文产生相同的密文，那么通过选择明文可以判断出密文对应的明文。为了防止这种攻击，需要加密算法是概率性算法，也就是在加密时选择随机数参与，这样同一明文加密时产生的密文就不相同了。

本示例选自参考文献[9]。

小结

保密通信已有 3000 多年的历史，其中"隐书"和古希腊斯巴达人的"密码棒"是置换

密码的发源，而凯撒密码则开启了代替密码的先河。形形色色的古典密码种类繁多，但都离不开置换和代替这两类最基本、最主要的方法。

尽管置换密码方法很多，但其致命的弱点是任何一个明文字符一定会出现在密文字符中，只是位置不同而已，因此容易受到穷举攻击。而单表代替尽管隐藏了明文字符本身，但掩盖不住字符出现的频次，通过频次分析即可寻找明密文之间的对应关系，从而将其破解。于是，密码专家为了对抗频次破解便发明了多表代替密码，如 Vigenere 密码，它曾被认为是不可破译的。不过，随着卡西斯基试验和弗里德曼试验的提出，不可破译的论断也成为历史。

20 世纪初，随着机械和无线电技术的应用，各种机械和电子密码机不断涌现，著名的恩尼格码机、紫色密码机相继登场，这些密码机采用了更为复杂的多表代替和不断变换的密钥，自信牢不可破。但是，随着密码专家之间的激烈较量，残酷的现实再一次打碎了转轮密码机设计者的美好愿望。于是，什么样的密码才是安全的密码成为那个时代待解的世界性难题。

1948 年，香农创立了"信息论"，1949 年他发表了《保密系统的通信理论》，提出了完全保密通信系统的理论和模型，并给出了实际安全（计算安全）的密码体制基本条件，为密码学从文字变换艺术迈向科学奠定了理论基础。20 世纪下半叶，伴随着电子计算机技术的发展，序列密码、分组密码和公钥密码如雨后春笋般层出不穷，密码学从此进入现代密码时期。

习题

1-1 密码学中的密码是什么含义？

1-2 简述密码通信原理，并解释下列名词：明文、密文、密钥、加密、解密、加密算法和解密算法。

1-3 用 Vigenere 算法加密明文"we are discovered save yourself"，密钥是 deceptive。

1-4 设英文字母 $A, B, \cdots, Z$ 分别编码为 $0, 1, \cdots, 25$。已知单表仿射加密变换为 $c=(5m+7) \bmod 26$，其中 m 表示明文，c 表示密文，试对明文 HELPME 加密。

1-5 设英文字母 $A, B, \cdots, Z$ 分别编码为 $0, 1, \cdots, 25$。已知 m 表示明文，c 表示密文，单表仿射加密变换为 $c=(11m+2) \bmod 26$，试对密文 VMWZ 解密。

1-6 已知密码体制为 Vigenere 体制，明文为 nankaiuniversity，密文为 nrgkrbuebvvkszmy，求该密码体制的密钥。

1-7 参照 Vernam 密码体制，构造一个新的密码体制，并具体描述新密码体制五元集合 (M,C,K,E,D) 中每个集合所含的元素。

1-8 参考例 1-8，针对 Vigenere 密码体制编写一个破解程序。

1-9 古典密码中 Hill 密码定义为：$c = mK \pmod{26}$，$m = cK^{-1} \pmod{26}$，其中 K 是一个密钥方阵（矩阵模 26 的含义是每个元素分别模 26）。假设一个二维 Hill 密码的 $K = \begin{pmatrix} 11 & 8 \\ 3 & 7 \end{pmatrix}$，分别求 $(7, 8)$ 对应的密文和对应的明文。

1-10 证明模运算和同余运算的下述性质：

（1）$[(a \bmod n) \pm (b \bmod n)] \bmod n = (a \pm b) \bmod n$，
$[(a \bmod n) \times (b \bmod n)] \bmod n = (a \times b) \bmod n$。

（2）如果 $a \equiv b \bmod n, c \equiv d \bmod n$，则 $a \pm c \equiv b \pm d \bmod n, ac \equiv bd \bmod n$。

1-11 试计算 $gcd(96,18)$，以及 $14^{-1} \bmod 23$。

1-12 多项式也可以如同整数一样求乘法逆。对于系数在 F_2 上的两个多项式，计算 $(x^3 + x^2 + 1)^{-1} \bmod (x^5 + x^3 + 1)$。

参考文献

[1] 毛明. 大众密码学[M]. 北京: 高等教育出版社, 2005.

[2] 李子臣. 密码学: 基础理论与应用[M]. 北京: 电子工业出版社, 2019.

[3] 保罗·伦德. 密码的奥秘[M]. 刘建伟, 王琼, 译. 北京: 电子工业出版社, 2015.

[4] 范九伦, 张雪锋, 侯红霞. 新编密码学[M]. 西安: 西安电子科技大学出版社, 2018.

[5] 张焕国, 唐明. 密码学引论[M]. 3 版. 武汉: 武汉大学出版社, 2015.

[6] 文仲慧, 周明波, 何桂忠, 等. 密码学浅谈[M]. 北京: 电子工业出版社, 2019.

[7] 杨义先, 钮心忻. 密码简史: 穿越远古展望未来[M]. 北京: 电子工业出版社, 2020.

[8] 阿尔·西米诺. 密码的故事[M]. 杨义先, 钮心忻, 译. 海口: 海南出版社, 2020.

[9] KATZ J, LINDELL Y. Introduction to Modern Cryptography[M]. Boca Raton: Chapman&Hall/CRC, 2007.

第 2 章 序 列 密 码

序列密码是古典密码之后在军事保密通信中最早兴起并发展至今的一种安全高效的密码体制，是现代密码的重要类型之一。本章第一节简述序列密码的起源；第二、三、四节分别介绍线性反馈移位寄存器（LFSR）、m 序列的伪随机性和对偶移位寄存器（DSR）；第五节探究 LFSR 序列的线性综合解（Berlekamp-Massey 算法）以及非线性综合；第六节介绍序列密码的著名算法，包括 A5、RC4 和我国商密标准 ZUC，并简述欧洲 NESSIE 和 eSTREAM 项目中的序列密码算法；第七节介绍 KG 的统计测试方法。

2.1 序列密码的起源

二战后期，随着以古典密码为基础设计而成的各种密码机被破解，古典密码体制走向了终结。即便是被认为"牢不可破"的多表代替密码，也由于存在统计特性等问题而被破解。那么还有没有安全的密码？香农从信息论的角度给出了理论安全的密码定义，并证明了一次一密是无条件安全的密码。

但是一次一密在现实中是难以实现的。为此人们开始研究采用尽量随机的密钥流来模仿一次一密密码，实现可在现实中应用的加密方法，这便是序列密码的起源。另外，随着计算机、数字电路技术的出现，明文信息都编码为二进制串，密钥也呈现为尽量随机的二进制串的形式。

也就是说，序列密码就是针对输入的明文二进制串，产生一个与明文一样长的尽量随机的二进制串作为密钥，与明文逐比特异或（模二加）就形成密文；解密时同样产生与加密时一样的密钥，再与密文逐比特异或，就可恢复明文串。明文或者密钥因为都是二进制串，所以也叫序列或比特流。

假设明文序列为 $m=m_1m_2\cdots m_i\cdots$，密钥序列为 $k=k_1k_2\cdots k_i\cdots$，则序列密码的加密过程就是 $c_i=m_i \oplus k_i$，$i=1,2,\cdots$，形成密文 $c=c_1c_2\cdots c_i\cdots$。解密过程就是对密文再异或一次密钥，则从密文中消掉密钥，恢复出明文。

因此序列密码的加/解密过程十分简单，就是逐比特异或，关键的环节是形成与明文一样长的尽量随机的密钥序列。如何产生这样的密钥序列？真正随机的序列是通过不停地投掷"无偏差"的硬币（假设正面为 1、反面为 0）得到任意长的 1/0 随机串。计算机或者硬件电路上怎么产生这种序列？

2.1.1 产生与明文一样长的密钥

从数字电路里可知有寄存器这种器件，它里面可以存放一个比特。如果把多个寄存器连接起来，再将各寄存器的值经过一个函数计算得到一个反馈值，送到连接起来的寄存器最右端，就形成了一个闭环。随着触发脉冲的工作，每个寄存器的值向左移动到另一个寄存器，这样不断更新（更新一次也称为进动一拍），从连接的寄存器的最左端就可以源源不断地输出比特串了。这一过程如图 2-1 所示，这种装置就是产生密钥流的<u>反馈移位寄存器</u>（Feedback Shift Register，FSR）。在图 2-1 中，$X_1,X_2,\cdots,X_n$ 表示 n 个寄存器，$f(X_1,X_2,\cdots,X_n)$ 表示反馈函数。

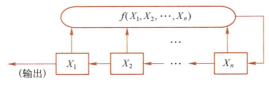

图 2-1 反馈移位寄存器

因为寄存器的值都是比特，这类反馈函数称为布尔函数，输入的比特称为布尔变量，之间的运算皆是 F_2 上的运算，布尔函数的输出为 1 比特。当反馈函数是非线性的，即是各布尔变量乘积的线性组合（系数是 1 或 0）时，称为非线性反馈；当反馈函数为线性函数，即是各布尔变量的线性组合时，称为线性反馈。

例 2-1 分析反馈函数为 $f(X_1,X_2,X_3,X_4)=X_1+X_2X_3X_4$ 的反馈移位寄存器的工作过程。

解：
$f(X_1,X_2,X_3,X_4)=X_1+X_2X_3X_4$ 是有 4 个输入的非线性函数，需要用 4 个寄存器构成 FSR（记为 4-FSR），如图 2-2 所示。

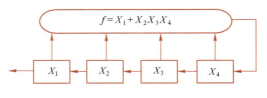

图 2-2 例 2-1 中的 4-FSR 结构框图

若 4 个寄存器的值分别为 $(X_1,X_2,X_3,X_4)=(1,1,0,0)$，则反馈值为 $1+1\times0\times0=1$。寄存器移位、更新后，4 个寄存器的值变为 $(X_1,X_2,X_3,X_4)=(1,0,0,1)$。此时反馈值为 $1+0\times0\times1=1$，则更新后 $(X_1,X_2,X_3,X_4)=(0,0,1,1)$。而输出序列由 X_1 的输出比特产生，分别为 110… 等。

例 2-1 的 FSR 是从左侧输出的，当然也可以将图水平翻转，画成从右侧输出，本书按照左侧输出。n 个寄存器构成的 FSR 记为 n-FSR。n 个寄存器里的 n 个比特称为 n-FSR 的一个状态，最开始的状态称为<u>初态</u>。

产生密钥序列的装置一般称为<u>密钥发生器（KG）</u>。利用 FSR 构造的 KG 中，一个初态作为种子密钥，放入 KG 的 FSR 中，接通电源后 FSR 开始工作，KG 就可以产生任意长的密钥序列了，此过程如图 2-3 所示。序列密码的主要工作就是设计满足安全要求、实现性能良好的 KG。

图 2-3 KG 示意图

2.1.2 密钥序列的伪随机化

上一节解决了产生与明文一样长的密钥序列问题,接下来需要解决的问题是如何让这些密钥序列尽量随机。这一问题也是设计序列密码的主要困难所在。

近似随机的二进制(或称二元)序列中比特看起来是无规律的,比特之间应该是不相关的(至少是比较复杂的关系,如非线性关系)。密码学中用伪随机性来表述这种序列,伪随机序列就是与真随机序列不可分辨的序列。

FSR 的输出序列是不是伪随机的?因为寄存器个数有限的 FSR 必然产生周期的序列(状态必然与前面的某个状态重合),而周期较短的序列显然不满足伪随机性。为此应当采用尽可能多的寄存器,但另一方面也需要兼顾实现性能、环境等,因此一般采用几十个,甚至上百个寄存器。当确定了寄存器个数后,就要选择适当的反馈函数,使输出序列周期尽量最大。最后再考查一个周期内的序列是否近似随机。

利用 FSR 实现的序列密码有两种基本做法:一是采用非线性的 FSR,此时输出序列的比特之间关系是非线性的;二是采用线性的 FSR,再将输出序列经过非线性处理。非线性的 FSR 实现速度慢且不易分析序列的周期,所以常用的方法是第二种,即线性反馈再非线性化。本章将以这种方法为主。

当然还可以将二元域 F_2 上的 FSR 扩展,将寄存器的值及反馈值扩展为字节、其他域元素;还可以采用带进位的 FSR(FCSR)以及更一般化的代数 FSR(某个环上的 FSR)等方式。本章主要以二元域的情况(即二元序列)进行介绍。KG 的设计多种多样,但二元域上 FSR 的方式是主要、基本的类型。

2.2 线性反馈移位寄存器(LFSR)

2.2.1 LFSR 的工作原理

如果 FSR 的反馈函数是线性的,则称这种 FSR 为<u>线性反馈移位寄存器</u>,记为 LFSR,n 个寄存器组成的 LFSR 记为 n-LFSR,称为 n 阶 LFSR。以下先举一个 4-LFSR 的例子。

例 2-2 试分析 F_2 上反馈函数为 $f(X_1,X_2,X_3,X_4)=X_1+X_3+X_4$ 的 4-LFSR 的输出序列(函数中的"+"即是模二加 $\oplus$)。

解:

这是一个由 4 个寄存器构成的 LFSR,反馈函数是 X_1、X_3、X_4 输出值之和。可以画出这个 4-LFSR 的结构框图,如图 2-4 所示。假设初态为 $(a_0a_1a_2a_3)$,也就是 4 个寄存器最开始的值为 $(X_1,X_2,X_3,X_4)=(a_0,a_1,a_2,a_3)$,则反馈值 $a_4=a_0+a_2+a_3$,如 $(a_0a_1a_2a_3)=(1000)$,则根据反馈值为 1,可以得到下一个状态是(0001)。以此类推,可以得到输出序列 $\tilde{a}=a_0a_1a_2a_3a_4\cdots=(1000110)^\infty$($\infty$ 表示无限循环)。这种状态更新过程见表 2-1,也可以画成图 2-5 所示的状态转移图。状态转移图画出了所有可能的状态的转换关系。

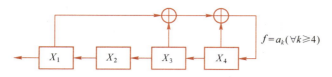

图 2-4　例 2-2 的 4-LFSR 的结构框图

表 2-1　例 2-2 的 4-LFSR 的状态更新表

$\tilde{a}$	a_0	a_1	a_2	a_3	f
1	1	0	0	0	1
0	0	0	0	1	1
0	0	0	1	1	0
0	0	1	1	0	1
1	1	1	0	1	0
1	1	0	1	0	0
0	0	1	0	0	0

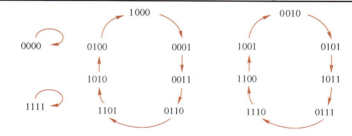

图 2-5　例 2-2 的 4-LFSR 的状态转移图

一般而言，n-LFSR 的反馈函数写为
$$f(X_1, X_2, \cdots, X_n) = c_n X_1 + c_{n-1} X_2 + \cdots + c_1 X_n$$
其中，$c_i \in F_2$。所有系数合起来称为 结构常数，记为 $[c_1, c_2, \cdots, c_n]$。结构常数是 LFSR 的核心，它决定了 LFSR 的性质。注意，反馈函数中结构常数的序号与寄存器的序号相反。

n-LFSR 的结构框图，如图 2-6 所示。其中结构常数取值为 1 或 0，相当于起到开关作用，1 表示连通，0 表示断开。一般 $c_n = 1$，否则就成为退化情况（X_1 总不参与反馈，实际成为(n-1)-LFSR）。

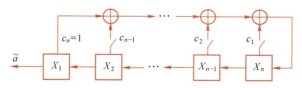

图 2-6　n-LFSR 的结构框图

n-LFSR 的输出序列 $\tilde{a} = a_0 a_1 a_2 \cdots$，满足下列关系式：
$$a_k = c_1 a_{k-1} + c_2 a_{k-2} + \cdots + c_n a_{k-n} \quad (\forall k \geq n)$$
这也称为 n-LFSR 的 线性递推关系式。

n-LFSR 的初始状态（初态）$(a_0a_1\cdots a_{n-1})$ 出现在输出序列的前 n 个比特，而第二个状态即为输出序列的第 $2\sim(n+1)$ 个比特 $(a_1a_2\cdots a_n)$，以此类推，因此输出序列中能反映出 n-LFSR 的状态更新过程。将 n 比特构成的所有 2^n 个状态（点），按照 n-LFSR 状态更新关系，用带箭头的弧线相连接而得到的一个有向图，称为该 n-LFSR 的<u>状态转移图</u>。

例 2-3 分析图 2-7 中 4-LFSR 的输出序列。

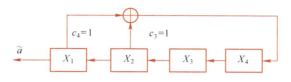

图 2-7 例 2-3 的 4-LFSR 的结构框图

解：

这个 4-LFSR 的结构常数为 [0,0,1,1]。假设初始状态为 (1000)，则根据反馈函数 $f(X_1,X_2,X_3,X_4)=X_1+X_2$（或称递推关系）得到输出序列：

$$\tilde{a}=(100010011010111)^\infty$$

这是周期为 2^4-1 的序列，也就是除了全零状态，其他所有状态连成一个最大的圈，如图 2-8 所示。这样的序列周期最大。

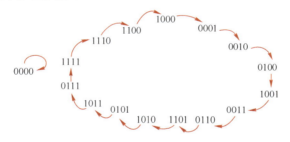

图 2-8 例 2-3 的 4-LFSR 的状态转移图

定义 2-1（m 序列） 周期为 2^n-1 的 n-LFSR 的输出序列，称为 n 阶 m 序列。

例 2-3 与例 2-2 的结构常数不同，得到的输出序列的周期不同。如何产生最大的状态圈，也就是 m 序列？必然不能将各种反馈函数形式一一尝试，从而发现产生 m 序列的反馈函数。为此需要研究 LFSR 的有理表示。

2.2.2 n-LFSR 的有理表示

n-LFSR 的结构常数与输出序列可以分别表示为变量 x 的一元多项式和幂级数的系数，其中 x 没有明确具体取值，是一个形式变量。

定义 2-2（形式幂级数） 对于 F_2 上一个 n-LFSR 输出序列 $\tilde{a}=a_0a_1\cdots=\{a_k\}_{k\geqslant 0}$，称 $a(x)=\sum_{i\geqslant 0}a_ix^i=a_0+a_1x+a_2x^2+\cdots$ 为 $\tilde{a}$ 的形式幂级数。

定义 2-3（联接多项式） 将 F_2 上一个结构常数为 $[c_1,c_2,\cdots,c_n]$ 的 n 阶线性反馈移位寄存器 n-LFSR 记为 n-LFSR$[c_1,c_2,\cdots,c_n]$，称 $f(x)=1+c_1x+c_2x^2+\cdots+c_nx^n$ 为其联接多项式。

通常，把以 $f(x)=1+c_1x+c_2x^2+\cdots+c_nx^n$（$c_n\neq 0$）为联接多项式的 n-LFSR$[c_1, c_2, \cdots, c_n]$所产生的、初态不同的输出序列全体记为 $G(f)$。其中的序列也称为由 $f(x)$ 生成的序列。

一个 n-LFSR 输出序列 $\tilde{a}$ 的形式幂级数 $a(x)$ 与联接多项式 $f(x)$ 存在以下关系：

$$a(x) = \frac{g(x)}{f(x)}$$

称 $\frac{g(x)}{f(x)}$ 为 $\tilde{a}$ 的有理表示。其中 $g(x)$ 是一个次数小于 $f(x)$ 次数的多项式。

定理 2-1 由 $f(x)=1+c_1x+c_2x^2+\cdots+c_nx^n$ 生成的序列 $\tilde{a}=a_0a_1\cdots=\{a_k\}_{k\geq 0}$ 的有理表示中，有

$$g(x)=a_0+(a_1+c_1a_0)x+(a_2+c_1a_1+c_2a_0)x^2+\cdots+(a_{n-1}+c_1a_{n-2}+\cdots+c_{n-1}a_0)x^{n-1}$$

证明：

为了表示规整，将 $f(x)$ 的常数项 1 记为 c_0。

$$\begin{aligned}
g(x) &= a(x)f(x) = (a_0+a_1x+a_2x^2+\cdots)(c_0+c_1x+c_2x^2+\cdots+c_nx^n)\\
&= c_0(a_0+\quad\quad a_1x+a_2x^2+\cdots+a_{n-1}x^{n-1}+\quad a_nx^n+a_{n+1}x^{n+1}+\cdots)+\\
&\quad c_1(a_0x+\quad\quad a_1x^2+\cdots+a_{n-2}x^{n-1}+a_{n-1}x^n+a_nx^{n+1}+\cdots)+\\
&\quad c_2(a_0x^2+\cdots+a_{n-3}x^{n-1}+a_{n-2}x^n+a_{n-1}x^{n+1}+\cdots)\\
&\quad +\cdots+c_n(a_0x^n+a_1x^{n+1}+\cdots)
\end{aligned}$$

观察 x^n 的系数为 $c_0a_n+c_1a_{n-1}+c_2a_{n-2}+\cdots+c_na_0$，而根据 LFSR 的反馈关系，$a_n=c_1a_{n-1}+c_2a_{n-2}+\cdots+c_na_0$，所以该系数为 0（$2a_n=0$）。而更高次数项的系数也同样满足反馈的递推关系，所以系数都是 0。因此 $g(x)$ 的次数最高是 $n-1$。即

$$\begin{aligned}
g(x) = &\ c_0a_0+(c_0a_1+c_1a_0)x+(c_0a_2+c_1a_1+c_2a_0)x^2+\cdots+\\
&(c_0a_{n-1}+c_2a_{n-2}+\cdots+c_{n-1}a_0)x^{n-1}
\end{aligned}$$

例 2-4 求例 2-2 中 4-LFSR、初态为(1000)的序列的有理表示。

解：

例 2-2 的结构常数 $[c_1,c_2,c_3,c_4]=[1,1,0,1]$ 对应的联接多项式为 $f(x)=1+x+x^2+x^4$，初态 $(a_0a_1a_2a_3)=(1000)$，由上面定理可得 $g(x)=1+x+x^2$。

所以该序列的有理表示为 $a(x)=\dfrac{1+x+x^2}{1+x+x^2+x^4}$。

实际上，上述计算 $g(x)$ 的过程可以采用简便方法：因为 $g(x)$ 的次数最多是 3 次，所以 $g(x)=a(x)f(x)=(a_0+a_1x+a_2x^2+a_3x^3+\cdots)(1+x+x^2+x^4)=(1+\cdots)(1+x+x^2+x^4)=1+x+x^2$。也就是仅将初态代入 $a(x)$ 并乘以 $f(x)$，最后仅取次数小于 4 的项，即为 $g(x)$。

由例 2-2 可知初态为 (1000) 时输出序列为 $(1000110)^\infty$。对应的形式幂级数 $a(x)=1+x^4+x^5+x^7+\cdots$。那么又有 $a(x)=\dfrac{1+x+x^2}{1+x+x^2+x^4}$，左右两边如何相等？

这是因为：有理表示可用消去最低次数项的长除法得到形式幂级数。其中的系数运算都是二元域中的模二运算。上式长除法运算如下：

$$\begin{array}{r}1+x^4+x^5+x^7+\cdots\\[2pt]\hline 1+x+x^2+x^4\overline{)1+x+x^2}\\ \underline{1+x+x^2+x^4}\\ x^4\\ \underline{x^4+x^5+x^6+x^8}\\ x^5+x^6+x^8\\ \underline{x^5+x^6+x^7+x^9}\\ x^7+x^8+x^9\\ \underline{x^7+x^8+x^9+x^{11}}\\ x^{11}\\ \cdots\end{array}$$

到此为止，已经介绍了序列的有理表示，那么这与 m 序列有什么关系？

将例 2-4 的有理表示 $a(x)=\dfrac{1+x+x^2}{1+x+x^2+x^4}$ 的分子分母同时乘以 $1+x+x^3$，可以得到 $a(x)=\dfrac{(1+x+x^2)(1+x+x^3)}{(1+x+x^2+x^4)(1+x+x^3)}=\dfrac{1+x^4+x^5}{1+x^7}$。可以看到：分子的系数正好是序列的一个周期(1000110)，而分母是二项式，最高次数正好等于序列的周期。这不是偶然的，因为存在下面的定理。

定理 2-2　设一个 LFSR 的输出序列为 $\tilde{a}=(a_0a_1\cdots a_{p-1})^\infty$，即周期为正整数 p，则其形式幂级数可表示为

$$a(x)=\frac{a_0+a_1x+a_2x^2+\cdots+a_{p-1}x^{p-1}}{1+x^p}$$

证明：

因　为　$a(x)=a_0+a_1x+a_2x^2+\cdots+a_{p-1}x^{p-1}+x^p(a_0+a_1x+a_2x^2+\cdots+a_{p-1}x^{p-1})+x^{2p}(a_0+a_1x+a_2x^2+\cdots+a_{p-1}x^{p-1})+\cdots$，所以 $a(x)(1+x^p)=[a_0+a_1x+a_2x^2+\cdots+a_{p-1}x^{p-1}+x^p(a_0+a_1x+a_2x^2+\cdots+a_{p-1}x^{p-1})+\cdots]+x^p[a_0+a_1x+a_2x^2+\cdots+a_{p-1}x^{p-1}+x^p(a_0+a_1x+a_2x^2+\cdots+a_{p-1}x^{p-1})+\cdots]=a_0+a_1x+a_2x^2+\cdots+a_{p-1}x^{p-1}$。

定理 2-2 的有理表示不是既约的，即分子分母有公因式。按照消最高次项的除法进行辗转相除（多项式上的欧几里得算法）可以求出公因式，分子分母消去公因式，可以得到既约的有理表示。此时分母的 $f(x)$ 是产生该序列的最小次数的联接多项式，也就是所用寄存器个数最少。

例 2-5　求产生序列 $(100111)^\infty$ 最短的 LFSR。

解：

根据定理 2-2，该序列的非既约的有理表示为

$$a(x)=\frac{1+x^3+x^4+x^5}{1+x^6}$$

利用表 2-2 的辗转相除算法，得到公因式 x^2+1。

表 2-2　例 2-5 的多项式辗转相除过程

辗转相除	商
x^6+1	
$x^5+x^4+x^3+1$	$x+1$
x^3+x	x^2+x
x^2+1	x
0	

将分子分母都消去公因式（消最高次项除法），可得既约的有理表示为

$$a(x)=\frac{1+x^2+x^3}{1+x^2+x^4}$$

因此产生该序列的最短 LFSR 是 4 阶的，结构常数为[0,1,0,1]。

假设一个 n-LFSR 输出序列的周期 $p=2^n-1$，即为 m 序列，将二项式 x^p+1 进行分解，求出其中一个 n 次不可约（不可再进一步分解）的特殊因式，将其作为联接多项式，再选择一个初态，就可以产生 m 序列了。

定义 2-4（本原多项式）　若 F_2 上一个 n 次不可约多项式 $f(x)$，其最小次数的形如 x^p+1 的二项式倍式为 $x^{2^n-1}+1$，则这个多项式 $f(x)$ 称为 n 次本原多项式。

$f(x)$ 整除 $x^{2^n-1}+1$，记为 $f(x)|(x^{2^n-1}+1)$。若 $f(x)$ 是本原多项式，则 2^n-1 是满足上述整除关系的最小次数。若选择一个 n 次本原多项式，则可构造产生最大周期序列（m 序列）的 LFSR。这是因为：按照定理 2-2，m 序列的 $a(x)$ 可以写为 $a(x)=\dfrac{a_0+a_1x+a_2x^2+\cdots+a_{p-1}x^{2^n-2}}{1+x^{2^n-1}}$，而这一分式总能约简为分母是一个 n 次本原多项式的既约表示（证明略）。

至于如何分解 $x^{2^n-1}+1$ 找到本原多项式，这里不过多介绍。表 2-3 列出一些不同次数的本原多项式。同一次数的本原多项式不止一个（实际上有 $\varphi(2^n-1)/n$ 个，其中 φ 是欧拉函数），表 2-3 中各次数本原多项式仅列出一个。

表 2-3　一些本原多项式列表

次数	本原多项式	周期
2	x^2+x+1	3
3	x^3+x^2+1	7
4	x^4+x^3+1	15
5	x^5+x^3+1	31
6	x^6+x^5+1	63
7	x^7+x^6+1	128

2.2.3* 退化的 LFSR 情况

LFSR 输出序列的有理表示还可以扩展为假分式（分子次数大于分母次数）的情况，这

对应着退化的 LFSR 情况。下面以例题形式加以介绍。

例 2-6 求有理表示 $a(x) = \dfrac{1+x+x^3+x^6}{1+x^2+x^4}$ 对应的序列。

解：

此处按照消最高次项除法，可得到

$$a(x) = \frac{1+x+x^3+x^6}{1+x^2+x^4} = 1+x^2+\frac{x+x^3}{1+x^2+x^4}$$

其中，整式部分对应的序列是 $101000000\cdots$；而分式部分是前面介绍的既约有理表示，利用消最低次项的长除法，可得对应的周期序列为 $(010001)^\infty$。二者相加的序列就是对应比特模二加的结果：

$$\begin{array}{c}101000\,000\,000\cdots\\ \oplus(\,010001'\,010\,001'010001'\cdots)\\\hline 111(001\,010'001010'001010'\cdots) = 111(001010)^\infty\end{array}$$

图 2-9 是产生该序列的 LFSR。为了存放最开始的 111 这三个比特，需要使用三个寄存器；而后面的周期序列则是 4-LFSR[0,1,0,1]，初态为 (0010)。这一形式就是所谓退化的 LFSR，因为左侧三个寄存器仅用于存放非周期的比特，而不参与右侧的 4-LFSR 的反馈。为衡量序列的实现效率（以及安全性），引入序列的线性复杂度的概念，线性复杂度就是生成序列所需最小的（LFSR）寄存器个数。上述退化 LFSR 的线性复杂度为 7。

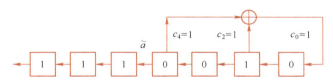

图 2-9　例 2-6 中退化的 LFSR 的结构框图

例 2-7 如果已知序列 $111(001010)^\infty$，求其有理表示。

解：

这是例 2-6 的输出序列。$111001010'001010'\cdots\cdots$ 对应的形式幂级数为

$$a(x) = 1+x+x^2+x^3(x^2+x^4+\cdots)$$

根据定理 2-2，周期序列 $(001010)^\infty$ 可表示为分式，因此

$$a(x) = 1+x+x^2+x^3\left(\frac{x^2+x^4}{1+x^6}\right) = \frac{1+x+x^2+x^5+x^6+x^8}{1+x^6} = 1+x^2+\frac{x+x^5}{1+x^6}$$
$$= 1+x^2+\frac{x+x^3}{1+x^2+x^4}$$

2.3　m 序列的伪随机性

m 序列不仅周期最长，而且还具有良好的伪随机性。那么，如何衡量一个序列的随机性和伪随机性？一般考虑以下几个指标。

2.3.1 随机性和伪随机性的特性指标

定义 2-5 对于周期序列 $\tilde{a} = (a_0 a_1 \cdots a_{p-1})^\infty$，

1）将 $\tilde{a}$ 的周期段 $a_0 a_1 \cdots a_{p-1}$ 首尾衔接起来形成的一个环，称为 $\tilde{a}$ 的 周期环；在周期环上，形如 $1\underbrace{00\cdots0}_{k}1$ 与 $0\underbrace{11\cdots1}_{l}0$ 的一个连续段分别称为 $\tilde{a}$ 的一个长为 k 的 0-游程 与长为 l 的 1-游程。

2）$\tilde{a}$ 的 自相关函数 定义为

$$R_{\tilde{a}}(\tau) = \frac{1}{p} \sum_{i=0}^{p-1} (-1)^{a_i} (-1)^{a_{i+\tau}}, -\infty < \tau < \infty$$

上述自相关系数就是将序列 $\tilde{a}$ 循环移 τ 位后，再与 $\tilde{a}$ 进行逐位比较，即 $a_i \oplus a_{i+\tau}$，若相同则产生一个 $(-1)^0 = 1$，不同则产生一个 $(-1)^1 = -1$，将它们加起来除以比特总数即 $R_{\tilde{a}}(\tau)$。这一参数表示了序列的比特之间的相关性，若为 1（或 -1），则表示移 τ 位后与原序列完全相同（或完全不同）；若为 0（假设 p 为偶数），则表示移 τ 位后与原序列最不相关。

一个 F_2 上序列 $\xi = \{\xi_n\}_{n \geq 0}$ 称为随机的，是指 ξ 具有以下基本特性（用 Pr 表示概率）。

1. 分布特性

对于任意的 $n \in \mathbb{Z}^+$（正整数集合），$0 \leq i_1 < i_2 < \cdots < i_n$，以及任意的 $(b_1, b_2, \cdots, b_n) \in F_2^n$，都有 $Pr((\xi_1, \xi_2, \cdots, \xi_n) = (b_1, b_2, \cdots, b_n)) = 1/2^n$。

2. 游程特性

对任意的 $i, j > 0$，都有

$$Pr(\xi_{i+1} = \xi_{i+2} = \cdots = \xi_{i+j} = 0, \xi_{i+j+1} = 1 | \xi_i = 1) = 1/2^{j+1}$$

$$Pr(\xi_{i+1} = \xi_{i+2} = \cdots = \xi_{i+j} = 1, \xi_{i+j+1} = 0 | \xi_i = 0) = 1/2^{j+1}$$

3. 相关特性

对任意的 $\tau > 0$，都有

$$\lim_{n \to \infty} \frac{1}{n} \sum_{i=0}^{n-1} (-1)^{\xi_i} (-1)^{\xi_{i+\tau}} = 0$$

早在 1967 年，美国数学家 S. Golomb 对照真随机序列的上述三个基本特性来研究周期序列的伪随机性，提出了伪随机序列需满足下列三个条件。

1）在其周期环上，0 与 1 的个数相差至多为 1。

2）在其周期环上，长为 i 的游程数占游程总数 λ 的 $1/2^i$，$\forall 1 \leq i < \log_2 \lambda$，且在等长的游程中，0-游程与 1-游程的个数相等。

3）它的自相关函数为一个常数。

2.3.2 m 序列的伪随机性证明

S. Golomb 证明了每个 n 级 m 序列都是一个伪随机序列。

定理 2-3 对于一个 n 级二元 m 序列 $\tilde{a}$，

1）在 $\tilde{a}$ 的周期环上，0 与 1 的个数分别是 $2^{n-1} - 1$ 与 2^{n-1}。

2）在 $\tilde{a}$ 的周期环上，游程总数 $\lambda = 2^{n-1}$；更具体地，长为 i 的 ω-游程（$\omega = 0, 1$）的个数为

$$\begin{cases} 2^{n-i-2}, & 1 \leqslant i \leqslant n-2 \\ 1, & i = n-(1 \oplus \omega), \quad \text{见表 2-4。} \\ 0, & \text{其他} \end{cases}$$

表 2-4 游程个数分布表

类型 \ 长度	1	2	⋯	$n-1$	n	$>n$
0-游程	2^{n-3}	2^{n-4}	⋯	1	0	0
1-游程	2^{n-3}	2^{n-4}	⋯	0	1	0

3) $R_{\tilde{a}}(\tau) = \begin{cases} 1, & \tau = 0 \\ -\dfrac{1}{2^n - 1}, & 0 < \tau < 2^n - 1 \end{cases}$。

证明：

F_2 上一个（非退化）n-LFSR 序列的周期环的一比特，对应着状态圈一个状态的最左一位。m 序列的状态圈中（除去全零状态）共有 $2^n - 1$ 个不同状态，每个状态必须出现且仅出现一次。

1) 在 $\tilde{a}$ 的周期环上，0 与 1 分别对应形如 $(0, \overbrace{*\cdots*}^{n-1})$ 与 $(1, \overbrace{*\cdots*}^{n-1})$ 的状态；而所有状态中 0 和 1 开头的分别为 $2^{n-1} - 1$ 与 2^{n-1} 个。因此，周期环中 0 与 1 的个数分别是 $2^{n-1} - 1$ 与 2^{n-1}。

2) 当 $1 \leqslant i \leqslant n-2$ 时，在 $\tilde{a}$ 的周期环上，一个 i 长 0-游程对应着一个形如 $(\overbrace{10\cdots01}^{i}\overbrace{*\cdots*}^{n-(i+2)})$ 的状态，而对于 LFSR，其状态总是出现在序列之中，也就是出现在周期环中，因此从周期环上数游程个数，实际就是数从这个游程开始的对应状态的个数。因为每次都是从这个游程开始数，所以不会多数也不会少数。这样的状态共有 $2^{n-(i+2)}$ 个（取遍所有*比特），因此，i 长 0-游程的个数为 $2^{n-(i+2)}$；同理，i 长 1-游程的个数也为 $2^{n-(i+2)}$。

当 $i \geqslant n-1$ 时，在任一 m 序列的状态图中，必然有 $(\overbrace{10\cdots0}^{n-1}) \to (\overbrace{0\cdots01}^{n-1})$，因为 LFSR 是逐位左移，且无全 0 状态。因此周期环中存在一个 $n-1$ 长的 0-游程，而不会有 n 长的 0-游程；另外必然有

$$(\overbrace{01\cdots1}^{n-1}) \to (\overbrace{1\cdots1}^{n}) \to (\overbrace{1\cdots10}^{n-1})$$

因为如果不这样的话就不会出现全 1 状态，而全 1 状态又是必然出现的。所以有一个 n 长的 1-游程，而不会出现 $n-1$ 长的 1-游程，因为 $(01\cdots1)$ 与 $(1\cdots10)$ 两个状态不会连在一起，中间必然有 $(1\cdots1)$ 状态。

因此，在 $\tilde{a}$ 的周期环上游程总数为

$$\lambda = 1 + 1 + 2\sum_{i=1}^{n-2} 2^{n-i-2} = 2^{n-1}$$

游程个数

3) 设 $\tilde{a} = \{a_i\}_{i \geqslant 0}$ 满足

$$a_i = c_1 a_{i-1} + c_2 a_{i-2} + \cdots + c_n a_{i-n} \quad (\forall i \geqslant n)$$

从而

$$a_{\tau+i}=c_1 a_{\tau+i-1}+c_2 a_{\tau+i-2}+\cdots+c_n a_{\tau+i-n} \quad (\forall i \geq n)$$

相加得

$$a_i+a_{\tau+i}=c_1(a_{i-1}+a_{\tau+i-1})+c_2(a_{i-2}+a_{\tau+i-2})+\cdots+c_n(a_{i-n}+a_{\tau+i-n}) \quad (\forall i \geq n)$$

当 $\tau=0$ 时，$\{a_i+a_{i+\tau}\}_{i\geq 0}$ 是全 0 序列，所以

$$R_{\tilde{a}}(\tau)=\frac{1}{2^n-1}\sum_{i=0}^{2^n-2}(-1)^{a_i}(-1)^{a_{i+\tau}}=\frac{1}{2^n-1}\sum_{i=0}^{2^n-2}1=1$$

如果 $0<\tau<2^n-1$，则 $\tilde{b}=\{a_i+a_{i+\tau}\}_{i\geq 0}$ 不是全 0 序列，并且也是一个 n 级 m 序列（结构常数没有变化），只是初态不同，这就是 m 序列的移加特性。m 序列 $\tilde{b}$ 的一个周期中有 $2^{n-1}-1$ 个 0、2^{n-1} 个 1。因此

$$R_{\tilde{a}}(\tau)=\frac{1}{2^n-1}\sum_{i=0}^{2^n-2}(-1)^{a_i}(-1)^{a_{i+\tau}}=\frac{1}{2^n-1}\sum_{i=0}^{2^n-2}(-1)^{a_i\oplus a_{i+\tau}}$$

$$=\frac{1}{2^n-1}\sum_{i=0}^{2^n-2}(-1)^{b_i}=\frac{1}{2^n-1}(2^{n-1}-1-2^{n-1})=-\frac{1}{2^n-1}$$

例 2-8 一个 5-LFSR 的联接多项式是一个本原多项式 $f(x)=1+x^2+x^5$，初态为 (10101)，试分析该输出序列的分布特性。

解：

这个联接多项式对应的结构常数为 $[0,1,0,0,1]$，再根据初态 (10101)，根据递推关系，可得到输出 m 序列 $(1010111011000111110011010010000)^{\infty}$，周期为 $2^5-1=31$。

在周期环中，有 $2^{5-1}-1=15$ 个 0，16 个 1；游程总数为 $2^{5-1}=16$，其中长为 1 的 1-游程和 0-游程分别有 $2^{5-1-2}=4$ 个，长为 2 的 1-游程和 0-游程分别有 $2^{5-2-2}=2$ 个，长为 3 的 1-游程和 0-游程分别有 $2^{5-3-2}=1$ 个，4 长 0-游程有 1 个，5 长 1-游程有 1 个。

2.4 对偶移位寄存器（DSR）

LFSR 的有理表示中，$g(x)$ 的系数与结构常数和初态都有关。如果改变一下 LFSR 的形式，$g(x)$ 的系数直接就是初态，这样，序列的三个参数：序列、结构常数和初态就直接分别对应 $a(x)$、$f(x)$ 和 $g(x)$ 的系数。这种变化的形式就是**对偶移位寄存器**（Dual Shift Register，DSR）。这种形式的 LFSR 还有实现简便、速度快的优势。

2.4.1 DSR 的性质

图 2-10 是 n 阶 DSR 的结构框图。从图 2-10 可以看到：DSR 的反馈值是最左端寄存器 X_1 的值，这个值经过结构常数后分别与后一个（右侧）寄存器的值相加（异或），然后随着工作脉冲的到来，相加值进入到前面（左侧）的寄存器。注意 DSR 的结构常数的序号与寄存器的序号一致。反馈连线可以视为结构常数 c_0 总是为 1。结构常数中 c_n 一般总为 1，否则就是退化的情况。

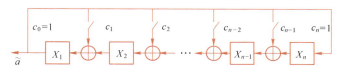

图 2-10　n 阶 DSR 的结构框图

DSR 也是线性反馈移位寄存器（LFSR），但与前面介绍的 LFSR 形式不同。图 2-10 所示的 n-LFSR$[c_1, c_2, \cdots, c_n]$称为 Galois（伽罗华）结构，简称为 n-DSR；而图 2-6 所示的 n-LFSR$[c_1, c_2, \cdots, c_n]$称为 Fibonacci（斐波那契）结构，为了与 n-DSR 相区别，称其为 n-LFSR。

从 n-DSR 的结构框图还可以看到：DSR 的状态不出现在输出序列中（不像前面介绍的 Fibonacci 形式），因为寄存器中间存在加号。这一形式有利于具体实现，因为除 X_n 以外，每个寄存器的输入值仅涉及一个与非门（异或运算），且各个值可以同时计算，而 n-LFSR 中计算反馈值需要多个与非门逐个相加。

如果 n-DSR 与 n-LFSR 产生的序列相同，则具有相同的有理表示。而 DSR 这种反馈形式，实际是将 DSR 的初态作为 $g(x)$ 的系数，有理表示进行消最低次项的长除法得到的。

设 DSR 的有理表示为 $a(x) = \dfrac{g(x)}{f(x)}$，其中 $a(x)$ 是序列的形式幂级数，即其系数为序列的各比特；$f(x) = c_0 + c_1 x + c_2 x^2 + \cdots + c_n x^n$ 是 n 次联接多项式，系数为结构常数；$g(x) = g_0 + g_1 x + g_2 x^2 + \cdots + g_{n-1} x^{n-1}$ 是次数小于 n 的多项式，系数为 DSR 的初态。根据消最低次项的长除法：

$$
\begin{array}{r}
g_0 + (g_1 + c_1 g_0)x + \cdots \\
1 + c_1 x + c_2 x^2 + \cdots + c_n x^n \overline{\smash{\big)}\, g_0 + g_1 x + g_2 x^2 + \cdots + g_{n-1} x^{n-1} + 0 x^n} \\
\underline{g_0 + c_1 g_0 x + c_2 g_0 x^2 + \cdots + c_{n-1} g_0 x^{n-1} + c_n g_0 x^n} \\
(g_1 + c_1 g_0)x + (g_2 + c_2 g_0)x^2 + \cdots + (0 + c_n g_0)x^n \\
\underline{(g_1 + c_1 g_0)x + c_1(g_1 + c_1 g_0)x^2 + \cdots } \\
\cdots
\end{array}
$$

可知 $a(x) = g_0 + (g_1 + c_1 g_0)x + \cdots$，这与图 2-10 的输出序列是一致的。而观察上面长除法的第一次除法的上下两行系数相加得到的结果，正是 DSR 从初态到下一状态的更新过程，这也是 DSR 这一变化形式的由来。

2.4.2　DSR 的状态更新过程

设 n-DSR 的初态为 $(g_0 g_1 g_2 \cdots g_{n-1})$，下一状态为 $(e_0 e_1 e_2 \cdots e_{n-1})$，从图 2-10 可以看到状态更新过程为

$$
\begin{array}{r}
g_0 \; (c_1 \; c_2 \cdots c_{n-1} \; c_n) \\
\oplus \quad (g_1 \; g_2 \cdots g_{n-1} \; 0) \\
\hline
(e_0 \; e_1 \cdots e_{n-2} \; e_{n-1})
\end{array}
$$

DSR 状态更新

可以看出此时 g_0 作为反馈值，乘以各结构常数的比特，然后与原状态左移一位后补 0 的各比特相加，就形成下一状态。即 $e_0 = g_0 c_1 + g_1, e_1 = g_0 c_2 + g_2, \cdots$，最后 $e_{n-1} = g_0 c_n$，为了

和前面格式一致，再加一个 0，即 $e_{n-1} = g_0 c_n + 0$。

这一过程与上面长除法得到的序列是一致的。因此可知：如果有理表示一样，n-DSR 和 n-LFSR 得到的序列是一样的，但此时 $g(x)$ 的系数是 n-DSR 的初态，而 n-LFSR 的初态是序列的前 n 个比特，两个初态并不相同。

例 2-9 一个 F_2 上的 4-DSR 的结构框图如图 2-11 所示，初态为 (1000)，求其输出序列。

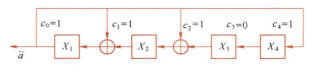

图 2-11 例 2-9 的 4-DSR 的结构框图

解：

这个 4-DSR 的结构常数为 $[c_1, c_2, c_3, c_4] = [1,1,0,1]$，初态为 $(g_0 g_1 g_2 g_3) = (1000)$，根据 DSR 的状态递推关系，可得

$$(1,1,0,1) \oplus (0,0,0,0) = (1,1,0,1)$$
$$(1,1,0,1) \oplus (1,0,1,0) = (0,1,1,1)$$
$$(0,0,0,0) \oplus (1,1,1,0) = (1,1,1,0)$$
$$(1,1,0,1) \oplus (1,1,0,0) = (0,0,0,1)$$
$$(0,0,0,0) \oplus (0,0,1,0) = (0,0,1,0)$$
$$(0,0,0,0) \oplus (0,1,0,0) = (0,1,0,0)$$
$$(0,0,0,0) \oplus (1,0,0,0) = (1,0,0,0)$$

因此输出序列为 $(1101000)^\infty$。可画出状态转移图，如图 2-12 所示。

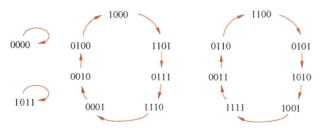

图 2-12 例 2-9 的状态转移图

可将例 2-9 与例 2-2 做对比，两例中结构常数相同，初态相同。例 2-2 的输出序列为 $(1000110)^\infty$，初态为前 4 个比特；而例 2-9 的初态并不是输出序列的前 4 个比特。如果例 2-9 的初态选择为 (1110)，则输出序列与例 2-2 相同。

例 2-10 若一个序列的有理表示为 $a(x) = \dfrac{x+x^3}{1+x^2+x^4}$，分别画出对应的 4-LFSR 和 4-DSR 的结构框图，并验证其输出序列相同。

解：

由有理表示可知结构常数为[0,1,0,1]。因此可画出 4-LFSR 的结构框图如图 2-13 所示，4-DSR 的结构框图如图 2-14 所示。

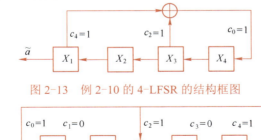

图 2-13　例 2-10 的 4-LFSR 的结构框图

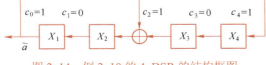

图 2-14　例 2-10 的 4-DSR 的结构框图

对于 4-LFSR，可通过长除法得到初态(0100)，然后根据递推关系得到序列$(010001)^\infty$；对于 4-DSR，可直接从有理表示中 $g(x) = x + x^3$ 得到初态(0101)，根据 DSR 的递推关系得到输出序列$(010001)^\infty$。

另外，假设 n-DSR 的输出序列为 $\tilde{b} = b_0 b_1 b_2 \cdots b_{n-1} b_n$，由图 2-10 可知：输出为 b_0 时，X_n 的输入端是 $c_n b_0$；输出为 b_1 时，X_{n-1} 的输入端是 $c_{n-1} b_1 + c_n b_0$；输出为 b_2 时，X_{n-2} 的输入端是 $c_{n-2} b_2 + c_{n-1} b_1 + c_n b_0$；以此类推，输出为 b_{n-1} 时，X_1 的输入端是 $c_1 b_{n-1} + \cdots + c_{n-2} b_2 + c_{n-1} b_1 + c_n b_0$。因此 X_1 的下一个输出，即 b_n，等于 $c_1 b_{n-1} + c_2 b_{n-2} + \cdots + c_{n-2} b_2 + c_{n-1} b_1 + c_n b_0$，这正是 n-LFSR 的反馈函数所对应的递推关系，因此 n-DSR 的输出序列仍然满足线性反馈关系。

2.5　LFSR 序列的线性综合解和非线性综合

m 序列具有最大周期和较好的伪随机性，因此在相当一段时期人们采用 LFSR 作为 KG，结合当时简单的电子电路技术，很容易构造一个实际的 KG。但这种 KG 产生的密钥序列毕竟存在一个有限长的线性递推关系，是否存在安全隐患？

因为对于一个确定的 n-LFSR，密钥序列从第 $n+1$ 位开始，每一位与其前 n 位都满足线性反馈关系，即有一个结构常数为未知数的线性方程。如果攻击者设法得出密钥序列的足够多位，就能得出足够多的线性方程，从而求出线性递推关系，便可知整个密钥序列。但问题是攻击者无法事先确定 n，另外求解很多变量的线性方程组在计算机尚未问世时也是一个难题。因此，人们认为采用 LFSR 构建 KG 是安全的。

但是，1966 年由美国学者 E. R. Berlekamp 和 J. L. Massey 提出的 Berlekamp-Massey 算法（简称 B-M 算法）可以从给定的一个长为 N 的序列 $\tilde{a}$，有效求出产生它的 LFSR。此算法从理论上否定了 LFSR 构造的 m 序列发生器独立作为 KG 的可能性。

2.5.1　Berlekamp-Massey 算法

所谓 LFSR 输出序列的<u>线性综合解</u>是：给定一个长为 N 的序列 $\tilde{a} = \{a_n\}_{0 \leqslant n \leqslant N-1}$，求出产

生它的阶数最小的线性反馈移位寄存器。这个解的形式是一个对应 LFSR 结构常数的联接多项式及其次数，记为 $\langle f_N(x), \ell_N \rangle$。

求解 LFSR 输出序列的线性综合解的算法是由 J. L. Massey 提出的，但其实质上是 E. R. Berlekamp 提出的 BCH 信道编译码算法的一种简便算法。因此人们称其为 B-M 算法。这个算法执行 n 从 0 开始、逐渐增大到 $N-1$ 的迭代过程，每一步将输入序列前 n 个比特作为当前假设的 n 次联接多项式对应的 LFSR 的状态，计算反馈值并与输出序列的第 $n+1$ 位进行比较（用参数 d_n 表示）。若相同，则保持此联接多项式并比较下一位；若不相同，则修改此联接多项式。以此类推，最终得出符合要求的联接多项式 $f_N(x)$ 及其次数 ℓ_N。

以下是 B-M 算法的过程（针对二元域的情况）。

Input: $a_0 a_1 a_2 \cdots a_{N-1}$。

Step1: 置 $n=0$，$f_0(x)=1$，$l_0=0$（初值）。

Step2: 进入迭代过程，此时已知下标 $\leq n$ 的一系列 $\langle f_i(x), l_i \rangle$（每迭代一次得出一组），$i=0, 1, 2, \cdots, n$（$0 \leq n < N$），且 $l_0 \leq l_1 \leq l_2 \leq \cdots \leq l_n$。

Step2-1: 计算 $d_n = a_n + c_1 a_{n-1} + c_2 a_{n-2} + \cdots + c_{l_n} a_{n-l_n}$，

其中 $f_n(x) = 1 + c_1 x + c_2 x^2 + \cdots + c_{l_n} x^{l_n}$ 是当前联接多项式。

Step2-2: 当 $d_n=0$ 时，令 $f_{n+1}(x)=f_n(x)$，$l_{n+1}=l_n$。

Step2-3: 当 $d_n=1$ 时，若 $l_n=0$，则令

$f_{n+1}(x) = 1 + x^{n+1}$，$l_{n+1} = n+1$；

否则，找出 m（$0 \leq m < n$）使 $l_m < l_{m+1} = l_{m+2} = \cdots = l_n$，令

$f_{n+1}(x) = f_n(x) + x^{n-m} f_m(x)$，$l_{n+1} = \{l_n, (n+1-l_n)\}$。

Step2-4: 判断是否 $n = N-1$，若否，$n=n+1$，返回 Step2-1；若是，进入下一步输出。

Output: $\langle f_N(x), l_N \rangle$。

上述算法过程中，d_n 是将输入序列中 a_n 的前 l_n 位放到 $f_n(x)$ 对应的 LFSR 中，计算反馈值，再与 a_n 相加，即判断 a_n 是否满足反馈关系，若满足则保留此 $f_n(x)$，若不满足则进入修改环节。$n=0$ 时，$d_0 = a_0$。对于 m 值的确定，是考查 l_n 之前的值的跳变点 l_m 所对应的下标值，即 m。

例 2-11 若输入序列为 $S^8=10101111$（8 表示长度 N），求对应 B-M 算法的输出 $\langle f_8(x), l_8 \rangle$。

解:

可通过填写成表 2-5 方式来完成 B-M 算法的具体过程。注意，表 2-5 中每行是先确定 f_n、l_n，再确定本行的 d_n。输出为 $\langle 1+x^3+x^4, 4 \rangle$。

表 2-5　例 2-11 的 B-M 算法过程

n	d_n	f_n	l_n	m	说明
0	1	1	0		置初值 $f_0(x)=1$，$l_0=0$；然后 $d_0=a_0$
1	1	$1+x$	1	0	$f_1(x)=1+x^{0+1}$、$l_1=0+1$；$c_1=1$；$d_1=a_1+a_0$，确定 $m=0$
2	1	1	1	0	$f_2(x)=f_1(x)+x^{1-0}f_0(x)$，$l_2=\max\{l_1,1+1-l_1\}$；$d_2=a_2$，确定 $m=0$
3	0	$1+x^2$	2		$f_3(x)=f_2(x)+x^{2-0}f_0(x)$、$l_3=\max\{l_2,2+1-l_2\}$；$d_3=a_3+a_1$（$c_1=0, c_2=1$）

(续)

n	d_n	f_n	l_n	m	说明
4	0	$1+x^2$	2		$f_4(x)=f_3(x)$、$l_4=l_3$；$d_4=a_4+a_2$
5	1	$1+x^2$	2	2	$f_5(x)=f_4(x)$，$l_5=l_4$；$d_5=a_5+a_3$，确定 $m=2$
6	0	$1+x^2+x^3$	4		$f_6(x)=f_5(x)+x^{5-2}f_2(x)$，$l_6=\max\{l_5,5+1-l_5\}$；$d_6=a_6+a_4+a_3$（$c_1=0, c_2=1, c_3=1$）
7	1	$1+x^2+x^3$	4	5	$f_7(x)=f_6(x)$，$l_7=l_6$；$d_7=a_7+a_5+a_4$，确定 $m=5$
8		$1+x^3+x^4$	4		$f_8(x)=f_7(x)+x^{7-5}f_5(x)$，$l_8=\max\{l_7,7+1-l_7\}$

注意：B-M 算法得到的线性综合解，只保证产生输入的这段序列，并不保证产生周期性的序列。如果要求产生周期的序列，则需要两个周期作为输入进行 B-M 算法，才能得到正确的线性综合解。

例 2-12 分别对序列 111001 与 111001111001 应用 B-M 算法。

B-M 算法

解：

过程见表 2-6。输出分别为 $<1+x^2+x^3, 3>$ 与 $<1+x^2+x^4, 4>$。

表 2-6 例 2-12 的 B-M 算法过程

n	d_n	f_n	l_n	m
0	1	1	0	
1	0	$1+x$	1	
2	0	$1+x$	1	
3	1	$1+x$	1	1
4	1	$1+x+x^3$	3	3
5	0	$1+x^2+x^3$	3	
6	1	$1+x^2+x^3$	3	3
7	0	$1+x^2+x^4$	4	
8~12	0	$1+x^2+x^4$	4	

2.5.2 LFSR 输出序列的非线性综合

由于 LFSR 产生的输出序列存在线性关系，因而不能单独作为 KG 来产生随机序列。若要利用 LFSR 产生随机序列，就需要对其输出序列进行非线性处理，以便使输出序列的比特之间关系尽量复杂，达到近似随机的目的。

1986 年，瑞士密码学家 R. A. Rueppel 建议序列密码 KG 的设计分为两个部分：驱动子系统 f 和非线性综合子系统 F，其中 f 采用线性部件（如 LFSR），而 F 采用非线性部件，如图 2-15 中虚线圈所示。其中 k 是种子密钥，$\underline{k}$ 是密钥序列。

驱动子系统 f 利用多个 LFSR 产生多个周期最大、伪随机性好的驱动序列 $x_1, x_2, \cdots, x_r$；而非线性综合子系统 F 将驱动序列进行非线性化，使得输出密钥序列 $\underline{k}$ 的线性复杂度（利用 LFSR 逼近实现时所用寄存器的阶数）尽量高，且保持周期尽量大、伪随机性好的优点。种子密钥 k 的变化量（密钥量）应足够大，一般应在 2^{128} 以上；密钥序列 $\underline{k}$ 具有最大周期，一般不小于 3×10^6 或 2^{55}。

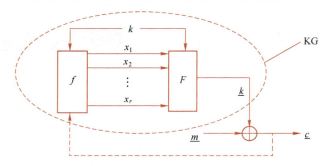

图 2-15　KG 的结构分解示意图

图 2-15 中有一条从密文 c 到 f 的虚线,如果存在这条反馈线,说明密文比特参与到驱动序列的生成,这使得密钥与密文 c、明文 m 相关,这一形式称为自同步序列密码。而如果没有这条反馈线,即密钥序列与明文无关的形式,称为同步序列密码。自同步密码删除或插入几比特密文,仅影响部分明文,能够自动恢复同步,其安全性也有所提高,但分析起来更困难一些,因此同步序列密码是多数。

非线性综合子系统 F 有很多种形式,例如,一个 LFSR 的非线性滤波(见图 2-16a),这一形式是从一个 LFSR 的各寄存器非线性地形成密钥序列;多个 LFSR 的非线性组合(见图 2-16b),这一形式是从多个 LFSR 输出进行乘法等非线性操作得到密钥序列;不规则钟控方式(见图 2-17a),这一形式是通过一个 LFSR 的输出控制另一个 LFSR 的工作时钟,从而产生不规则输出的密钥序列;带记忆存储的方式(见图 2-17b),这是利用存储单元 C 将输出反馈到输入,使密钥的比特之间关系更复杂。

一般来讲,序列密码与下一章介绍的分组密码相比,具有以下 4 个优势。

1)加解密速度更快(尤其是硬件实现时)。
2)硬件实现的复杂度要低。
3)按单个字符加密,不需要太多的缓存。
4)同步的序列密码无错误扩散。

但另一方面,分组密码在设计上原理易于理解,便于模块化实现;而序列密码在设计上并未形成一些相对安全的固定模式,很多序列密码算法的非线性综合方式常常引发各类攻击,例如,非线性次数小的综合方式易受到代数攻击(见 2.6 节);非线性组合方式易受到相关攻击(见 2.6 节);eSTREAM 项目中参选的自同步的 Mosquito 算法,先后被攻破三次(修改两次)。

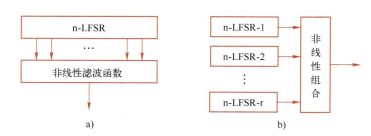

图 2-16　非线性滤波和非线性组合类型示意图

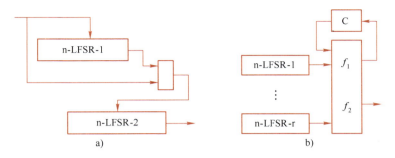

图 2-17 不规则钟控与带记忆单元类型示意图

2.5.3 针对序列密码的攻击

安全的序列密码必须能够防止已知的各种攻击。密码学中,攻击可分为被动攻击和主动攻击两类。被动攻击的敌手(攻击者)只是窃听和获取密文,并不破坏或改变密文;主动攻击的敌手除了能获取密文外,还可以修改密文(这涉及数据完整性)。被动攻击的敌手如果可以获得一些明文及其对应密文,以帮助破译,此时的攻击称为已知明文攻击(Known Plaintext Attack,KPA);如果更强一些,敌手能够自主选择明文及其对应密文,这种攻击称为选择明文攻击(Chosen Plaintext Attack,CPA),此时敌手相当于可以访问一个加密预言机器,虽不知道密钥,但可以通过访问预言得到一些消息对应的相应密文(被真正攻击的明文除外)。CPA 被以为是一种主动攻击方式。

具体到针对序列密码的攻击,常见的有以下几种。此时攻击的前提是已知很长的密钥流序列,通过统计分析等对 KG 算法形成攻击(找到种子密钥)。

1. 相关攻击(Correlation Attacks)

这是主要针对非线性组合生成器的一种攻击方法。它设法找到输出序列和输入某个驱动序列之间的相关关系,从而发现输出序列与其他驱动序列的关系。图 2-18 是相关攻击的一个示意图,若已知密钥序列与虚线框的 LFSR 存在相关性,则可对另一 LFSR 进行攻击,因此相关攻击也被称为分割-征服算法。

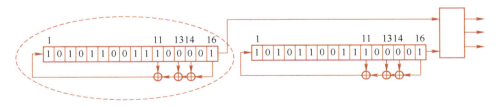

图 2-18 相关攻击示意图

2. 代数攻击(Algebra Attacks)

这个攻击将非线性综合部分表述为一个超定的多变元高次方程组系统(即该系统中的方程个数多于变量的个数),通过采用常见的线性化(将非线性的高次项用新变量表示)或 Groebner 基算法等代数方法来求解该非线性系统。代数攻击对非线性滤波的形式构成较大威胁,例如,图 2-19 中虚线框的滤波过程是代数攻击的主要目标。

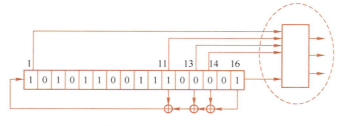

图 2-19 代数攻击示意图

3. 最佳仿射逼近攻击（线性区分攻击）

这是一种已知明文攻击方法。其目的不是恢复种子密钥，而是利用已知信息构造出一个新的级数较小的 LFSR，用它来近似代替原密钥流生成器 KG，从而达到对密文的近似解密。

另外，区分攻击是一类含义比较广泛的攻击。只要能够发现 KG 输出序列与真随机序列有差别，就说明存在区分攻击。如果能把 KG 序列与随机序列区分开，则攻击需要搜索的空间会变小，因此就降低了 KG 的安全性。

序列密码的分析（即攻击）技术多种多样，除了上面介绍的常见的几种以外，还有多种其他形式及其各类复合变型等。这些攻击对序列密码的发展很有益，因为这会加深对序列密码的理解，促使序列密码的设计更加完善。

序列密码的 KG 在密码学中被当作伪随机发生器（PRG），即由一个短的种子密钥（LFSR 的初态等，但结构常数则是公开的）产生任意长的伪随机序列。安全的序列密码的定义与其他加密体制一样，满足不可区分性，即语义安全性：即使敌手具有 CPA 能力，也不能从两个密文中区分出来哪个密文对应哪个明文。具有这种安全性的密码称为 CPA 安全的密码。

序列密码还会遇到因密钥重用而导致的安全隐患，即用同一个种子密钥对不同的消息进行加密，此时相同消息会产生相同密文，这是一个密码系统常见的安全隐患。因此，必须采取概率加密的方式消除这种安全隐患，也就是在加密时加入某个随机数，使同一密钥对同一消息加密时可以产生不同密文。CPA 安全的密码必然是概率加密的类型，并且这类密码可以保证一个密钥进行多次加密的安全性。CPA 安全的密码一般需要附加一个初始值（IV）参与密钥生成或加密过程，并作为密文的一部分被发送。

2.6 序列密码的著名算法

2.6.1 A5 算法

A5 算法是用于 GSM（Global System for Mobile Communications）的一个著名算法，该算法由法国人于 1989 年开发，是一个数字蜂窝移动电话的非美国（欧洲）标准，用于用户的手机到基站之间的链路通信加密。

A5 算法是一种不规则钟控方式，使用级数分别为 19 级、22 级、23 级的 3 个 m 序列发生器的输出作为驱动序列（对应的联接多项式依次为本原多项式 $f_1(x)=1+x^{14}+x^{17}+x^{18}+x^{19}$、

$f_2(x)=1+x^{13}+x^{17}+x^{21}+x^{22}$、$f_3(x)=1+x^{18}+x^{19}+x^{22}+x^{23}$）；三个 LFSR 中状态 1 位（分别是第 10、11、12 位）被抽取出来（记为 x_1、x_2、x_3）产生钟控时钟 $y=x_1x_2+x_2x_3+x_1x_3$，控制各 LFSR。若 y 与各 LFSR 反馈值 x_i 相同，则 $LFSR_i$ "走"，否则 "停"。最终三个 LFSR 的输出相加形成密钥序列。具体 KG 如图 2-20 所示。A5 算法的种子密钥长度为 64 比特，依次作为 $LFSR_1$、$LFSR_2$、$LFSR_3$ 的初态。

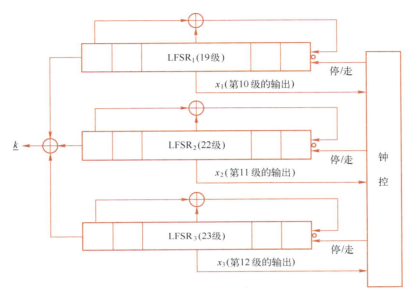

图 2-20　A5 算法示意图

A5 算法的实际应用过程如下。

每次通话由主叫方产生 64 比特随机数（即 A5 算法种子密钥，实际应用中称为会话密钥 SK）传给被叫方。双方每加密一帧（228 比特）数据都要进行一次状态同步，在通话中，SK 一直不变，只有帧号（22 比特）随帧数据流的变化而增加。

A5 算法 KG 的状态初始化包括以下两步。

1）用 64 比特会话密钥 SK 置 3 个 LFSR 的状态，且 3 个 LFSR 的第 1 级（最右侧寄存器）强行置 1（确保初态不全为 0）。

2）3 个 LFSR "空跑" 22 拍，且第 i（$i=1,2,\cdots,22$）拍进动完后，帧号的第 i 比特模二加至 3 个 LFSR 的第 1 级。

通话双方完成以上两步即实现了 A5 算法 KG 的状态同步，由此双方已准备好对一帧数据进行加/解密，详细过程如图 2-21 所示。

严格地讲，上面的 A5 算法应为 A5/1，因为还有一个弱版本 A5/2，二者的钟控方式不同。A5 算法是一个早期的序列密码算法，目前它作为一个行业标准的使命已经终结。A5 的内部状态仅有 64 比特，采用所谓时间-存储权衡方法可以实现有效攻击（计算 2^k（$k<64$）个内部状态及输出并存为列表，检查 2^{64-k} 次输出，与列表中的值进行比较）。即使更换为更大阶数的 LFSR，A5 的结构也会受到相关攻击等分析方法的有效攻击。

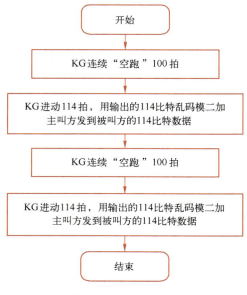

图 2-21　A5 同步过程

2.6.2　RC4 算法

RC4 是 1987 年由 R. Rivest 设计的利用状态表实现的序列密码。RC4 算法实现简单,速度非常快,被用于多个网络协议当中,其中在 WLAN 协议的应用最为著名。

RC4 设置有 $n=256$ 个字节的状态表 S,其内部状态含有两个指针 i 和 j,以及一个 0～255 上的置换。i 的值容易预测,是公开指针,而 j 是私有指针。算法含两部分:一是密钥扩展过程,它从 l($l=5$～32)字节的会话密钥产生初始置换;二是伪随机发生器(即 KG),这是算法的主要部分。RC4 算法未指定如何从主密钥和初始向量产生会话密钥,一般方式是主密钥链接上 **IV**,或 **IV** 链接上主密钥,但这些方式都存在一定问题。

RC4 密钥扩展过程:

```
for i from 0 to n−1 do    (初始化)
    S[i] ← i ；  (S[i]是 S 的第 i 字节)
end for
j ← 0；
for i from 0 to n−1 do    (产生随机置换)
    j ← (j + S[i] + K[i mod l]) mod n ；  (K 是会话密钥)
    交换 S[i] 和 S[j] ；
end for
```

RC4 伪随机发生器:

```
i ← 0 ； j ← 0；
loop
    i ← (i+1) mod n; j ← (j + S[i]) mod n ；
    交换 S[i] 和 S[j] ；
    k ← (S[i] + S[j]) mod n ；
```

输出 $S[k]$；
end loop

RC4 算法最初第 2 输出字节是可区分的，为全 0 字节的概率为 $2/n$。因此其修改版将输出的前 1024 比特丢弃（因为是可区分的）。但即使如此，RC4 仍然存在区分攻击，例如两个全 0 字节连在一起出现的概率比随机的要大（大 $1/n^3$，而随机的概率是 $1/n^2$）。

尽管由于历史原因，一些协议还在采用 RC4，但因为安全性的问题，新的安全协议中已不再采用 RC4 算法。

2.6.3* NESSIE 和 eSTREAM 项目中的序列密码

1. NESSIE 工程中的序列密码

2000 年 1 月，欧洲委员会启动了一个投资 33 亿欧元的 NESSIE 工程（New European Schemes for Signatures, Integrity and Encryption），这是一个为时三年的密码计划，旨在全世界范围内公开征集、测评一系列密码算法，形成 21 世纪欧洲新的密码算法标准。这些算法标准包括分组密码、序列密码、公钥加密、数字签名和 Hash 函数等。原计划 NESSIE 工程在三年内结束，即从 2000 年 1 月至 2002 年 12 月，但最终公布最后结果的日期为 2003 年 3 月以后。

NESSIE 重点考查所征集算法的以下几项。

1）算法抵抗现有攻击的能力。算法应能很好地抵抗现有的所有攻击。
2）算法的设计思想和设计的透明性。
3）对算法的变形进行评估。比如说，改变或删除算法的一个模块，减少迭代的轮数等。对变形的分析可以间接地推论得到关于原算法的一些结论。
4）在相同的运行环境中对各算法的安全性加以比较。
5）算法的统计测试结果。分析统计测试的结果，其目的是查看算法的密码学特性有无突出的异常现象。

在序列密码方面，只征集到六个同步序列密码算法（见表 2-7），未能征集到自同步序列密码方案。再加上旧有的标准 RC4，该项目对 7 个候选算法进行了两轮的评估（2000 年 1 月至 2001 年 6 月；2001 年 7 月至 2003 年 3 月）。第一轮中 LILI-128 和 Leviathan 被淘汰，原因是存在（有效）相关攻击和区分攻击；第二轮中，SOBER-t16 和 SOBER-t32 首先被淘汰，原因是存在区分攻击；随后，RC4 被认为前几个字节存在区分攻击，不再被考虑。剩下的 SNOW 和 BMGL 中，前者加密速度比后者快了近 100 倍，但最终都没有成为最终的标准。不过 SNOW 后来成为 3GPP LTE 的第二套加密标准核心算法——SNOW 3G。

表 2-7 NESSIE 征集的序列密码算法

算法名称	国家（组织）	整体结构	设计特点
Leviathan	美国	一种二进制树结构	密钥流由一组二进制的数结构定义
LILI-128	澳大利亚	钟控结构	由钟控子系统与数据生成子系统组成，使用了两个 LFSR 与两个函数
BMGL	瑞典	密钥反馈模式（类似于 OFB）	基于复杂性理论，具有可证明安全性，核心是分组密码算法 Rijdael
SOBER-t32、SOBER-t16	澳大利亚	非线性滤波结构	使用带有密钥的非线性滤波函数，输出 32/16 比特分组
SNOW	瑞典	一个 LFSR+一个有限状态机（FSM）	面向 32-比特字的序列密码，基于经典的求和发生器

2. ECRYPT 的 eSTREAM 项目

ECRYPT（European Network of Excellence for Cryptology）是欧洲 FP6 的 IST 基金支持的一个为期 4 年的密码算法研究项目，规模比 NESSIE 更大。eSTREAM 是其中关于序列密码的一个分项。该计划是为了弥补 NESSIE 没有获得序列密码算法标准的遗憾，于 2004 年 11 月发起征集序列密码算法的活动。征集活动到 2005 年 4 月 29 日结束，一共征集到了 34 个序列密码算法。这些密码体制几乎涉及了序列密码的各个方面。ECRYPT 于 2005 年 6 月 13 日开通了交流网站，并开始进行三个阶段的筛选。

这 34 个候选算法主要有以下 4 种类型。

1）基于线性反馈移位寄存器（LFSR）的设计。该类设计有着深远的历史以及丰富的理论，目前仍然是设计的主流方向。

2）基于非线性反馈移位寄存器（NLFSR）的设计。由于相关分析、代数分析等现代密码分析的快速发展，对基于 LFSR 的序列密码存在一定的威胁，人们把目光投到了 NLFSR 的设计，以期能提高系统的非线性。

3）基于表驱动的设计。受 RC4 的影响，利用状态表的转换、选择来构造序列密码的方式一直受到关注。

4）借鉴分组密码部件的设计。利用分组密码设计的思想以及一些成熟的密码部件，使得序列密码设计更便利。

2008 年 9 月，评委会从候选算法中选出 7 个相对较强的序列密码体制，作为最终筛选结果。但随后这些算法也相继出现一些攻击结果。

表 2-8 给出了针对最终算法的简要概述。

表 2-8 最终算法概要

类别	算法名称	国家	整体结构	KG 设计特点
基于线性反馈移位寄存器（LFSR）型	SOSEMANUK	法国	采用 SNOW2.0 的结构（由一个 LFSR 和一个有限状态机（FSM）组成）	具有 128/256 比特密钥。由域 $GF(2^{32})$ 上一个 10-LFSR 与一个进行系列 32 比特字操作的 FSM 构成。FSM 的状态 R1 和 R2 之间的转换采用了状态选择、加法、有限域上乘法和循环移位。密钥流输出是 FSM 输出通过分组密码 SERPENT 的 S 盒后的结果
基于非线性反馈移位寄存器（NLFSR）型	Trivium	比利时	由三个互相关联 NLFSR 构成	具有 80 比特密钥与 80 比特的 *IV*；由级数分别为 93、84 与 111 的三个 NLFSR 串接而成，从所有 288 比特的内部状态中每次提取 15 比特，用于更新系统中 3 比特的状态，并产生 1 比特的密钥流。仅含 XOR、AND 以及移位三种操作，非常适合硬件实现
	Grain	瑞典	非线性滤波	一个 80 比特 LFSR 和一个 80 比特 NLFSR 按一定形式联接，从两者状态抽取 6 比特，其中 5 比特经一个五元布尔函数变换后与另一比特异或产生 1 比特的密钥流。非常适合硬件实现
	MICKEY	英国	一个 LFSR 与一个 NLFSR 构成的钟控形式	Galois 结构的一个 100-LFSR 与一个 100-NLFSR 互控进动，跳步控制信号（单比特）、互控信号（各 1 比特）以及输出密钥流（单比特）均产生于状态抽头的 XOR 运算；非常适合硬件实现
基于表驱动型	HC-128（是 HC-256 的改造版本）	新加坡	两个驱动表交替更新产生密钥流字	两个包含 512 个 32 比特字的驱动表 *P* 和 *Q* 的逐个单元，经过 128 比特密钥与 128 比特 *IV* 初始化后，每运行 1024 步分为前后 512 步，依次被更新，每次更新后的单元与前序指定单元用于计算出密钥流的一个 32 比特字

(续)

类别	算法名称	国家	整体结构	KG 设计特点
基于表驱动型	Rabbit	丹麦	状态表与计数器表随时更新,产生密钥流的 8 个 16-bit 字	由 8 个 32 比特的状态 x 和 8 个 32 比特的计数器 c 组成。x 由一组与 c 相关的非线性部件函数 g 更新;c 用于保证状态变量的最低周期界,g 侧重于保证高的代数阶数。128 比特密钥流来自更新后 x 的 16 个 16 比特长数据配对 XOR 的结果
借鉴分组密码部件型	Salsa20	美国	总体构架上借鉴了分组密码 AES 的思想,但改造了行变换和列变换,不采用域运算和查表操作	利用 16 个 32 比特字排成的一个 4×4 矩阵定义了一个可逆轮变换;每次对 256 比特密钥(形成 8 个字)、64 比特 IV(形成 2 个字)、4 个字常数与 2 个字排成的 4×4 矩阵进行 20 轮迭代,结果与原矩阵 16 个字 $mod 2^{32}$ 加,得到密钥流的 16 个 32 比特字

NESSIE 工程和 eSTREAM 计划极大地促进了序列密码的研究,丰富了序列密码的"数据库",但也暴露了序列密码设计与分析中的许多问题,同时也为序列密码指出了一些重要研究方向,例如,自同步序列密码的研究;有记忆前馈网络密码系统的研究;多输出密码函数的研究;同步序列密码在失步后如何重新同步的问题;软硬件实现均衡问题;混沌序列密码和新设计与分析方法的探索等。

好的密码算法是安全性与实现效率的统一,序列密码在上述诸多方面还有许多工作要做。

2.6.4 我国序列密码商密标准 ZUC 算法

ZUC(祖冲之,我国古代著名数学家)算法是由我国密码专家设计的我国商用密码序列密码算法标准,2011 年 9 月被国际电信标准化协会 3GPP 批准成为国际 4G 移动通信加密标准,即为 3GPP LTE 的第 3 套加密标准核心算法(3GPP LTE 第 1、2 套加密标准核心算法分别是美国的 AES 和欧洲的 SNOW 3G),标志着我国密码研究水平跻身世界前列。

ZUC 算法是面向 32 比特的 LFSR+非线性综合模式。它以 128 比特种子密钥 K 和 128 比特初始向量 IV 为算法的输入,每进动一拍即输出为 32 比特密钥。ZUC 算法的 KG 可分为三层:顶层是素域 $GF(2^{31}-1)$ 上的一个 16 级 LFSR;中间层是比特重组(BR);底层为一个非线性函数(F)。具体如图 2-22 所示。其中 LFSR+BR 构成 KG 的驱动子系统,$F+Z$ 构成 KG 的非线性组合子系统。

ZUC 算法过程分为两个阶段。

1)初始化阶段:对种子密钥 K 和初始向量 IV 进行初始化,不输出密钥。

2)工作阶段:每进动一拍,将输出一个 32 比特密钥。

以下详细介绍算法的具体过程。

<符号说明>

=:赋值运算。

+:两个整数的加法。

ab:两个整数 a 与 b 的乘法。

mod:整数的模运算。

⊕:两个数据的逐比特模二加。

⊞:模 2^{32} 的加法。

$a\|b$：字符串 a 和 b 的连接。
a_H：字符串 a 的最左边 16 比特。
a_L：字符串 a 的最右边 16 比特。
$a <<<_n k$：n 比特数据 a 左环移 k 位。
$a >> 1$：数据 a 右移 1 位。
$a_1, a_2, \cdots, a_n \to b_1, b_2, \cdots, b_n$：将 a_i 分别赋值给 b_i。

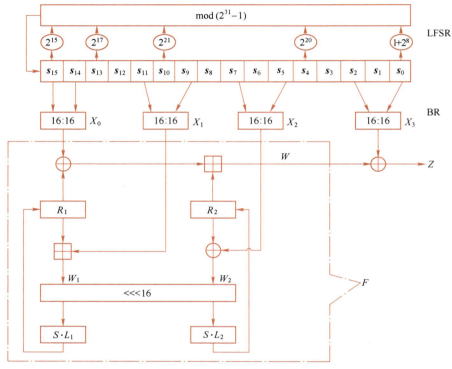

图 2-22　ZUC 算法示意图

1. LFSR

LFSR 是定义在素域 $GF(2^{31}-1) = \{1, 2, 3, \cdots, 2^{31}-1\}$ 上的 16 级线性反馈移位寄存器。设某时刻该 LFSR 的状态（16 个 31 比特向量）如下：

$$(s_0, s_1, \cdots, s_{15}), 1 \leqslant s_i \leqslant 2^{31}-1, 0 \leqslant i \leqslant 15$$

16-LFSR 进动时有以下"初始化"和"工作"两种模式。

初始化模式：

设非线性函数 F 输出的 32 比特数据为 W，$u = W >> 1 (31 \text{bit})$。

```
LFSRWithInitialisationMode(u)
{
    ① v = 2^15 s_15 + 2^17 s_13 + 2^21 s_10 + 2^20 s_4 + (1+2^8) s_0  mod(2^31 - 1);
    ② s_16 = (v + u) mod(2^31 - 1);
    ③ 如果 s_16 = 0，则设 s_16 = 2^31 - 1;
    ④ (s_16, s_15, ···, s_2, s_1) → (s_15, s_14, ···, s_1, s_0);
}
```

工作模式：

```
LFSRWithWorkMode()
{
    ① $s_{16} = 2^{15}s_{15} + 2^{17}s_{13} + 2^{21}s_{10} + 2^{20}s_4 + (1+2^8)s_0 \bmod (2^{31}-1)$；
    ② 如果 $s_{16} = 0$，则设 $s_{16} = 2^{31} - 1$；
    ③ $(s_{16}, s_{15}, \cdots, s_2, s_1) \to (s_{15}, s_{14}, \cdots, s_1, s_0)$；
}
```

2. BR

比特重组（BR）是将 LFSR 状态中 8 个状态块 s_0、s_2、s_5、s_7、s_9、s_{11}、s_{14}、s_{15} 重组为 4 个 32 比特字，它由以下程序实现：

```
Bitreorganization()
{
    ① $X_0 = s_{15H} \| s_{14L}$；
    ② $X_1 = s_{11L} \| s_{9H}$；
    ③ $X_2 = s_{7L} \| s_{5H}$；
    ④ $X_3 = s_{2L} \| s_{0H}$；
}
```

3. F 层

非线性函数 F 是"3 个 32 比特输入、1 个 32 比特输出"的非线性函数：

$$F: F_{2^{32}}^3 \to F_{2^{32}}$$

其中包括两个 32 比特记忆单元 R_1 和 R_2（须预设初值，默认为全 0）。它的功能由以下程序实现：

```
$F(X_0, X_1, X_2)$
{
    ① $W = (X_0 \oplus R_1) \boxplus R_2$；
    ② $W_1 = R_1 \boxplus X_1$；
    ③ $W_2 = R_2 \oplus X_2$；
    ④ $R_1 = S(L_1(W_{1L} \| W_{2H}))$；
    ⑤ $R_2 = S(L_2(W_{2L} \| W_{1H}))$；
}
```

其中，X_0、X_1、X_2 为函数 F 输入的 3 个 32 比特字，W 为函数 F 输出的 1 个 32-bit 字。

F 中 32×32 的 S 盒由以下 4 个 8×8 的 S 盒（可参见第 3 章相关内容）组成：$S = (S_0, S_1, S_2, S_3)$。其中 $S_0 = S_2$、$S_1 = S_3$，具体数据见表 2-9 和表 2-10（输入前 4 比特确定行，后 4 比特确定列；行列交叉位置的字节为输出）。

表 2-9 ZUC 算法中 S_0

	0	1	2	3	4	5	6	7	8	9	A	B	C	D	E	F
0	3E	72	5B	47	CA	E0	00	33	04	D1	54	98	09	B9	6D	CB
1	7B	1B	F9	32	AF	9D	6A	A5	B8	2D	FC	1D	08	53	03	90
2	4D	4E	84	99	E4	CE	D9	91	DD	B6	85	48	8B	29	6E	AC

（续）

	0	1	2	3	4	5	6	7	8	9	A	B	C	D	E	F
3	CD	C1	F8	1E	73	43	69	C6	B5	BD	FD	39	63	20	D4	38
4	76	7D	B2	A7	CF	ED	57	C5	F3	2C	BB	14	21	06	55	9B
5	E3	EF	5E	31	4F	7F	5A	A4	0D	82	51	49	5F	BA	58	1C
6	4A	16	D5	17	A8	92	24	1F	8C	FF	D8	AE	2E	01	D3	AD
7	3B	4B	DA	46	EB	C9	DE	9A	8F	87	D7	3A	80	6F	2F	C8
8	B1	B4	37	F7	0A	22	13	28	7C	CC	3C	89	C7	C3	96	56
9	07	BF	7E	F0	0B	2B	97	52	35	41	79	61	A6	4C	10	FE
A	BC	26	95	88	8A	B0	A3	FB	C0	18	94	F2	E1	E5	E9	5D
B	D0	DC	11	66	64	5C	EC	59	42	75	12	F5	74	9C	AA	23
C	0E	86	AB	BE	2A	02	E7	67	E6	44	A2	6C	C2	93	9F	F1
D	F6	FA	36	D2	50	68	9E	62	71	15	3D	D6	40	C4	E2	0F
E	8E	83	77	6B	25	05	3F	0C	30	EA	70	B7	A1	E8	A9	65
F	8D	27	1A	DB	81	B3	A0	F4	45	7A	19	DF	EE	78	34	60

表 2-10 ZUC 算法中 S_1

	0	1	2	3	4	5	6	7	8	9	A	B	C	D	E	F
0	55	C2	63	71	3B	C8	47	86	9F	3C	DA	5B	29	AA	FD	77
1	8C	C5	94	0C	A6	1A	13	00	E3	A8	16	72	40	F9	F8	42
2	44	26	68	96	81	D9	45	3E	10	76	C6	A7	8B	39	43	E1
3	3A	B5	56	2A	C0	6D	B3	05	22	66	BF	DC	0B	FA	62	48
4	DD	20	11	06	36	C9	C1	CF	F6	27	52	BB	69	F5	D4	87
5	7F	84	4C	D2	9C	57	A4	BC	4F	9A	DF	FE	D6	8D	7A	EB
6	2B	53	D8	5C	A1	14	17	FB	23	D5	7D	30	67	73	08	09
7	EE	B7	70	3F	61	B2	19	8E	4E	E5	4B	93	8F	5D	DB	A9
8	AD	F1	AE	2E	CB	0D	FC	F4	2D	46	6E	1D	97	E8	D1	E9
9	4D	37	A5	75	5E	83	9E	AB	82	9D	B9	1C	E0	CD	49	89
A	01	B6	BD	58	24	A2	5F	38	78	99	15	90	50	B8	95	E4
B	D0	91	C7	CE	ED	0F	B4	6F	A0	CC	F0	02	4A	79	C3	DE
C	A3	EF	EA	51	E6	6B	18	EC	1B	2C	80	F7	74	E7	FF	21
D	5A	6A	54	1E	41	31	92	35	C4	33	07	0A	BA	7E	0E	34
E	88	B1	98	7C	F3	3D	60	6C	7B	CA	D3	1F	32	65	04	28
F	64	BE	85	9B	2F	59	8A	D7	B0	25	AC	AF	12	03	E2	F2

设 32×32 的 S 盒的输入和输出数据如下：

$$X = x_0 \| x_1 \| x_2 \| x_3$$
$$Y = y_0 \| y_1 \| y_2 \| y_3$$

输出由以下式子确定：

$$y_i = S_{i \bmod 2}(x_i), i = 0,1,2,3$$

F 中 L_1 和 L_2 均为 $F_{2^{32}} \to F_{2^{32}}$ 的线性变换，它们分别由以下两式确定：

$$L_1(X) = X \oplus (X <<<_{32} 2) \oplus (X <<<_{32} 10) \oplus (X <<<_{32} 18) \oplus (X <<<_{32} 24)$$

$$L_2(X) = X \oplus (X <<<_{32} 8) \oplus (X <<<_{32} 14) \oplus (X <<<_{32} 22) \oplus (X <<<_{32} 30)$$

4．密钥扩展

设 128 比特种子密钥 K 和 128 比特初始向量 IV 如下：

$$K = k_0 \| k_1 \| k_2 \| \cdots \| k_{15}, \quad k_i \in F_2^8, 0 \leqslant i \leqslant 15$$

$$IV = iv_0 \| iv_1 \| iv_2 \| \cdots \| iv_{15}, \quad iv_i \in F_2^8, 0 \leqslant i \leqslant 15$$

另外，设置 $16 \times 15 = 240$ 比特的常数 $D = d_0 \| d_1 \| d_2 \| \cdots \| d_{15}$, $d_i \in F_2^{15}, 0 \leqslant i \leqslant 15$，其中各 d_i 的二进制表示如下。

$d_0 = 100010011010111$ $d_1 = 010011010111100$
$d_2 = 110001001101011$ $d_3 = 001001101011110$
$d_4 = 101011110001001$ $d_5 = 011010111100010$
$d_6 = 111000100110101$ $d_7 = 000100110101111$
$d_8 = 100110101111000$ $d_9 = 010111100010011$
$d_{10} = 110101111000100$ $d_{11} = 001101011110001$
$d_{12} = 101111000100110$ $d_{13} = 011110001001101$
$d_{14} = 111100010011010$ $d_{15} = 100011110101100$

那么，LFSR 的初态 $(s_0, s_1, \cdots, s_{15})$, $1 \leqslant s_i \leqslant 2^{31} - 1, 0 \leqslant i \leqslant 15$ 由以下式子确定：

$$s_i = k_i \| d_i \| iv_i, \quad 0 \leqslant i \leqslant 15$$

5．KG 运行规程

1）初始化阶段：

① Bitreorganization();
② $W = F(X_0, X_1, X_2)$;
③ LSFRWithInitialisationMode($W>>1$)。

2）工作阶段 1（仅一拍，不产生乱码（即密钥字））：

① Bitreorganization();
② $F(X_0, X_1, X_2)$;
③ LFSRWithWorkMode()。

3）工作阶段 2（连续进动，产生乱码）：

① Bitreorganization();
② $Z = F(X_0, X_1, X_2) \oplus X_3$;
③ LFSRWithWorkMode()。

在 ZUC 算法的计算中，注意有以下结果可供使用：

1）对于 $0 \leqslant s \leqslant 2^{31} - 1$, $2^k s = (s<<k) + (s>>(31-k)) \times 2^{32}$，从而

$$2^k s \mod(2^{31} - 1) = (s<<k) + (s>>(31-k)) = (s<<<k)$$

2）对于 $0 \leqslant a, b \leqslant 2^{31}-1$，因 $0 \leqslant a+b \leqslant 2\times(2^{31}-1) < 2\times 2^{31}$，故 $a+b = q\times 2^{31}+((a+b) \bmod 2^{31})$ 中 $q=0,1$，从而

$$(a+b)\bmod(2^{31}-1) = \begin{cases} (a+b)\bmod 2^{31}+1 & (a+b)\geqslant 2^{31}(q=1) \\ a+b & (a+b) < 2^{31}(q=0) \end{cases}$$

（严格来说，右边计算出的结果应再 $\bmod(2^{31}-1)$）

上面介绍的 ZUC 算法为 ZUC-128 算法。为了应对 5G 通信与后量子密码时代的来临，ZUC 算法设计组对密钥扩展过程进行改造（改变了密钥加载方式和常数设置），又形成了使用 256 比特种子密钥 K 和 184 比特初始向量 IV 的 ZUC-256 算法。

ZUC 算法的安全性分析也是一个热点。迄今为止，针对 ZUC 算法主要的安全性分析结果如下。

1）在第一届 ZUC 国际研讨会上，丁林等人应用求解特殊非线性方程思想对 ZUC-128 算法提出了猜测-确定攻击，计算复杂度为 $O(2^{403})$，并需要 9 个密钥字。

2）2011 年，周春芳等人针对 ZUC-128 构造了一条轮数为 24 的选择 IV 差分传递链，由于完整的 ZUC-128 的初始化轮数为 33，因此选择 IV 差分攻击对 ZUC 算法的安全性不会构成威胁。

3）2013 年，关杰等人将 ZUC 算法中基于 32 比特字的非线性函数转变成基于 16 比特半字的非线性函数，并对 ZUC 算法提出了基于 16 比特半字的猜测-确定攻击，这种条件下，计算复杂度为 $O(2^{392})$，需要 9 个 32 比特的密钥字。

4）2014 年，唐明等人指出嵌入式设备执行 ZUC 加密运算时侧信道信息泄露等问题，并提出了一种基于傅里叶变换的侧信道频域攻击，实验证明该攻击比时域攻击更加有效。

5）2016 年，汤永利等人利用线性逼近方程式构造仅包含输出密钥流的区分器，并寻找最优掩码使区分器的偏差最大，在最优线性掩码的基础上计算得到区分器的区分偏差为 $2^{-65.5}$，该线性区分攻击计算复杂度为 $O(2^{131})$。

6）2021 年，杨静等人在发展了用于密码的线性逼近分析的一些一般性谱分析技巧和算法基础上，对 ZUC-256 给出了一个计算复杂度为 $O(2^{236})$ 的线性区分攻击，236<256，表明 ZUC-256 不能提供 256 比特的安全性。

2.7　KG 的统计测试方法

序列密码不仅应该在结构设计上防止各种攻击，其输出序列还应能够通过统计特性的检测，这是设计安全序列密码算法的一个必要条件。实际上，统计测试是密码设计和研制过程中的一个不可或缺的重要环节，是进行序列密码安全性评价的重要依据。

2.7.1　一般统计测试原理

所谓统计测试，就是在不知悉密码算法的具体细节的情况下，仅仅把它当成一个吞吐数据的黑匣子，利用统计学方法检测其输出数据的随机性能以及随输入数据的变化情况等。

1. 典型的分布

1）二项分布（离散型）。若随机变量ξ的密度矩阵为

$$\begin{pmatrix} 0 & 1 & 2 & \cdots & n \\ C_n^0 p^0 q^{n-0} & C_n^1 p^1 q^{n-1} & C_n^2 p^2 q^{n-2} & \cdots & C_n^n p^n q^{n-n} \end{pmatrix}$$

则称ξ服从参数为n、p的二项分布，记为$\xi \sim B(n,p)$。

2）正态分布（连续型）。若随机变量ξ的密度函数为

$$f(x) = \frac{1}{\sqrt{2\pi}\sigma} e^{-\frac{1}{2}\left(\frac{x-\mu}{\sigma}\right)^2}, -\infty < x < +\infty$$

则称ξ服从参数为μ、σ^2的正态分布，记为$\xi \sim N(\mu, \sigma^2)$。

3）χ^2-分布（连续型）。设随机变量$\xi_1, \xi_2, \cdots, \xi_n$相互独立，且都服从标准正态分布$N(1,0)$，称随机变量$\xi = \xi_1^2 + \xi_2^2 + \cdots + \xi_n^2$服从<u>自由度</u>为$n$的$\chi^2$-分布，记为$\xi \sim \chi^2(n)$；服从$\chi^2$-分布的随机变量$\xi$的密度函数为（其中$\Gamma$为$\Gamma$函数）：

$$f(x) = \begin{cases} 0, & x \leqslant 0 \\ \dfrac{x^{\frac{n}{2}-1} e^{-\frac{x}{2}}}{2^{\frac{n}{2}} \Gamma\left(\dfrac{n}{2}\right)}, & x > 0 \end{cases}$$

2. χ^2-拟合检验

1）采样方式：进行任何一项随机性检验，必须确定对样本数据的采集方式，称之为采样方式。

2）理想分布：对于任何一种采样方式ξ，假设其理想情形下的概率分布（针对ξ是一个离散型的来讨论）为H_0：对于ξ的所有可能取值$x_1, x_2, x_3, \cdots, x_l$，概率$P\{\xi=x_i\}=p_i$，$i=1, 2, \cdots, l$，分布函数为$F_0(x)$。

3）数据整理：抽取容量为n的ξ式样本得到n个样本数据，将样本数据按照不同的取值进行分组整理，列成的频数分布表见表2-11。

表 2-11 频数分布表

ξ	x_1	x_2	x_3	$\cdots$	x_l
频数	n_1	n_2	n_3	$\cdots$	n_l

4）皮尔逊χ^2-统计量：对于假设H_0，根据上面整理出来的数据，计算一个反映样本实测频数$n_i(i=1,2,\cdots,l)$与理论频数（期望）$np_i(i=1,2,\cdots,l)$之间差异的统计量：

$$\eta = \sum_{i=1}^{l} \frac{n(n_i/n - p_i)^2}{p_i} = \sum_{i=1}^{l} \frac{(n_i - np_i)^2}{np_i}$$，称之为皮尔逊χ^2-统计量。

如果假设H_0为真，则上述统计量η应该小；而当上述统计量η的值大到超过某一界限λ（称为临界值或阈值）时，就怀疑假设H_0的正确性而拒绝H_0（这也即所谓的假设-检验方法）。

5）阈值λ的确定：确定一个小概率指标（称为<u>显著水平</u>）$\alpha = P\{\eta > \lambda\}$，由此确定阈值$\lambda_\alpha$。一般，分布函数的定义为$F(x)=P\{\eta \leqslant x\}$。确定$\lambda_\alpha$，就是求满足$F(\lambda_\alpha)=1-\alpha$的实数$\lambda_\alpha$。显著水平$\alpha$可按精度要求取为5%、1%等。

6）确定 η 所服从的概率分布：由下面的皮尔逊定理确定。

皮尔逊定理：无论 $F_0(x)$ 服从什么分布，当假设 H_0 为真时，前面建立的皮尔逊 χ^2-统计量 η 的极限分布是自由度为 $l-r-1$ 的 χ^2-分布，其中 r 为 $F_0(x)$ 中未知参数的个数。

依据上述皮尔逊定理，给定显著水平 α 后，相应的阈值 λ_α 可以从确定了自由度的 χ^2-分布表中查出。

2.7.2 常见的统计测试

KG 的统计测试主要有以下几种。

（1）密钥序列 $\underline{k}$ 的局部随机性检验

实际中，即使理论上序列的一个完整周期的统计性质已有结论，但不能保证其任意一个适当长的部分段在使用时无信息泄露。因此一个 0/1 序列的随机性是否好，需要看它能否（多数情况下）通过针对其适当长的部分段的一系列统计检验，这通常称为局部随机性检验。这样的检验方法多种多样，其中每一个检验可以反映随机性的一个方面（指标），具体方法见下面介绍。

（2）种子密钥 k 与密钥序列 $\underline{k}$ 的相关性测试

这种检测方法为：随机生成 m 个种子密钥 k_i，应用 KG 生成 m 个密钥序列，并都截取为种子密钥的长度。对 $i=1,2,\cdots,m$，将 m 个种子密钥和 m 个密钥序列截段异或后依次衔接起来，得到的一个序列应该是随机的，对其采用局部随机性检验进行验证。

（3）种子密钥 k 更换有效性（雪崩效应）测试

该检测方法为：随机生成 m 个种子密钥 k_i，应用 KG 生成 m 个密钥序列，并都截取为一定长度的 $\underline{k_i}$，对每一个种子密钥 k_i，依次变化每一位后都应用 KG 变换生成一个密钥序列截段，并与原 k_i 对应的截段 $\underline{k_i}$ 异或，将所得 l（种子密钥长度）个异或段依次衔接起来得到一段序列；对 $i=1,2,\cdots,m$，将对应得出的 m 段序列依次衔接起来，得到的序列应该是随机的，对其采用局部随机性检验进行验证。

下面介绍局部随机性检测比较常见的 5 种检验。

1. 频数检验

采样方式 ξ 为序列的一般项，可能的取值只有 0、1。这时检验假设为
$$H_0: P\{\xi=0\}=P\{\xi=1\}=1/2$$

1）列出样本数据频数分布表，见表 2-12。

表 2-12 频数分布表-1（$n_0+n_1=n$ 为序列长度）

ξ	0	1
频数	n_0	n_1

2）建立皮尔逊 χ^2-统计量：
$$\eta = \frac{(n_0 - \frac{1}{2}n)^2}{\frac{1}{2}n} + \frac{(n_1 - \frac{1}{2}n)^2}{\frac{1}{2}n} = \frac{(n_0 - n_1)^2}{n}$$

3）如果给定显著水平 α，则通过查自由度为 1（$l=2$, $r=0$）的 χ^2-分布表可得相应的阈值 λ_α（见表 2-13）。

表 2-13　显著水平和阈值对应表-1

显著水平 α	阈值 λ_α
0.05	3.841
0.01	6.635
0.001	10.828
0.0001	15.137

4）判定：如果 $\eta \leqslant \lambda_\alpha$，则通过该项检验；否则，不能通过。

2．序偶检验

采样方式 ξ 为序列的两相邻项组合，可能的取值是 00、01、10、11。这时检验假设可取为

$$H_0: P\{\xi=00\}=P\{\xi=01\}=P\{\xi=10\}=P\{\xi=11\}=1/4$$

设在 n 长样本序列中，0、1 的数目分别为 n_0、n_1；两相邻项组合是 00、01、10、11 的数目分别为 n_{00}、n_{01}、n_{10}、n_{11}（$n_{00}+n_{01}+n_{10}+n_{11}=n-1$）；长度为 i 的 0-游程与 1-游程的数目分别为 r_{0i} 与 r_{1i}，又记 $r_0 = \sum_{i=1}^{n} r_{0i}$，$r_1 = \sum_{i=1}^{n} r_{1i}$。那么，由于在一个 0-游程中，两相邻项组合是"00"的数目=0 的数目-1，故有 $n_{00}=n_0-r_0$；又因为每出现一个 0-游程时，必出现一个"10"的两相邻项组合与一个"01"的两相邻项组合，于是 $n_{01}=r_0$ 或 r_0-1，$n_{10}=r_0$ 或 r_0-1（有可能减 1 是因为有一个 0-游程是在序列圈的首尾结合处形成的）。

同理，$n_{11}=n_1-r_1$；$n_{01}=r_1$ 或 r_1-1，$n_{10}=r_1$ 或 r_1-1。可以看出，必有

$$|n_{01}-n_{10}|\leqslant 1 \text{（直接推断：01}\cdots\to 10 \text{ 或 } 10\cdots\to 01\text{）}$$

由于概率 $P\{\xi=01\}$ 与 $P\{\xi=10\}$ 有上述关联，所以给出的检验假设 H_0 并不合理，因此需要更准确的假设。I. J. Good 建立了如下的假设以及新的统计量。

1）列出样本数据频数分布表，见表 2-14。

表 2-14　频数分布表-2

ξ	00	01	10	11
频数	n_{00}	n_{01}	n_{10}	n_{11}

2）I. J. Good 建立了一个服从自由度为 2 的 χ^2-分布的序偶检验统计量：

$$\eta = \frac{4}{n-1}\sum_{(i,j)=(0,0)}^{(1,1)} n_{ij}^2 - \frac{2}{n}\sum_{i=0}^{1} n_i^2 + 1$$

3）对给定的显著水平 α，查自由度为 $2(l=3, r=0)$ 的 χ^2-分布表（见表 2-15）以得到相应的阈值 λ_α。

表 2-15　显著水平与阈值对照表-2

显著水平 α	阈值 λ_α
0.05	5.991
0.01	9.210
0.001	13.816
0.0001	18.421

4）略。

3. 扑克检验

采样方式 ξ 对序列依次进行 m 长比特的截取，截得的数据段可能的取值是所有 m 维 0、1 数组（每组相当于一个图案，而所有样本截段就好像"一手牌"）。这时检验假设为

$$H_0: P\{\xi=\text{图案}\ i\}=1/2^m,\ i=0,1,\cdots,2^m-1$$

1）列出样本数据频数分布表，见表 2-16。其中 $f_0+f_1+\cdots+f_{2^m-1}=F$ 为 m 长截段总数。

表 2-16　频数分布表-3

ξ	图案 0	图案 1	图案 2	⋯	图案 2^m-1
频数	f_0	f_1	f_2	⋯	f_{2^m-1}

2）建立皮尔逊 χ^2-统计量：

$$\eta=\sum_{i=0}^{2^m-1}\frac{(f_i-\frac{1}{2^m}F)^2}{\frac{1}{2^m}F}=\frac{2^m}{F}\sum_{i=0}^{2^m-1}f_i^2-F$$

3）对给定的显著水平 α，查自由度为 $2^m-1(l=2^m,\ r=0)$ 的 χ^2-分布表（见表 2-17）以得到相应的阈值 λ_α。

表 2-17　显著水平与阈值对照表-3

显著水平 α	$m=4$ 阈值 λ_α	$m=8$ 阈值 λ_α
0.05	24.996	293.248
0.01	30.578	310.457
0.001	37.697	330.520
0.0001	44.263	347.654

4）略。

另外一种方式如下。

采样方式 ξ 对序列依次进行 m 长比特的截取，截得的数据段可能的取值是 $0,1,2,\cdots,m$。这时检验假设为对

$$H_0: P\{\xi=i\}=C_m^i/2^m,\ i=0,1,\cdots,m$$

1）列出样本数据频数分布表，见表 2-18。其中 $g_0+g_1+\cdots+g_m=F$ 为 m 长截段总数。

表 2-18　频数分布表-4

ξ	0	1	2	⋯	m
频数	g_0	g_1	g_2	⋯	g_m

2）建立皮尔逊 χ^2-统计量：

$$\eta=\sum_{i=0}^{m}\frac{\left(g_i-C_m^i/2^m\cdot F\right)^2}{C_m^i/2^m\cdot F}=\frac{2^m}{F}\sum_{i=0}^{m}\frac{g_i^2}{C_m^i}-F$$

3）对给定的显著水平 α，查自由度为 $m(l=m+1,\ r=0)$ 的 χ^2-分布表以得到相应的阈值 λ_α。

4）略。

4. 游程分布检验

采样方式 ξ 为序列 0-游程（或 1-游程）的长度，可能的取值为 $1,2,3,\cdots,k$，其中 k 为满

足 $e_i=(n-i+3)/2^{i+2} \geq 5$（$1 \leq i \leq n$，$n$ 为序列长度）的最大整数 i。这时检验假设为
$$H_0: P\{\xi=i\}=e_i, \quad i=1,2,3,\cdots,k$$

1）列出样本数据频数分布表，见表 2-19（$r_{01}+r_{02}+\cdots+r_{0k}=r_0$）。

表 2-19 频数分布表-5

ξ	1	2	3	...	k
频数	r_{01}	r_{02}	r_{03}	...	r_{0k}

2）建立皮尔逊 χ^2-统计量：
$$\eta = \sum_{i=1}^{k} \frac{(r_{0i}-e_i)^2}{e_i}$$

3）对给定的显著水平 α，查自由度为 $k-1$（$l=k$，$r=0$）的 χ^2-分布表以得到相应的阈值 λ_α。

4）略。

上述是对于 0-游程的情况，与之类似，对于 1-游程：建立皮尔逊 χ^2-统计量 $\eta = \sum_{i=1}^{k} \frac{(r_{1i}-e_i)^2}{e_i}$。另外，可将上述关于 0-游程与 1-游程的结果综合在一起：建立皮尔逊 χ^2-统计量 $\eta = \sum_{i=1}^{k} \frac{(r_{0i}-e_i)^2}{e_i} + \sum_{i=1}^{k} \frac{(r_{1i}-e_i)^2}{e_i}$，服从自由度为 $2k-2$ 的 χ^2-分布。

5. 游程总数检验

设序列的长度为 n 比特，R 为序列中游程的总数。表 2-20 列出了显著水平和阈值。通过准则为：计算 U，对选定的 α，当 $|U|<\lambda_\alpha$ 时，则通过游程总数来检验。

表 2-20 显著水平和阈值对照表-4

检验统计量	显著水平 α	阈值 λ_α
$U = \dfrac{R-\dfrac{n}{2}}{\sqrt{\dfrac{n}{4}}}$	0.05	1.96
	0.01	2.58
	0.001	3.29
	0.0001	3.89

应用示例：移动通信中的序列密码

移动通信中加密语音通信要求加密算法速度快、数据吞吐量大，因此一般采用序列密码算法实现。图 2-23 是 GSM（全球移动通信系统）中 A5 的具体使用方式。其中，A3 是消息认证码算法（见 4.5.1 节），用于保证密钥的完整性和来源可靠性；A8 是密钥生成算法。中心计算机已知各用户 SIM 卡的密钥。

图 2-23 中，随机数和 SIM 卡密钥作为输入，由 A8 算法产生序列密码算法 A5 的种子密钥 K。中心计算机通过 A3 比较手机端（SIM 卡）密钥是否正确。实际语音通信通过 A5 加密算法实现保密通信，语音数据经过纠错码再进入 A5 算法，后证明这一做法存在安全隐患。

GSM 是早期的移动通信系统（第二代，2G），移动通信经过第三代（3G）、第四代（4G）的发展，已经进入到第五代移动通信（5G）时代。5G 提供更快、更便捷、更强大的

移动网络通信，特别是对多个行业有针对性的应用，将加速人工智能和智能制造的发展。其中，序列密码算法发挥着重要作用。

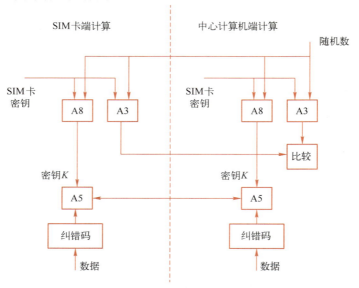

图 2-23　GSM 中 A5 的应用（源自参考文献[1]）

小结

二战期间，随着以古典密码思想为基础而设计的各种著名密码机相继被破解，古典密码走向终结，序列密码登上了历史舞台。序列密码是基于"一次一密"密码理论而发展起来的一种密码体制，输出近似随机的密钥序列，加/解密简便，运算速度快。经过半个多世纪的发展和完善，序列密码仍然是现代对称密码体制的主要类型之一。

序列密码的关键是构造一个能产生伪随机序列的密钥发生器 KG。最初的 KG 由人工产生，随着电子技术的发展，人们尝试使用电子电路中的线性反馈移位寄存器（LFSR）来产生。LFSR 能产生的最大周期序列称为 m 序列。但是，m 序列并不安全，因为 B-M 算法可以反推出产生 m 序列的 LFSR。因此对 LFSR 进行非线性化（即非线性综合），才能作为实用的 KG。但不恰当的非线性综合方式容易受到相关攻击、代数攻击等，因此序列密码经历了起起伏伏的发展过程。国际上著名的 A5 和 RC4 算法随着时代发展而被淘汰；欧洲自 2000 年后相继启动的 NESSIE 工程与 eSTREAM 计划，遴选出一批优秀的序列密码算法，对序列密码的研究和发展起到了促进作用，也影响着序列密码未来的研究方向和研究重点。由我国密码专家设计的 ZUC 算法，由于其出色的安全性，得到了国际密码界的广泛认可，已成为多个国际标准。

安全的序列密码算法不仅要能够防止已知的各种攻击，而且应当通过一系列的统计指标测试。

习题

2-1　简述序列密码的加/解密原理。序列密码的安全取决于什么？

2-2 密钥序列生成器 KG 被推荐的结构是什么？它的一般要求是什么？

2-3 线性反馈移位寄存器（LFSR）和非线性反馈移位寄存器（NLFSR）的本质区别是什么？

2-4 设一个 4-FSR 的反馈函数为 $f(x_1,x_2,x_3,x_4)=x_1+x_2x_3x_4$，试画出该 4-FSR 的状态框图。

2-5 已知序列由 $f(x)=1+x+x^2+x^3+x^5$ 线性产生，且初态为(10111)，求该序列的有理表示和序列表示，并画出对应的 LFSR 结构框图。

2-6 什么是 m 序列？它的基本特性有哪些？

2-7 设序列的有理表示为 $a(x)=\dfrac{1+x^2+x^3}{1+x^3+x^4}$，求该序列的序列表示。

2-8 什么样的线性反馈移位寄存器产生的序列为 m 序列？56 级 m 序列的线性复杂度是多大？在它的一个周期环中有多少个 0，多少个 1，长度为 25 的 0-游程有多少个？

2-9 已知序列由 $f(x)=1+x^2+x^3$ 线性产生，且初态是(101)。画出产生此序列的 LFSR 结构框图，写出有理表示；再画出该有理表示对应的 DSR 结构框图，标出初态，并验证该 DSR 产生相同的序列。

2-10 试写出例 2-2 的 LFSR 的联接多项式，并用 B-M 算法进行验证。计算出该序列的既约有理表示。

2-11 编程实现 A5 算法。

2-12 编程实现 ZUC 算法。

2-13 简述欧洲 NESSIE 工程与 eSTREAM 计划对序列密码发展的影响。

2-14 针对序列密码算法常见的攻击方法有哪些？

2-15 KG 的常见统计测试有哪几种？有哪些常见的检验指标？

参考文献

[1] KlEIN A. Stream Cipher[M]. Berlin: Springer, 2013.

[2] RUEPPEL R. Analysis and Design of Stream Cipher[M]. Berlin: Springer, 1986.

[3] GORESKY M, KLAPPER A. Algebraic Shift Register Sequences[M]. Cambridge: Cambridge University Press, 2009.

[4] KATZ J, LINDELL Y. Introduction to Modern Cryptography[M]. Boca Raton: Chapman&Hall/CRC, 2008.

[5] ROBSHAW M, BILLET O. New Stream Cipher Designs, the ESTREAM Finalists[M]. Berlin: Springer, 2008.

[6] RUKHIN A, SOTO J, NECHVATAL J, et al. A Statistical Test Suite for Random and Pseudorandom Number Generators for Cryptographic Applications[R]. NIST Special Publication 800–22, 2010.

[7] 国家密码管理局. 祖冲之序列密码算法 第 1 部分：算法描述：GM/T 0001.1—2012[S]. 北京：中国标准出版社，2012.

[8] 国家密码管理局. 祖冲之序列密码算法 第 2 部分：基于祖冲之算法的机密性算法：GM/T 0001.2—2012[S]. 北京：中国标准出版社，2012.

[9] 关杰，丁林，张凯. 序列密码的分析与设计[M]. 北京：科学出版社，2019.

[10] 王秋丽. 世界三次大规模密码算法评选活动介绍[J]. 信息安全与保密通信，2004，2:76-78.

第3章 分组密码

本章介绍密码学中重要的一类加密体制——分组密码。第一节介绍分组密码设计的基本思想；第二至六节按照分组密码发展脉络，分别介绍 Feistel 结构的 DES、Lai-Massey 结构的 IDEA、MISTY 结构的 MISTY1 算法、SP 结构的 AES 算法、我国商用密码标准 SM4 以及轻量级分组密码算法；第七节介绍分组密码在实际应用中的工作模式。

3.1 分组密码概述

上一章的序列密码有两个显著优势，一是软件实现可以达到高吞吐量；二是硬件实现可降低资源消耗。但是，由于序列密码工作时要求产生与明文相同长度的密钥流且与密文流严格同步，因此其应用范围受到限制，适用于实时性很强的保密通信，如军事通信。近年来，欧洲标准化组织进行了两次征集序列密码算法的活动，但征集到的多个算法被发现存在一些安全问题。因此，真正公开的安全的序列密码算法并不多见。

20 世纪 60 年代末，随着计算机技术的发展，快速地实现比较复杂的密码变换方式成为可能，同时也出现了大量的需要保密的敏感数据和文件，因此密码学中加密的另一个类型——分组密码得到了快速发展。

3.1.1 分组密码与序列密码的区别

分组密码的设计思想与序列密码的设计思想有很显著的区别。序列密码的加/解密运算是逐比特模二加，非常简单，它的安全性取决于源源不断的伪随机密钥流。而分组密码则是将明文分成固定长度的块（每个块称为一个分组），采用固定长度的密钥以及比较复杂的加/解密算法，对明文块进行逐块的整体处理，且每块使用相同的密钥。分组密码的密钥是固定长度且重复使用的，也就是对密钥的要求降低了，因此需要通过复杂的加/解密算法来弥补安全性的不足。

由于分组密码的加/解密运算复杂，计算速度比序列密码要慢，因此分组密码适合于非实时通信的情况。但分组密码的密钥和分组是固定长度的，对同步没有严格要求，因此使用起来限制条件少，应用很方便。

在分组密码中，明文被分成固定长度的若干个分组（不足的要填充），每个分组的加密过程通过一个由代替、置换组合而成的函数（称为轮函数）进行多轮迭代实现。输入密钥（被称为主密钥）事先需要扩展为多个子密钥，每轮迭代时使用一个不同的子密钥。

为便于比较，图 3-1 给出了序列密码加/解密过程的示意图，其中 $m_0m_1m_2\cdots$ 为输入明文序列，K 为种子密钥，KG 为密钥生成器，$k_0k_1k_2\cdots$ 为与明文长度相同的密钥流，密文序列为 $c_0c_1c_2\cdots = (m_0 \oplus k_0)(m_1 \oplus k_1)(m_2 \oplus k_2)\cdots$。

图 3-1 序列密码加/解密过程

图 3-2 给出了分组密码加/解密过程,其中 $k=(k_0,k_1,\cdots,k_{t-1})$ 是长度为 t 的输入(主)密钥,明文 x 被分为长度为 n 的各个分组 $\overline{x}_0=(x_0x_1\cdots x_{n-1})$、$\overline{x}_1=(x_nx_{n+1}\cdots x_{2n-1})$、$\cdots$。经加密算法,形成各个长度为 m 的密文分组 $\overline{y}_0=(y_0y_1\cdots y_{m-1})$、$\overline{y}_1=(y_my_{m+1}\cdots y_{2m-1})$、$\cdots$。经过信道后的各密文分组再经解密算法可得到各明文分组。其中加密算法中,密钥 k 经过密钥扩展过程产生各轮的子密钥 $\overline{k}_i$,与明文分组通过加密函数 $f(\overline{x}_i,\overline{k}_i)$ 产生密文分组 $\overline{y}_i$,$i\in\{0,1,2,\cdots\}$。解密算法为加密算法的逆过程。

图 3-2 分组密码加/解密过程

假设分组密码的明文分组长度为 n,密钥长度为 t,密文分组长度为 m。根据香农保密通信理论,通常取 $m\leq t$,而输出长度通常取 $m=n$。若 $m>n$,则为有数据扩展的分组密码(其中 $m-n$ 长度的数据用于安全认证);若 $m<n$,则为有数据压缩的分组密码(用于安全认证)。

上述过程的明文 x 和密文 y 均为二元数据,它们的每个分量 x_i,$y_i\in F_2$,即二进制比特。本章主要讨论二元情况。现代密码算法都是用计算机来实现的,各种信息在计算机中都是以二进制形式表示的,二进制位是计算机能处理的最小数据单位,既方便计算机处理,又能充分发挥置换和代替的混乱作用。

3.1.2 香农提出的"扩散"和"混淆"准则

由第 1 章古典密码可知,置换密码和代替密码之所以能被破解,其致命的弱点在于密文字母的统计特性与明文字母的统计特性是相关的,这样通过分析密文字母的统计特性就能推测其对应的明文字母从而破解密文。为此,必须采取措施消除密文字母中的统计特性,这种措施就是香农提出的"扩散"和"混淆"准则。

定义 3-1(扩散) 扩散是将明文的统计特性散布到密文之中的变换,它使得明文的每一比特影响密文中至少一半以上的比特,即密文中每一比特均受明文中至少一半以上比特的影响。

定义 3-2(混淆) 混淆是使密文和密钥之间的统计关系尽可能复杂、以使敌手无法得到密钥的变换。即使敌手能得到密文的一些统计关系,由于密钥和密文之间混淆变换,敌手也无法得到密钥信息。

1949 年，香农在其经典论文 *Communication Theory of Secrecy System* 中提出：由代替和置换形成迭代的乘积密码，以实现扩散和混淆的目的。这一思想为现代分组密码设计奠定了基础，其中的主要部件就是代替（Substitution）和置换（Permutation），简称为 S 盒和 P 盒。

S 盒一般规模不大，仅对几个比特进行代替，这是因为需要存储代替表，而表所占空间不能过大。因此一个明文分组需要多次使用 S 盒；而 P 盒规模则要大，适于整个分组。二者相结合（即乘积）形成一轮的轮函数。为了实现充分的扩散和混淆，需要用这个轮函数对明文分组进行连续多轮的处理，而在每一轮中加入由输入主密钥（扩展）形成的子密钥（一般是直接异或到中间数据上）。这一过程就是分组密码的总体结构，如图 3-3 所示。整个迭代过程如同"搅拌机"一样不停"搅拌"明文，加子密钥如同"加盐"或者加调料。

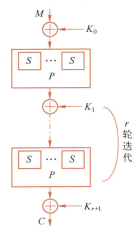

图 3-3 组合迭代结构

那么，需要迭代多少轮才是安全的？这要通过考查明文、密钥与密文之间的关系是否满足扩散和混淆的一些具体指标来确定。假如加密 10 轮之后这些指标都达标，那么再加上若干轮的安全余量即可；若不达标，则需继续迭代直至达标。分组密码的扩展和混淆的安全性指标有：密文随机性、明/密文独立性、对明文和密钥的敏感性等。实际上，S 盒与 P 盒的设计也有相应的安全性指标，如 S 盒的非线性度、P 盒的扩散程度等。它们及其乘积和迭代后的性能指标，形成整体分组密码的安全性能指标。

具体实现中，P 盒表示为一个大置换表，存储了输出比特对应的输入比特的顺序。表 3-1 是一个 32 比特上的 P 盒，写成两行形式。其中 8 表示输入的第 8 比特作为输出的第 1 比特，11 表示输入的第 11 比特作为输出的第 2 比特，以此类推。P 盒还常常画成拉线形式的图形，表示输入输出比特之间的置换关系。

表 3-1 32 比特上的 P 盒

8	11	2	13	7	1	31	18	15	23	16	12	4	14	27	30
3	5	6	9	10	17	19	29	21	22	24	25	26	28	20	32

S 盒表示为代替表的形式，一般为 4 比特输入、4 比特输出（记为 4×4 的 S 盒），或者 8 比特输入、8 比特输出（记为 8×8 的 S 盒）。图 3-4 是一个 4×4 的 S 盒的示意图，其中上面

的 4 个箭头表示 4 比特输入；下面的 4 个箭头表示 4 比特输出。4 比特输入有 16 个可能值（0000～1111），代替表将其分别映射为 16 个不同的输出值，每一个输出值也由 4 比特表示。一共有 $2^4!=16!$ 种可能的代替表。表 3-2 是其中一种代替方案，即一个 S 盒。其中表 3-2a 给出了 S 盒的十进制表示的输入（第一行）与输出（第二行）对应关系；表 3-2b 给出了 S 盒的二进制表示的输入与输出对应关系。为了简便，一般用十进制或十六进制表示 S 盒的代替表。注意：S 盒的代替表中既要有输出，也要有输入。

表 3-2(a) 4×4 的 S 盒代替表（十进制）

0	1	2	3	4	5	6	7	8	9	10	11	12	13	14	15
14	4	13	1	2	15	11	8	3	10	6	12	5	9	0	7

表 3-2(b) 4×4 的 S 盒代替表（二进制）

明文	密文	明文	密文
0000	1110	1000	0011
0001	0100	1001	1010
0010	1101	1010	0110
0011	0001	1011	1100
0100	0010	1100	0101
0101	1111	1101	1001
0110	1011	1110	0000
0111	1000	1111	0111

图 3-4 4×4 的 S 盒

至于如何将 P 盒与 S 盒组合为轮函数、如何构成整体迭代结构、如何用密钥解密，不同算法有不同的方式，以下将陆续介绍。与序列密码相比，分组密码的优点是：设计模块化，易于理解和分析；适应性强，便于算法标准化。算法标准化是密码学上的一件大事，标志着密码设计与应用的成熟。

3.2 国际上第一个密码标准 DES

香农的设计思想提出以后，一直未出现具体的实现方案。直到 20 世纪 60 年代，在 IBM 工作的 H. Feistel 设计出了一种遵循香农设计原则的具体算法，称为 LUCIFER，如图 3-5 所示（仅显示一轮），这是一种典型的代替-置换（SP）结构。

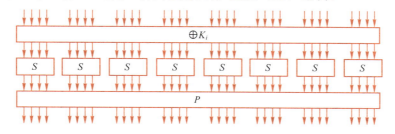

图 3-5 最初的 LUCIFER 算法结构

LUCIFER 中分组长度为 32 比特，且只给出 4 比特输入、4 比特输出的 S 盒，没有给出具体 S 盒的设计原则。P 置换为 32 比特置换操作。但这种体制加/解密算法需要互逆的两种不同变换，要消耗较多的硬件资源。

限于当时的条件，为了降低硬件资源，1967 年 Feistel 设计了一种加密和解密过程相同的算法，即将每个明文分组分为等长的左右两部分，每轮只对左部分进行变换和加子密钥，然后将两部分进行交换，依此再进行多轮迭代。该算法解密与加密过程相同，只是使用的子密钥顺序相反。这一算法的整体结构，后来被称为 Feistel 结构。据此构造的分组加密算法成为第一个加密标准，即 DES。

3.2.1 Feistel 结构

假设加密算法输入是分组长为 $2n$ 的明文和一个密钥 K。Feistel 结构将每组明文分成左右长度均为 n 长的两部分 L_0 和 R_0，然后进行 r 轮迭代。

定义 3-3（Feistel 结构） Feistel 结构是轮加密变换表示为

$$\begin{cases} L_i = R_{i-1} \\ R_i = L_{i-1} \oplus F(R_{i-1}, k_i) \end{cases} \quad i = 1, 2, \cdots, r$$

的多轮迭代结构，且最后一轮左右两部分不交换（保证加解密过程相同）。

这一结构的一轮形式可表示为图 3-6 所示。其中，L_{i-1} 表示第 i 轮左边输入，R_{i-1} 表示第 i 轮右边输入，L_i 表示第 i 轮左边输出，R_i 表示第 i 轮右边输出，$\oplus$ 表示按位异或，F 是轮函数，其输入为 R_{i-1} 和 k_i，k_i 是第 i 轮由主密钥 K 经过密钥扩展算法得到的子密钥（也称为轮密钥）。轮函数 F 不一定是可逆的，它由一些起到扩散和混淆作用的运算（S 盒和 P 盒）构成。Feistel 结构迭代结果的左右两部分合起来即为密文。

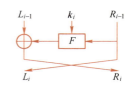

图 3-6 一轮 Feistel 结构

Feistel 解密过程与加密过程是相同的，只是使用的子密钥 k_i 次序与加密过程相反，即第 1 轮使用 k_r，第 2 轮使用 k_{r-1}, $\cdots$，最后一轮使用 k_1。

为了说明 Feistel 结构加/解密过程相同，图 3-7 画出 16 轮 Feistel 的加/解密过程。图 3-7a 为加密过程，由上而下，每轮的左右两半分别用 LE_i 和 RE_i 表示（E 表示加密）。第 16 轮做两次交换，是因为最后一轮应不交换，为了沿用前十几轮的 Feistel 结构固定模块，再增加了一次交换过程。图 3-7b 为解密过程，由下而上，每轮的左右两半分别用 LD_i 和 RD_i 表示（D 表示解密），其中标出了解密过程中每一轮中间值与左边加密过程中间值的对应关系。

上述加密过程形成的密文是 $RE_{16} \| LE_{16}$（$\|$ 表示链接）。解密过程将密文作为同一算法的输入，即第 1 轮输入是 $(LD_0 = RE_{16}) \| (RD_0 = LE_{16})$。经过一轮 Feistel 结构，输出为 $LD_1 = LE_{16} = RE_{15}; RD_1 = LD_0 \oplus F(RD_0, K_{16}) = RE_{16} \oplus F(LE_{16}, K_{16}) = LE_{15}$，等效于解密一轮；以此类推。最后 $LD_{16} = RE_0$，$RD_{16} = LE_0$，再交换一次，得到 $LE_0 \| RE_0$，因此解密的结果就是原来的明文。

Feistel 结构可逆（但 F 不一定可逆），且逆与自身相同，这称为对合结构。

Feistel 结构

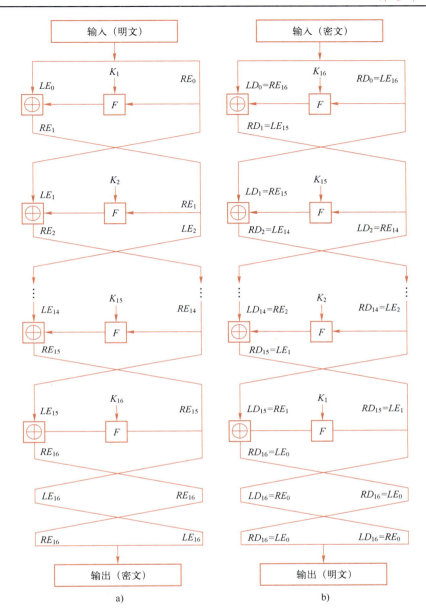

图 3-7 Feistel 加密和解密过程

3.2.2 数据加密标准（DES）

20 世纪 70 年代，随着计算机应用范围的不断扩展，全球经济社会各个领域对信息安全的需求与日俱增，迫切需要密码算法标准化。标准化对于促进技术发展、降低应用成本、广泛推广使用算法有着非常重要的意义。

1．加密算法的标准化与公开化

1973 年 5 月到 1974 年 8 月，美国国家标准局（NBS）两次发布通告，公开征求用于电子计算机的加密算法，并提出 4 点要求：

1）算法必须完全明确而无含糊之处。
2）给出算法已知的分析结果。
3）安全强度只依赖于密钥的保密。
4）算法对任意用户或厂商均可使用。

经过评选，NBS 从一大批算法中采纳了 IBM 公司提交的 16 轮 Feistel 结构的算法，并于 1975 年 3 月公开征集意见。1976 年 8 月至 9 月，美国 NBS 召开两次专题讨论会，对该算法进行研讨；1976 年 11 月 23 日 NBS 将这个修订后的算法定为数据加密标准（DES）。既然是标准，就是要推广给社会各界使用，因此必然要公开。于是，1977 年 1 月 15 日，NBS 公开发布 DES，由此开启了密码算法公开的先河，成为密码学发展历程中的一个里程碑。

最初预期 DES 作为一个标准只能使用 10～15 年，然而事实证明 DES 要长寿得多。在 DES 被采用后，大约每隔 5 年被评审一次，直到 1998 年才被宣告不再使用。DES 的出现是现代密码学历史上非常重要的事件，它是第一个公开的密码算法标准。

2．DES 的整体结构

DES 算法加密变换是 16 轮 Feistel 迭代结构，如图 3-8 所示。明文分组为 64 比特，其中 L_0 和 R_0 的长度都是 32 比特。与图 3-7 不同的是：DES 在首尾加入了初始（IP）置换及其逆（IP^{-1}）置换。另外为了表示简洁，最后一轮直接不交换，去掉了两次交换过程。初始置换 IP 和逆 IP^{-1} 见表 3-3 和表 3-4。图 3-8 右侧是产生各子密钥的密钥扩展过程（具体见密钥扩展部分的描述）。

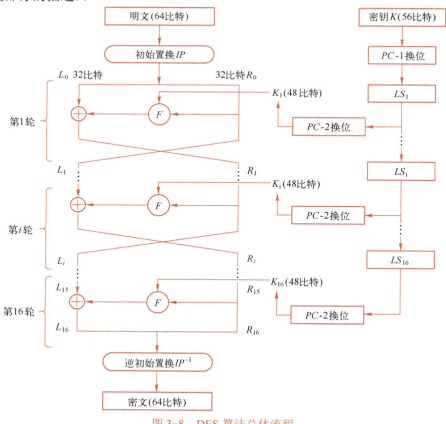

图 3-8　DES 算法总体流程

表 3-3 初始置换 IP							
58	50	42	34	26	18	10	2
60	52	44	36	28	20	12	4
62	54	46	38	30	22	14	6
64	56	48	40	32	24	16	8
57	49	41	33	25	17	9	1
59	51	43	35	27	19	11	3
61	53	45	37	29	21	13	5
63	55	47	39	31	23	15	7

表 3-4 初始置换 IP^{-1}							
40	8	48	16	56	24	64	32
39	7	47	15	55	23	63	31
38	6	46	14	54	22	62	30
37	5	45	13	53	21	61	29
36	4	44	12	52	20	60	28
35	3	43	11	51	19	59	27
34	2	42	10	50	18	58	26
33	1	41	9	49	17	57	25

3. DES 的轮函数 F

DES 的轮函数 F 如图 3-9 所示。输入是 Feistel 结构（第 i 轮）右侧 32 比特的 R_{i-1} 和 48 比特的子密钥 K_i。R_{i-1} 经过一个既置换又扩展（有重复的输出）的变换 E（见表 3-5），产生 48 比特的数据，与子密钥 K_i 逐比特异或。之后进入 8 个并行排列、不同的 $6×4$ 的 S 盒（每轮都如此），输出为 8 个 4 比特即 32 比特，再经过一个置换 P（见表 3-6），得到轮函数的输出（32 比特）。8 个 S 盒的代替表见表 3-7，具体查表方式见例 3-1。

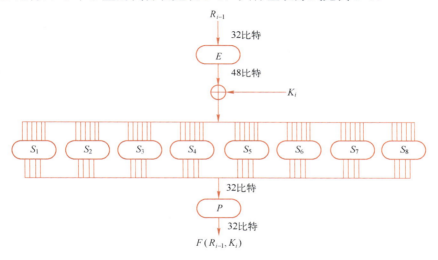

图 3-9 DES 轮函数 F

表 3-5 扩展函数 E					
32	1	2	3	4	5
4	5	6	7	8	9
8	9	10	11	12	13
12	13	14	15	16	17
16	17	18	19	20	21
20	21	22	23	24	25
24	25	26	27	28	29
28	29	30	31	32	1

表 3-6 置换函数 P			
16	7	20	21
29	12	28	17
1	15	23	26
5	18	31	10
2	8	24	14
32	27	3	9
19	13	30	6
22	11	4	25

例 3-1 对于 DES 轮函数中的 S_1 盒，若输入是 101100，求输出。

解：

对于表 3-7 中 $6×4$ 的 S 盒代替表，输入 6 比特的首尾 2 比特确定行数，中间 4 比特确定列数，行列交叉位置就是输出的 4 比特。因此对于 S_1，输入 101100 的首尾 2 比特 10 确定行数,即第"2"行(非实际行、列数);中间 4 比特 0110 确定列数,即第"6"列。行列交叉位置的值是 2(十进制),即 S_1 的输出为 0010 这 4 个比特。

DES 的 S 盒并没有给出清晰的设计原理,只给出了以下设计原则。

1)每个 S 盒的每一行是整数 0~15 的一个全排列。

2)每个 S 盒的输出都不是其输入的线性或仿射函数。

3)改变任一 S 盒任意 1 比特的输入,其输出至少有 2 比特发生变化。

4)对任一 S 盒的任意 6 比特输入 x,$S(x)$ 与 $S(x \oplus 001100)$ 至少有 2 比特不同。

5)对任一 S 盒的任意 6 比特输入 x,以及 $\alpha, \beta \in \{0,1\}$,有 $S(x) \neq S(x \oplus 11\alpha\beta00)$。

6)对任一 S 盒,当它的任一位输入保持不变,其他 5 位输入任意变化时,所有 4 比特输出中,0 与 1 的总数接近相等。

表 3-7 DES 的 S 盒

	0	1	2	3	4	5	6	7	8	9	10	11	12	13	14	15	
0	14	4	13	1	2	15	11	8	3	10	6	12	5	9	0	7	
1	0	15	7	4	14	2	13	1	10	6	12	11	9	5	3	8	S_1
2	4	1	14	8	13	6	2	11	15	12	9	7	3	10	5	0	
3	15	12	8	2	4	9	1	7	5	11	3	14	10	0	6	13	
0	15	1	8	14	6	11	3	4	9	7	2	13	12	0	5	10	
1	3	13	4	7	15	2	8	14	12	0	1	10	6	9	11	5	S_2
2	0	14	7	11	10	4	13	1	5	8	12	6	9	3	2	15	
3	13	8	10	1	3	15	4	2	11	6	7	12	0	5	14	9	
0	10	0	9	14	6	3	15	5	1	13	12	7	11	4	2	8	
1	13	7	0	9	3	4	6	10	2	8	5	14	12	11	15	1	S_3
2	13	6	4	9	8	15	3	0	11	1	2	12	5	10	14	7	
3	1	10	13	0	6	9	8	7	4	15	14	3	11	5	2	12	
0	7	13	14	3	0	6	9	10	1	2	8	5	11	12	4	15	
1	13	8	11	5	6	15	0	3	4	7	2	12	1	10	14	9	S_4
2	10	6	9	0	12	11	7	13	15	1	3	14	5	2	8	4	
3	3	15	0	6	10	1	13	8	9	4	5	11	12	7	2	14	
0	2	12	4	1	7	10	11	6	8	5	3	15	13	0	14	9	
1	14	11	2	12	4	7	13	1	5	0	15	10	3	9	8	6	S_5
2	4	2	1	11	10	13	7	8	15	9	12	5	6	3	0	14	
3	11	8	12	7	1	14	2	13	6	15	0	9	10	4	5	3	
0	12	1	10	15	9	2	6	8	0	13	3	4	14	7	5	11	
1	10	15	4	2	7	12	9	5	6	1	13	14	0	11	3	8	S_6
2	9	14	15	5	2	8	12	3	7	0	4	10	1	13	11	6	
3	4	3	2	12	9	5	15	10	11	14	1	7	6	0	8	13	
0	4	11	2	14	15	0	8	13	3	12	9	7	5	10	6	1	
1	13	0	11	7	4	9	1	10	14	3	5	12	2	15	8	6	S_7
2	1	4	11	13	12	3	7	14	10	15	6	8	0	5	9	2	
3	6	11	13	8	1	4	10	7	9	5	0	15	14	2	3	12	
0	13	2	8	4	6	15	11	1	10	9	3	14	5	0	12	7	
1	1	15	13	8	10	3	7	4	12	5	6	11	0	14	9	2	S_8
2	7	11	4	1	9	12	14	2	0	6	10	13	15	3	5	8	
3	2	1	14	7	4	10	8	13	15	12	9	0	3	5	6	11	

4. DES 的密钥扩展过程

DES 的密钥扩展过程比较简单,如图 3-10 所示。输入主密钥 K 为 64 比特,其中 8 位为奇偶校验位,分别位于 8、16、24、32、40、48、56、64 位,因此主密钥实际共 56 比特。奇偶校验位用于检查密钥 K 在分配以及传输过程中可能发生的错误。主密钥经过表 3-8 定义的 PC-1 置换和去掉校验位，形成左右各 28 位的 C_0 和 D_0，之后 $C_i = LS_i(C_{i-1})$，$D_i = LS_i(D_{i-1})$，其中 LS_i 表示对 C_{i-1} 和 D_{i-1} 进行循环左移变换，下标 i 表示产生子密钥顺序。其中 LS_1、LS_2、LS_9、LS_{16} 是循环左移 1 比特的变换，其余的 LS_i 是循环左移 2 比特的变换。C_i 和 D_i 两部分合成再经过表 3-9 定义的 PC-2 置换，从 56 比特中选出 48 比特作为子密钥 K_i。

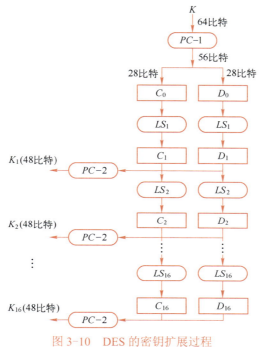

图 3-10　DES 的密钥扩展过程

表 3-8　选择置换 PC-1

50	43	36	29	22	15	8	1	51	44	37	30	23	16
9	2	52	45	38	31	24	17	10	3	53	46	39	32
56	49	42	35	28	21	14	7	55	48	41	34	27	20
13	6	54	47	40	33	26	19	12	5	25	18	11	4

表 3-9　选择置换 PC-2

14	17	11	24	1	5	3	28	15	6	21	10
23	19	12	4	26	8	16	7	27	20	13	2
41	52	31	37	47	55	30	40	51	45	33	48
44	49	39	56	34	53	46	42	50	36	29	32

5. DES 的解密变换

DES 的解密过的程和加密过程使用同一算法，只不过在 16 次迭代中使用子密钥的次序与加密时的顺序正好相反。解密时，第 1 次迭代使用子密钥 K_{16}，第 2 次迭代使用子密钥 K_{15}，以此类推，第 16 次使用子密钥 K_1。

例 3-2　将 DES 缩小 8 倍，即形成 Small DES，如图 3-11 所示。

1）若密钥扩展过程中 P_1=(4 1 7 6 8 2 5 3)，P_2=(5 7 1 8 4 2)，Q=(3 1 4 2)，R=(4 3 1 2)，输入主密钥为 K=11001010，试求经密钥扩展后的 K_1 和 K_2。

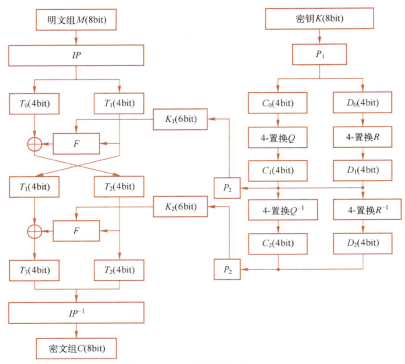

图 3-11　Small DES 的实现过程

2）若加密过程中，$IP=(8\ 6\ 4\ 2\ 1\ 3\ 5\ 7)$，轮函数 F 的处理过程如图 3-12 所示，其中的 S_1 和 S_2 见表 3-10（第 1 比特确定行，第 2、3 比特确定列）。若已知明文 01011100，试求在密钥 K 下得到的密文。

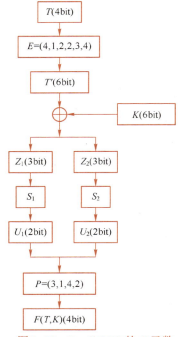

图 3-12　Small DES 的 F 函数

表 3-10　Small DES 的 S 盒

S_1	0	1	2	3
0	3	0	1	2
1	1	3	2	0

S_2	0	1	2	3
0	2	1	3	0
1	3	0	2	1

解:

1) 和 2) 的结果如图 3-13 所示。

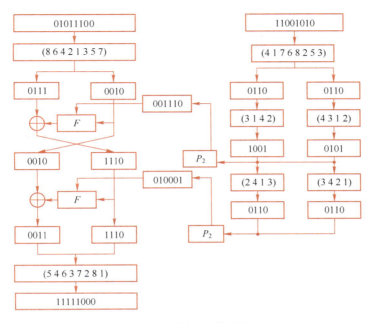

图 3-13　例 3-2 的结果

3.2.3　DES 的破译与安全性增强措施

1. 理论上安全性受到挑战

在 DES 公开之后,针对它的统计分析破译便迅速兴起。最初用于测试序列密码中密钥流的随机性检测方法被用来检测 DES 的密文随机性,随后相继出现的差分分析和线性分析表明:DES 在理论上存在安全漏洞。到目前为止,这两种分析方法也是分析和破译分组密码的主要方法。

(1) 差分分析

定义 3-4(差分)　对于分组密码两个 n 比特明文 X、X',它们之间的差分为 $\Delta X = X \oplus X'$,$\oplus$ 指 F_2 上的逐比特异或运算。两个明文在迭代过程每轮的输出之间的差分连接起来形成的数据链,称为<u>差分路径</u>。

例如,$X = 00100011$,$X' = 00111101$,则它们的差分为 $\Delta X = 00011110$。

因为同一个输入差分(式样)可由许多不同的明文对产生,这些明文分别经过轮函数后得到的差分也不相同,因此形成的差分路径也不相同。好的算法应当使各个差分路径出现的概率尽量相同,也就是不存在概率较大的差分路径。因为如果出现概率较大的差分路径,则通过穷举一定数量的明密文对,就可以找到(从最后一轮开始)轮密钥的信息,这就是<u>差分分析</u>的总体思路。

Feistel 结构的差分特性是比较好的,因为假设轮函数 F 为理想的函数,即所谓随机函数(从函数集合中随机选择一个函数),则 3 轮 Feistel 结构不存在高概率的差分路径。

如图 3-14 所示，假设输入的差分 $\Delta P = (a, 0)$，"a"表示一半长度的比特，"0"表示另一半比特全为 0。第一轮轮函数输出差分是 0（因为输入相同，所以输出也相同），因此求和后差分仍然是 a。但经过第二轮轮函数后，输入 a 差分产生的输出差分是不确定的，因此求和后的差分也是不确定的，第二轮输出差分为 $(a, ?)$，"?"表示不确定的差分。如果轮函数是随机函数，产生的不确定差分就是均匀分布的。再经过第三轮，输出差分为 $(?, ?)$，因此不会产生高概率的差分路径。

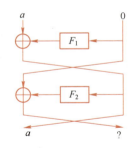

图 3-14 Feistel 结构两轮差分路径

但 DES 的轮函数并不是理想的，特别是 DES 的核心部件即非线性的 S 盒的差分性质并不好，导致 DES 必然存在高概率的差分路径，据此即可从理论上破译（比穷举 56 位密钥快很多）DES 算法。

将 S 盒各种输入差分产生每一种输出差分的输入差分个数列成表格，就是差分分布表。从 DES 的任何一个 S 盒的差分分布表都可以找到高概率的差分路径。由于 DES 的 S 盒输入为 6 比特（共 64 种差分），输出为 4 比特（共 16 种差分），所以平均 4 个不同的输入对应 1 个相同的输出，即存在输入差分非 0、输出差分为 0 的情况。

例 3-3　表 3-11 是 DES 第 1、2、3 个 S 盒的部分差分分布表，据此求明文左边 32 比特输入差分 $\Delta = 19\ 60\ 00\ 00$（十六进制表示）、右侧 32 比特输入差分为全 0 时，两轮输出差分也为这种形式的差分路径的概率。

解：

所要求的差分路径如图 3-15 所示。同图 3-14，第 1 轮的输出差分为左右部分交换。$\Delta = 1960\ 0000$ 进入第 2 轮轮函数 F_2 后，经过 E 扩展置换，输出使前 3 个 S 盒输入不为全 0（即活跃），如图 3-16 所示。通过查表 3-11，第 1 个 S 盒输入差分为 000011，输出差分为 0 的概率为 14/64；第 2 个 S 盒输入差分为 110010，输出差分为 0 的概率为 8/64；第 3 个 S 盒的输入差分为 101100，输出差分为 0 的概率为 10/64。所以轮函数 F_2 输出差分为 0 的概率为三者之积，约为 1/234。而两轮的这一形式的差分路径的概率即是 1/234。

由上述两轮迭代差分路径可以构造 16 轮差分路径，概率为 $\left(\dfrac{1}{234}\right)^8 \approx 2^{-62.85}$，小于均匀分布的差分概率 2^{-64}。由此可见 16 轮 DES 算法不能完全保证其输出密文的随机性。

表 3-11　S_1、S_2 和 S_3 的部分差分分布表

输入		输出															
		0	1	2	3	4	5	6	7	8	9	10	11	12	13	14	15
S_1	0	64	0	0	0	0	0	0	0	0	0	0	0	0	0	0	0
	1	0	0	0	6	0	2	4	4	0	10	12	4	10	6	2	4
	2	0	0	0	8	0	4	4	4	0	6	8	6	12	6	4	2
	3	14	4	2	2	10	6	4	2	6	4	4	0	2	2	2	0
	4	0	0	0	6	0	10	10	0	4	6	4	2	8	6	2	2
	⋮																

（续）

输入		输出															
		0	1	2	3	4	5	6	7	8	9	10	11	12	13	14	15
S_2	48	0	4	0	2	4	4	8	6	10	6	2	12	0	0	0	6
	49	0	10	2	0	6	2	10	2	6	2	2	0	6	6	4	8
	50	8	4	6	0	4	6	4	8	4	6	8	0	2	2	2	0
	51	2	2	6	10	2	0	0	6	4	4	12	8	4	2	2	0
	52	0	12	6	4	2	4	4	4	4	0	4	6	4	2	4	4
	⋮							⋮									
S_3	41	0	2	8	4	0	4	0	6	4	10	4	8	4	4	4	2
	42	2	6	2	4	0	4	8	4	8	4	4	0	6	2	4	6
	43	10	2	6	6	4	4	8	0	4	2	2	0	2	4	4	6
	44	10	4	6	2	2	2	2	2	4	10	4	4	0	2	6	4
	45	4	2	4	4	4	2	16	4	0	0	4	4	2	6	6	2
	⋮							⋮									

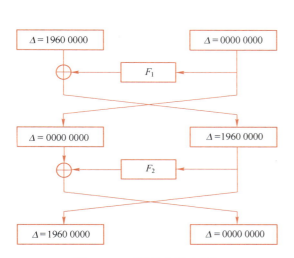

图 3-15　两轮迭代差分路径

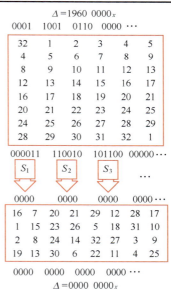

图 3-16　轮函数 F 的差分传播

1990 年，以色列密码学家 E. Biham 和 A. Shamir 正式提出了差分密码分析方法，并针对 DES 将上述两轮迭代差分用在了第 2～15 轮，使猜测密钥的范围变小，只在第 1 轮和第 16 轮猜测局部密钥比特。整个攻击的时间复杂度大约为 2^{47} 次全轮加密计算。

差分分析需要敌手能够选择一些明密文对，以便满足相应的差分路径，因此是一种选择明文攻击。差分分析是分组密码主要攻击手段之一，其后发展出很多变化形式，如截断差分、不可能差分、高阶差分等。

（2）线性分析

线性分析是一种已知明文攻击，即敌手能被动地获取一些明密文对。其基本思想是利用密码算法中的明文、密文和密钥的不平衡线性逼近等式来恢复某些密钥比特。线性分析的一般步骤为：首先，利用统计测试的方法，给出轮函数中主要密码组件的输入、输出之间的一些线性逼近及其成立的概率；其次，构造每一轮的输入、输出之间的线性逼近，并计算出其成立的概率；最后，将各轮的线性逼近按顺序级连起来，去除中间的变量，得到仅涉及明文、密文和密钥的线性逼近：

$$P_{[i_1,i_2,\cdots,i_a]} \oplus C_{[j_1,j_2,\cdots,j_b]} = K_{[k_1,k_2,\cdots,k_c]}$$

其中，$i_1,i_2,\cdots,i_a$，$j_1,j_2,\cdots,j_b$ 和 $k_1,k_2,\cdots,k_c$ 表示明文 P、密文 C 和密钥 K 的某些固定比特位置。对随机给定的明文 P 和相应的密文 C，上述等式成立的概率 $p \neq 1/2$。

定义 3-5（线性逼近优势） 上述等式成立的概率 p 与 $1/2$ 差值的绝对值，即 $|p-1/2|$，称为线性逼近优势。

基于已获得的逼近优势较大的线性表达式，就能够以一定概率成功推测出密钥比特 $K_{[k_1,k_2,\cdots,k_c]}$。1993 年欧密会上，日本学者 Matsui 等人提出了 16 轮 DES 线性分析，使用了两个 14 轮线性逼近表达式，并将其用在第 2～15 轮，整个攻击大约需要 2^{43} 个已知明密文对。

线性分析也有很多种变化形式，它也是分组密码的主要攻击手段之一。

2. 计算能力的提升促成了 DES 被穷举破解

早在 1977 年，密码学家 Diffie 和 Hellman 已建议制造一个每秒能测试 100 万个密钥的机器，大约需要一天就可以搜索整个 DES 的密钥空间。他们估计制造这样的机器大约需要 2000 万美元。此后对 DES 安全性的批评意见中，较一致的看法是 DES 的密钥太短，其长度 56 比特，致使密钥量仅为 $2^{56} \approx 10^{17}$，不能抵抗穷举攻击。

1997 年 1 月 28 日，美国 RSA 数据安全公司在 RSA 安全年会上发布了一项"秘密密钥挑战"竞赛，其中悬赏 10000 美元破译密钥长度为 56 比特的 DES。

美国科罗拉多州的程序员 Verser 从 1997 年 3 月 13 日起用了 96 天的时间，在 Internet 上数万名志愿者的协同工作下，于 1997 年 6 月 17 日成功地找到了 DES 的密钥，获得了 RSA 公司颁发的 10000 美元的奖励。这一事件表明，依靠 Internet 的分布式计算能力，用穷举搜索方法破译 DES 已成为可能。

1997 年 7 月，电子前沿基金学会（EFF）使用一台 25 万美金的计算机在 56 小时内破解了 DES。1998 年 12 月，美国国家标准局正式宣布不再使用该算法。而 1999 年 1 月在 RSA 数据安全会议期间，EFF 用 22 小时 15 分钟就宣告破解了 DES 的密钥。

尽管 DES 在发布之后 20 年被成功破解，但是，DES 在现代密码学发展历史中具有里程碑的作用，它开创了密码算法可以公开的先河，颠覆了密码算法必须保密的理念。不过，DES 仅是美国国家标准局发布的一个商用密码算法，也就是说，DES 并不用于保护美国国家秘密和军事秘密。

3. 提升 DES 安全性的尝试

为了增强 DES 抗分析能力，提升 DES 的安全性，有人建议采用双重 DES，即 2DES。2DES 就是连续进行两次 DES 加密，使用两个不同的 56 比特密钥 K_1 和 K_2，对明文 P 进行两次加密，即加密过程为 $C = E_{K_2}(E_{K_1}(P))$，而期望的安全强度为 2^{112}。

然而，Merkle 和 Hellman 等人对 DES 提出了中间相遇攻击。假设已知一对明密文，这一攻击从明文端穷举 2^{56} 个密钥进行加密,得到 2^{56} 个数据;从密文端穷举 2^{56} 个密钥进行解密,得到 2^{56} 个数据。这两组数据中必然有相同的,即实际 K_1 的加密结果=实际 K_2 的解密结果。这样就找到了相应的密钥,见表 3-12。

表 3-12 2DES 的中间相遇攻击

K_2	$T = D_{K_2}(C)$	匹配	$T' = E_{K_1}(P)$	K_1
0	T_0		T'_0	0
1	T_1		T'_1	1
2	T_2		T'_2	2
⋮	⋮		⋮	⋮
$2^{56}-1$	$T_{2^{56}-1}$		$T'_{2^{56}-1}$	$2^{56}-1$

上述攻击的时间复杂度仅为 $2^{56}+2^{56}=2^{57}$,远小于期望的安全强度 2^{112},但这种攻击需要较大的存储空间。

随后出现了三重 DES,又被称为 TDES,其加密过程如图 3-17 所示。该加密算法不受中间相遇攻击的威胁。之所以三重 DES 中间采用解密形式,是为了兼容 DES。当 $K_1=K_2$ 时,使用 TDES 对明文 P 加密的结果就等于 $\mathrm{DES}_{K_1}(P)$。

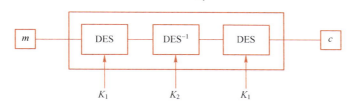

图 3-17 三重 DES 加密过程

3.3 IDEA 和 MISTY 算法

20 世纪 90 年代,随着 DES 的弱点逐渐显现,一方面急需新的加密标准代替 DES,另一方面也涌现出了多种新算法。例如 20 世纪 90 年代初,Feistel 结构得到进一步推广,基于 Lai-Massey 结构的 IDEA 算法的公布打破了 DES 密码的垄断局面,同时也出现了可以证明抵抗差分和线性分析的 MISTY 结构及基于该结构的 MISTY1、MISTY2 和 KASUMI 算法。

3.3.1 LM 结构和 IDEA

1991 年,来学嘉博士采用不同的模加法、模乘法等运算,结合异或与移位等操作对 Feistel 结构进行改造,与其导师 Massey 教授共同设计了 IDEA(International Data Encryption Algorithm)密码算法。该算法的结构称为 Lai-Massey 结构(简称为 LM 结构),可以看作 Feistel 结构的推广,因为它也具有加解密结构相同、密钥不同(轮密钥顺序相反,但解密时密钥字本身稍有变化)的特性。

1. LM 结构

LM 结构如图 3-18 所示。其中 X_0、X_1 分别是 n 长的输入比特串，Y_0、Y_1 是对应的输出。F 是一个函数，σ 是一个双射。⊞和⊟表示加减运算，K 是轮密钥（则 F 记为 F_K）。

定义 3-6（LM 结构） 假设 F 和 σ 是 $\{0,1\}^n$ 到 $\{0,1\}^n$ 的映射且 σ 是双射，$(\{0,1\}^n, ⊞)$ 为交换群（下面以 "+" 表示⊞，"-" 表示⊟），则称：

$Q_K:(X_0, X_1) \to (Y_0, Y_1)$：

$$Y_0 = \sigma(X_0 + F_K(X_0 - X_1)), Y_1 = X_1 + F_K(X_0 - X_1)$$

是轮函数的结构为 LM 结构。

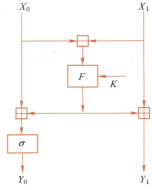

图 3-18 Lai-Massey 结构

LM 结构可方便地实现相同的加解密算法。例如简单地设 σ 为恒定变换，则 $Y_0 - Y_1 = X_0 - X_1$，$X_0 = Y_0 + F_K(Y_0 - Y_1)$，$X_1 = Y_1 + F_K(Y_0 - Y_1)$，即输入 (Y_0, Y_1)，输出得到 (X_0, X_1)。

已经证明：3 轮 LM 结构没有有用的差分路径，4 轮 LM 结构就可以抵抗差分攻击。此外 LM 结构同样具有加/解密过程相同的特点，且能达到与 Feistel 相同的安全性，并且具有实现代价低和运算速度快的优点。

2. IDEA 算法

IDEA 分组长度为 64 比特，密钥长度为 128 比特，算法迭代 8.5 轮，它是应用最广泛的分组密码算法之一，包含在 PGP 等很多密码软件包里。IDEA 算法的密码强度主要依赖于三种不相容的群运算的联合：异或、模 2^{16} 加法"⊞"和模 $(2^{16}+1)$ 乘法"⊙"。整体结构实际为两个 LM 结构（加法为 $\oplus$）的叠加。

（1）加密变换

IDEA 算法的单轮结构如图 3-19 所示。

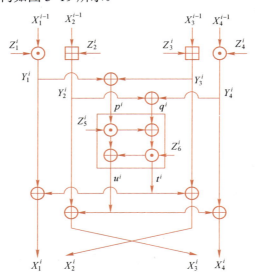

图 3-19 IDEA 算法的单轮结构

将 IDEA 的明文分组记为 (P_1,P_2,P_3,P_4)，其中每个分量为一个 16 比特的字。令 $X_1^0=P_1, X_2^0=P_2, X_3^0=P_3, X_4^0=P_4$，第 i 轮的输入是 $(X_1^{i-1},X_2^{i-1},X_3^{i-1},X_4^{i-1})$，轮密钥为 $(Z_1^i,Z_2^i,Z_3^i,Z_4^i,Z_5^i,Z_6^i)$。IDEA 算法的每轮由两层组成：

第一层与密钥混合部分，记为 KA，其中第 1、4 个字乘以子密钥 $(\bmod\ 2^{16}+1)$，其中 0 由 2^{16} 代替；第 2、3 个字加上子密钥 $(\bmod\ 2^{16})$。其结果记为 $(Y_1^i,Y_2^i,Y_3^i,Y_4^i)$。即

$$Y_1^i = Z_1^i \odot X_1^{i-1},\ Y_2^i = Z_2^i \boxplus X_2^{i-1},\ Y_3^i = Z_3^i \boxplus X_3^{i-1},\ Y_4^i = Z_4^i \odot X_4^{i-1}$$

第二层的核心记为 MA，输入是 $(p^i,q^i)=(Y_1^i \oplus Y_3^i, Y_2^i \oplus Y_4^i)$。若 MA 变换的输出记为 (u^i,t^i)，则 $u^i=(p^i \odot Z_5^i)\oplus t^i, t^i=(q^i \oplus (p^i \odot Z_5^i))\odot Z_6^i$。第 i 轮输出是 $(Y_1^i \oplus t^i, Y_3^i \oplus t^i, Y_2^i \oplus u^i, Y_4^i \oplus u^i)$，记为 $(X_1^i,X_2^i,X_3^i,X_4^i)$。

在最后一轮中没有 MA 层，密文是 $(Y_1^9,Y_2^9,Y_3^9,Y_4^9)$。

（2）密钥扩展算法

IDEA 密钥扩展算法是线性的，每个子密钥从主密钥中选择，见表 3-13，其中整数表示字节序号。

表 3-13　IDEA 密钥扩展算法

轮数	Z_1^i	Z_2^i	Z_3^i	Z_4^i	Z_5^i	Z_6^i
$i=1$	0～15	16～31	32～47	48～63	64～79	80～95
$i=2$	96～111	112～127	25～40	41～56	57～72	73～88
$i=3$	89～104	105～120	121～8	9～24	50～65	66～81
$i=4$	82～97	98～113	114～1	2～17	18～33	34～49
$i=5$	75～90	91～106	107～122	123～10	11～26	27～42
$i=6$	43～58	59～74	100～115	116～3	4～19	20～35
$i=7$	36～51	52～67	68～83	84～99	125～12	13～28
$i=8$	29～44	45～60	61～76	77～92	93～108	109～124
$i=9$	22～37	38～53	54～69	70～85	—	—

（3）解密过程

IDEA 解密过程同加密过程，轮密钥顺序相反，且有的字为原字的乘法逆元或加法负元，见表 3-14。

表 3-14　IDEA 加 / 解密的轮密钥

轮数	加密密钥	解密密钥
$i=1$	$Z_1^1\ Z_2^1\ Z_3^1\ Z_4^1\ Z_5^1\ Z_6^1$	$(Z_1^9)^{-1}\ -Z_2^9\ -Z_3^9\ (Z_4^9)^{-1}\ Z_5^8\ Z_6^8$
$i=2$	$Z_1^2\ Z_2^2\ Z_3^2\ Z_4^2\ Z_5^2\ Z_6^2$	$(Z_1^8)^{-1}\ -Z_3^8\ -Z_2^8\ (Z_4^8)^{-1}\ Z_5^7\ Z_6^7$
$i=3$	$Z_1^3\ Z_2^3\ Z_3^3\ Z_4^3\ Z_5^3\ Z_6^3$	$(Z_1^7)^{-1}\ -Z_3^7\ -Z_2^7\ (Z_4^7)^{-1}\ Z_5^6\ Z_6^6$
$i=4$	$Z_1^4\ Z_2^4\ Z_3^4\ Z_4^4\ Z_5^4\ Z_6^4$	$(Z_1^6)^{-1}\ -Z_3^6\ -Z_2^6\ (Z_4^6)^{-1}\ Z_5^5\ Z_6^5$
$i=5$	$Z_1^5\ Z_2^5\ Z_3^5\ Z_4^5\ Z_5^5\ Z_6^5$	$(Z_1^5)^{-1}\ -Z_3^5\ -Z_2^5\ (Z_4^5)^{-1}\ Z_5^4\ Z_6^4$
$i=6$	$Z_1^6\ Z_2^6\ Z_3^6\ Z_4^6\ Z_5^6\ Z_6^6$	$(Z_1^4)^{-1}\ -Z_3^4\ -Z_2^4\ (Z_4^4)^{-1}\ Z_5^3\ Z_6^3$
$i=7$	$Z_1^7\ Z_2^7\ Z_3^7\ Z_4^7\ Z_5^7\ Z_6^7$	$(Z_1^3)^{-1}\ -Z_3^3\ -Z_2^3\ (Z_4^3)^{-1}\ Z_5^2\ Z_6^2$
$i=8$	$Z_1^8\ Z_2^8\ Z_3^8\ Z_4^8\ Z_5^8\ Z_6^8$	$(Z_1^2)^{-1}\ -Z_3^2\ -Z_2^2\ (Z_4^2)^{-1}\ Z_5^1\ Z_6^1$
输出变换	$Z_1^9\ Z_2^9\ Z_3^9\ Z_4^9$	$(Z_1^1)^{-1}\ -Z_2^1\ -Z_3^1\ (Z_4^1)^{-1}$

自 1991 年提出以来，IDEA 算法遭受各种密码分析，在 IDEA 密钥扩展算法中发现了大量的弱密钥类。对 IDEA 的攻击效果最显著的方法是中间相遇攻击。尽管如此，IDEA 目前还是比较安全的算法。

3.3.2 MISTY 结构和 MISTY1 算法

MISTY 结构是由日本密码学家 M. Matsui 在 1993 年设计的一种分组密码结构，是首个具有可证明安全的抗差分和线性分析的分组密码结构，其代表算法有 MISTY1 等。该结构的特点是使用了一种称为 MISTY 结构的部件，能够在保持同等安全强度条件下增大算法运行的并行性。

定义 3-7（MISTY 结构） 若 (x_0, x_1) 表示一轮的输入，(y_0, y_1) 表示一轮的输出，F 表示轮函数，k 表示轮密钥，则 MISTY 结构为

$$\begin{cases} y_0 = x_1 \\ y_1 = x_1 \oplus F(x_0, k) \end{cases}$$

由于解密需要，F 需为可逆函数。其一轮加密过程如图 3-20 所示。

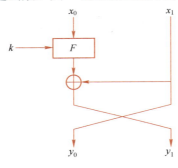

图 3-20 一轮 MISTY 结构

MISTY 结构的抗线性密码分析和差分密码分析的能力更强，但该结构的 F 也带来一些缺点，如运行时间长、成本高等。

基于 MISTY 结构的分组密码是由 Matsui 等人于 1995 年设计的系列密码算法，包含 MISTY1、MISTY2 和 KASUMI 算法。MISTY1 算法是一个基于抵抗差分分析和线性分析的可证安全性理论而设计的实用分组密码，该算法入选了欧洲 NESSIE 项目，并且被推荐为日本政府官方加密算法。

MISTY1 算法分组长度是 64 比特，密钥长度是 128 比特，轮数可变，但必须是 4 的倍数，一般使用 8 轮 MISTY1 算法。MISTY1 算法的整体结构实际为 Feistel 结构，输入明文 $P = (L_0, R_0)$，轮迭代中使用了函数 FO，奇数轮比偶数轮多加了 FL 变换，最后再经过 FL 变换输出密文。具体过程如下。

1. 加密变换

加密变换过程的基本组件有函数 FL 和函数 FO。函数 FO 中嵌套函数 FI，函数 FI 中嵌套 S 盒。加密结构如图 3-21a 所示。加密流程如下。

1）当 $i = 1, 3, 5, 7$ 时，第 i 轮输入 (L_{i-1}, R_{i-1})，进行如下操作：

$$L'_{i-1} = FL(L_{i-1}, KL_{iL}), \quad R'_{i-1} = FL(R_{i-1}, KL_{iR})$$

$$L_i = R'_{i-1} \oplus FO(L'_{i-1}, RK_i), \quad R_i = L'_{i-1}$$

2）当 $i = 2,4,6$ 时，第 i 轮输入 (L_{i-1}, R_{i-1})，进行如下操作：

$$L_i = R_{i-1} \oplus FO(L_{i-1}, RK_i), \quad R_i = L_{i-1}$$

3）当 $i = 8$ 时，第 8 轮进行如下变换后，输出密文 (L_8, R_8)。

$$L'_i = L_{i-1}, \quad R'_i = R_{i-1} \oplus FO(L_{i-1}, RK_i)$$

$$L_i = FL(L'_i, KL_{iL}), \quad R_i = FL(R'_i, KL_{iR})$$

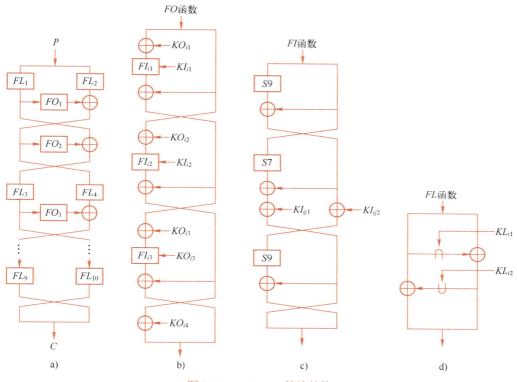

图 3-21 MISTY1 算法结构

基本组件的具体过程如下。

1）函数 FO 由三轮基于 FI 函数的 MISTY 结构构成，如图 3-21b 所示。输入 32 比特记为 X_L^0, X_R^0，则一轮加密变换表示为

$$X_L^1 = X_R^0, \quad X_R^1 = FI_{i1}(X_L^0 \oplus KO_{i1}, KI_{i1}) \oplus X_L^0$$

依次迭代三轮，第四轮与 KO_{i4} 异或后输出。KI_{i1} 和 KO_{i1} 等为密钥字。

2）函数 FI 由三轮基于 S 盒的 MISTY 结构构成，如图 3-21c 所示。输入 16 比特记为 $X_{L,9}^0, X_{R,7}^0$，即左边 9 比特和右边 7 比特，三轮变换表示为

$$X_{L,7}^1 = X_{R,7}^0, \quad X_{R,9}^1 = S_9(X_{L,9}^0) \oplus \text{ex}(X_{R,7}^0)$$

$$X_{L,9}^2 = X_{R,9}^1 \oplus KI_{ij2}, \quad X_{R,7}^2 = S_7(X_{L,7}^1) \oplus \text{tr}(X_{R,9}^1) \oplus KI_{ij1}$$

$$X_{L,7}^3 = X_{R,7}^2, \quad X_{R,9}^3 = S_9(X_{L,9}^2) \oplus \text{ex}(X_{R,7}^2)$$

其中，ex(·) 表示对输入扩展两个 0 比特的操作，tr(·) 表示截掉 2 个比特的操作，S_9 表示 9 比特输入 9 比特输出的 S 盒，S_7 表示 7 比特输入 7 比特输出的 S 盒（S 盒的代替表这里略去）。

3）函数 FL 由两轮 Feistel 结构构成，如图 3-21d 所示。输入 32 比特记为 X_L, X_R，密钥字记为 KL_{i1}, KL_{i2}，则输出表示为（∩、∪ 表示逐比特与和或）

$$Y_R = X_L \cap KL_{i1} \oplus X_R$$
$$Y_L = X_L \oplus Y_R \cup KL_{i2}$$

整体 Feistel 结构为 8 轮，每两轮之间有 FL 函数层。

2. 解密变换

MISTY1 是 Feistel 结构，解密过程与加密过程相同，只是轮密钥顺序不同。

3. 密钥扩展算法

以 MISTY1-128 版本为例进行说明。MISTY1 将 128 比特主密钥 K 分成每 16 比特一组，即 $K(128)=(K_1, K_2, K_3, K_4, K_5, K_6, K_7, K_8)$，第 i 轮密钥如下，流程图如图 3-22 所示，$1 \leq i \leq 8$。

$$K'_{1(16)} = FI(K_{1(16)}, K_{2(16)}) \quad K'_{5(16)} = FI(K_{5(16)}, K_{6(16)})$$
$$K'_{2(16)} = FI(K_{2(16)}, K_{3(16)}) \quad K'_{6(16)} = FI(K_{6(16)}, K_{7(16)})$$
$$K'_{3(16)} = FI(K_{3(16)}, K_{4(16)}) \quad K'_{7(16)} = FI(K_{7(16)}, K_{8(16)})$$
$$K'_{4(16)} = FI(K_{4(16)}, K_{5(16)}) \quad K'_{8(16)} = FI(K_{8(16)}, K_{1(16)})$$

第 i 轮的轮密钥由 $RK_i = (KO_{ij}, KI_{ij})$ 和 KL_i 组成，以表 3-15 的方式由 K_i 和 K'_i 生成。

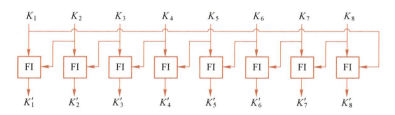

图 3-22 轮密钥生成流程图

表 3-15 轮密钥关系

KO_{i1}	KO_{i2}	KO_{i3}	KO_{i4}	KI_{i1}	KI_{i2}	KI_{i3}	KL_{iL}	KL_{iR}
K_i	K_{i+2}	K_{i+7}	K_{i+4}	K'_{i+5}	K'_{i+1}	K'_{i+3}	$K'_{\frac{i+1}{2}}$ (奇数 i) $K'_{\frac{i}{2}+2}$ (偶数 i)	$K'_{\frac{i+1}{2}+6}$ (奇数 i) $K'_{\frac{i}{2}+4}$ (偶数 i)

针对 MISTY1 算法的分析攻击方法有很多种，其中攻击结果较为显著的有 Tsunoo 等人改进了 Babbage 等人所提出的 7 轮高阶差分分析；Keting Jia 等人改进了 O.Dunkelman 等人的不可能差分分析结果；2016 年，Todo 等人基于高阶差分分析提出了基于比特的可分性搜索，给出了 8 轮攻击结果，对 MISTY1 进行了全轮理论破译。

3.4 高级加密标准（AES）

由于差分分析和线性分析对 DES 安全性的威胁，密码专家们提出了关于 S 盒安全性的新指标：差分均匀度和非线性度等。为此，新一代加密标准的设计被提上日程。显然，新一代的加密标准首先必须满足这些安全性指标。

3.4.1 NIST 征集高级加密标准

1997 年，美国国家标准与技术研究院（National Institute of Standards and Technology，NIST）发布征集高级加密标准（Advanced Encryption Standard，AES）的通告。

1998 年 6 月 NIST 收到 15 个提交算法，这些算法对全世界公开；1999 年 8 月，通过第一轮评估之后进入第二轮的候选算法剩下 5 个，其性能比较见表 3-16。2000 年 4 月，NIST 开始第三轮的评选。

5 个候选算法中，Rijndael 和 Serpent 算法表现不俗，但是后者选择了更多的安全冗余轮数，实现效率方面比 Rijndael 逊色许多。2000 年 9 月，NIST 选定分组长度 128 比特的 Rijndael 作为 AES，即 Rijndael-128。2001 年 11 月 26 日，该结果发布于 FIPS PUB 197，并在 2002 年 5 月 26 日成为有效的标准，即 AES。

表 3-16 AES 第二轮 5 个候选算法性能比较

候选算法 \ 对比指标	算法理论基础	实现的安全性	算法的代价	环境的适应性
MARS	基于数据控制的循环移位与非线性 S 盒	1）数据隐匿性有待研究。2）安全性最高	综合使用了多种加密手段，算法代价较高	终端智能卡和资源受限环境中使用
RC6™	基于数据控制的循环移位	1）数据隐匿性好。2）作为 AES 具有一定的冒险性	时间代价和空间代价优势明显	满足实际中对速度、加密程度、数据分组长度等不同需求
Rijndael	基于有限域、有限环的有关性质	1）高度数据隐匿性。2）安全性强	巧妙选择关键常数，可高速加解密，代价较低	灵活，适用于多种环境
Serpent	基于 S 盒和数据控制的循环移位	安全性极高	相比其他候选算法，代价高，速率慢	适用于多种环境
TwoFish	基于 Feistel 变换和"最大码距"理论	1）数据隐匿性好。2）加密轮数还需提高，以保证更好的安全性	可提供多种时间与空间代价取舍方案，有利于在各种应用环境中优化	适用于多种环境

3.4.2 AES 算法

AES 作为全新的新一代分组密码标准，在结构上采用 SP 结构，在部件上实现全公开的代数设计，在安全性上能够确定差分特征概率和最佳线性逼近优势的界，能够证明可抵抗差分分析和线性分析。

1. SP 结构

与 LM 结构同期出现的，还有结构更加完善和清晰的 SP 结构。其代表算法为 SQUARE、SHARK 和 SAFER 系列算法，其中每一轮除异或密钥外，主要由混淆层和扩散层组成。

定义 3-8（SP 结构） SP 结构就是形如下面的结构：每轮包含三层变换：首先代替层 S 将一个分组分为 n 个子块，每块含 m 比特，经 S 盒进行代替，即 S 层为 n 个 S 盒并置；然后是置换层 P，它为线性变换，一般对整个分组进行换位；最后是数据与密钥逐比特异或层。SP 结构如图 3-23 所示。

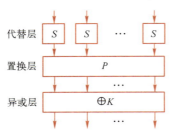

图 3-23　一轮 SP 结构

SP 结构可以形式化地表述如下。S 盒是 m 比特的非线性变换 $x_i \mapsto y_i : F_2^m \to F_2^m$；$P$ 是线性变换 $y \mapsto z : F_{2^m}^n \to F_{2^m}^n$；最后输出的 z_i 与轮密钥 k_i 异或得到密文 C。因此轮函数可描述为 $Q_K : (x_0, x_1, \cdots, x_{n-1}) \to (c_0, c_1, \cdots, c_{n-1})$，其中，

S 层变换：$\quad y_i = S(x_i), 0 \leqslant i \leqslant n-1$

P 层变换：$\quad [z_1, z_2, \cdots, z_n]^T = P[y_1, y_2, \cdots, y_n]^T$

轮密钥异或：$\quad c_i = z_i \oplus k_i, 0 \leqslant i \leqslant n-1$

由于最后一轮的线性变换没有加强密码的性能，同时为了减小加/解密结构的差异，在设计迭代结构时通常将最后一轮的线性变换省略掉。

SP 结构具有可证明抵抗差分分析和线性分析的特点，对于该结构很容易从理论上给出抵抗差分和线性分析的安全界。同时，该结构也具有数据扩散快的特点，相比 Feistel 结构而言，采用 SP 结构的分组密码算法的轮数往往较少。

比利时密码学家 J. Daemen 和 V. Rijmen 充分认识到了 Feistel 结构的弱点，通过对 SQUARE 算法的优化，设计了一组 SP 结构的分组密码算法，并以二人名字的组合 Rijndael 加以命名，这便是后来被 NIST 确定为标准的 AES 算法。AES 有三个版本：AES-128、AES-192 和 AES-256，其中数字表示密钥长度（明文分组长度都是 128 比特）。本节以 AES-128 为例进行介绍。

2．加密变换

AES-128 是面向字节的算法，即最小单位是字节。128 位输入明文 P 和输入密钥 K 都被分成 16 个字节，分别记为 $P = P_0 P_1, \cdots, P_{15}$ 和 $K = K_0 K_1, \cdots, K_{15}$。一般明文分组及密钥分组用一个字节为元素的 4×4 矩阵描述，称为状态矩阵，见表 3-17、表 3-18。加密变换过程就是对明文状态矩阵进行 10 轮的变换。

表 3-17　明文分组

P_0	P_4	P_8	P_{12}
P_1	P_5	P_9	P_{13}
P_2	P_6	P_{10}	P_{14}
P_3	P_7	P_{11}	P_{15}

表 3-18　密钥分组

K_0	K_4	K_8	K_{12}
K_1	K_5	K_9	K_{13}
K_2	K_6	K_{10}	K_{14}
K_3	K_7	K_{11}	K_{15}

算法整体结构如图 3-24 所示。在第 1 轮迭代之前,先将明文和原始密钥进行一次加密操作。加密的第 1 轮到第 9 轮的轮函数是一样的,都包括 4 个操作:字节代替、行移位、列混合和轮密钥加。第 10 轮中没有列混合。

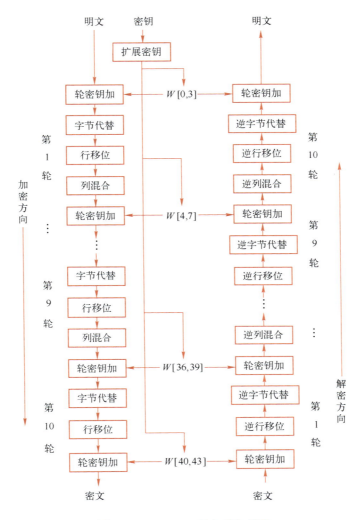

图 3-24 AES-128 的加密与解密

（1）字节代替

字节代替即将状态矩阵中各字节用同一个 8×8 的 S 盒进行代替,这是 SP 结构的 S 层。这一过程就是简单的查表操作。AES-128 根据代数运算设计了一个 S 盒,见表 3-19,为一个 16×16 的字节矩阵。查表时,S 盒的输入字节的高 4 位作为行值,低 4 位作为列值,行列交叉位置的字节即为 S 盒的输出。例如,设 S 盒输入字节 0x12,则查表 3-19 的第 0x1 行第 0x2 列,得到值 0xc9,即 S 盒的输出。

表 3-19　AES-128 的 S 盒

	0	1	2	3	4	5	6	7	8	9	a	b	c	d	e	f
0	63	7c	77	7b	f2	6b	6f	c5	30	01	67	2b	fe	d7	ab	76
1	ca	82	c9	7d	fa	59	47	f0	ad	d4	a2	af	9c	a4	72	c0
2	b7	fd	93	26	36	3f	f7	cc	34	a5	e5	f1	71	d8	31	15
3	04	c7	23	c3	18	96	05	9a	07	12	80	e2	eb	27	b2	75
4	09	83	2c	1a	1b	6e	5a	a0	52	3b	d6	b3	29	e3	2f	84
5	53	d1	00	ed	20	fc	b1	5b	6a	cb	be	39	4a	4c	58	cf
6	d0	ef	aa	fb	43	4d	33	85	45	f9	02	7f	50	3c	9f	a8
7	51	a3	40	8f	92	9d	38	f5	bc	b6	da	21	10	ff	f3	d2
8	cd	0c	13	ec	5f	97	44	17	c4	a7	7e	3d	64	5d	19	73
9	60	81	4f	dc	22	2a	90	88	46	ee	b8	14	de	5e	0b	db
a	e0	32	3a	0a	49	06	24	5c	c2	d3	ac	62	91	95	e4	79
b	e7	c8	37	6d	8d	d5	4e	a9	6c	56	f4	ea	65	7a	ae	08
c	ba	78	25	2e	1c	a6	b4	c6	e8	dd	74	1f	4b	bd	8b	8a
d	70	3e	b5	66	48	03	f6	0e	61	35	57	b9	86	c1	1d	9e
e	e1	f8	98	11	69	d9	8e	94	9b	1e	87	e9	ce	55	28	df
f	8c	a1	89	0d	bf	e6	42	68	41	99	2d	0f	b0	54	bb	16

（2）行移位

这是一个简单的左循环移位操作。状态矩阵的第 0 行左移 0 字节，第 1 行左移 1 字节，第 2 行左移 2 字节，第 3 行左移 3 字节，见表 3-20。

表 3-20　AES-128 的行移位

$b_{0,0}$	$b_{0,1}$	$b_{0,2}$	$b_{0,3}$	→	$b_{0,0}$	$b_{0,1}$	$b_{0,2}$	$b_{0,3}$
$b_{1,0}$	$b_{1,1}$	$b_{1,2}$	$b_{1,3}$	→	$b_{1,1}$	$b_{1,2}$	$b_{1,3}$	$b_{1,0}$
$b_{2,0}$	$b_{2,1}$	$b_{2,2}$	$b_{2,3}$	→	$b_{2,2}$	$b_{2,3}$	$b_{2,0}$	$b_{2,1}$
$b_{3,0}$	$b_{3,1}$	$b_{3,2}$	$b_{3,3}$	→	$b_{3,3}$	$b_{3,0}$	$b_{3,1}$	$b_{3,2}$

（3）列混合

列混合变换是状态矩阵乘以一个固定常数矩阵实现的列中字节混乱，如下式所示，其中运算为 $GF(2^8)$ 域上运算。行移位和列混合构成 SP 结构的 P 层。

$$\begin{pmatrix} a'_{0,0} & a'_{0,1} & a'_{0,2} & a'_{0,3} \\ a'_{1,0} & a'_{1,1} & a'_{1,2} & a'_{1,3} \\ a'_{2,0} & a'_{2,1} & a'_{2,2} & a'_{2,3} \\ a'_{3,0} & a'_{3,1} & a'_{3,2} & a'_{3,3} \end{pmatrix} = \begin{pmatrix} 02 & 03 & 01 & 01 \\ 01 & 02 & 03 & 01 \\ 01 & 01 & 02 & 03 \\ 03 & 01 & 01 & 02 \end{pmatrix} \begin{pmatrix} a_{0,0} & a_{0,1} & a_{0,2} & a_{0,3} \\ a_{1,0} & a_{1,1} & a_{1,2} & a_{1,3} \\ a_{2,0} & a_{2,1} & a_{2,2} & a_{2,3} \\ a_{3,0} & a_{3,1} & a_{3,2} & a_{3,3} \end{pmatrix}$$

（4）轮密钥加

轮密钥加是将 128 位轮密钥同明文状态矩阵中的数据进行逐位异或操作。

3．字节运算

由上可以看出，AES-128 算法主要涉及字节的运算。如果所有 256 个字节的集合定义了加减乘除运算，就形成有限域 $GF(2^8)$。为了定义代数运算，将每个字节作为系数表示为

一个多项式，如字节 $(a_7,a_6,a_5,a_4,a_3,a_2,a_1,a_0)$ 表示为
$$a(x) = a_7x^7 + a_6x^6 + a_5x^5 + a_4x^4 + a_3x^3 + a_2x^2 + a_1x + a_0$$

两个字节的加减法就是对应多项式各系数的模二加（系数都是 F_2 的元素）；但对于两个字节的乘法，为了使乘积仍然是一个字节（运算封闭性），需要将乘积模一个 8 次方的不可约多项式 $m(x) = x^8 + x^4 + x^3 + x + 1$ 后取剩余。因此 $GF(2^8)$ 中的字节运算就是模多项式运算，并将字节和多项式看作一回事。

例 3-4 AES-128 中，求字节 0x57 乘以 0x83 的结果。

解：
$$0x57 \times 0x83 = (x^6 + x^4 + x^2 + x + 1)(x^7 + x + 1) = x^{13} + x^{11} + x^9 + x^8 +$$
$$x^6 + x^5 + x^4 + x^3 + 1 \equiv x^7 + x^6 + 1 \bmod (x^8 + x^4 + x^3 + x + 1)$$

求剩余的结果对应的字节为 0xc1。

为了实现快速乘法，AES-128 的字节乘法采用迭代地乘多项式 x 后 $\bmod\ m(x)$（称为 Xtime 运算）、再将不同幂次项相加的简便算法。例如，例 3-4 的乘法中，可以分解为 $1\times(x^7+x+1) + x(x^7+x+1) + x^2(x^7+x+1) + x^4(x^7+x+1) + x^6(x^7+x+1)$，通过迭代地计算 (x^7+x+1) 乘 x 后 $\bmod\ m(x)$ 的运算（结果再乘 x 后 $\bmod\ m(x)$），得到 x 各幂次乘 (x^7+x+1) 的分项结果，再将它们加起来就是最后的字节多项式。

而 Xtime 运算本身可用字节的运算得到。

例 3-5 试求 AES-128 中一个字节 $a(x)$ 进行一次 Xtime 运算的结果。

解：
$$x \cdot a(x) = a_7x^8 + a_6x^7 + a_5x^6 + a_4x^5 + a_3x^4 + a_2x^3 + a_1x^2 + a_0x$$

再将其模 $m(x)$，可得

$$\begin{array}{r}
a_7\\
x^8+x^4+x^3+x+1\overline{\smash{\big)}\,a_7x^8 + a_6x^7 + a_5x^6 + a_4x^5 + a_3x^4 + a_2x^3 + a_1x^2 + a_0x}\\
a_7x^8 + a_7x^4 + a_7x^3 + + a_7x + a_7\\
\hline
a_6x^7 + a_5x^6 + a_4x^5 + a_3x^4 + a_2x^3 + a_1x^2 + a_0x + 0\\
0 + 0 + 0 + a_7x^4 + a_7x^3 + 0 + a_7x + a_7\\
\hline
\cdots\cdots
\end{array}$$

从上面除式中余式上下两行的系数关系可知：当 $a_7 = 0$ 时，Xtime 的结果是输入字节左移一位后补 0；当 $a_7 = 1$ 时，Xtime 的结果是输入字节左移一位后补 0，再异或 0x1b（即 00011011）。

Xtime 运算

例 3-6 求下列 AES-128 的列混合结果中 X 的值。

$$\begin{pmatrix} 02 & 03 & 01 & 01 \\ 01 & 02 & 03 & 01 \\ 01 & 01 & 02 & 03 \\ 03 & 01 & 01 & 02 \end{pmatrix} \begin{pmatrix} f9 & * & * & * \\ bb & * & * & * \\ 29 & * & * & * \\ 04 & * & * & * \end{pmatrix} = \begin{pmatrix} 12 & * & * & * \\ X & * & * & * \\ 1c & * & * & * \\ 8a & * & * & * \end{pmatrix}$$

解：
$$X = 01 \times f9 + 02 \times bb + 03 \times 29 + 01 \times 04 = f9 + 6d + (52 + 29) + 04 = eb$$

另外，AES 的 S 盒设计原理是完全公开的，是按照下面的步骤产生的。

1) 输入字节 $a(x)$ 求 $\mod m(x)$ 的乘法逆，0x00 的逆仍为 0x00。

2) 设上述结果为字节 $(b_7b_6b_5b_4b_3b_2b_1b_0)$，计算下面仿射变换：

$$\begin{pmatrix} c_0 \\ c_1 \\ c_2 \\ c_3 \\ c_4 \\ c_5 \\ c_6 \\ c_7 \end{pmatrix} = \begin{pmatrix} 1 & 0 & 0 & 0 & 1 & 1 & 1 & 1 \\ 1 & 1 & 0 & 0 & 0 & 1 & 1 & 1 \\ 1 & 1 & 1 & 0 & 0 & 0 & 1 & 1 \\ 1 & 1 & 1 & 1 & 0 & 0 & 0 & 1 \\ 1 & 1 & 1 & 1 & 1 & 0 & 0 & 0 \\ 0 & 1 & 1 & 1 & 1 & 1 & 0 & 0 \\ 0 & 0 & 1 & 1 & 1 & 1 & 1 & 0 \\ 0 & 0 & 0 & 1 & 1 & 1 & 1 & 1 \end{pmatrix} \begin{pmatrix} b_0 \\ b_1 \\ b_2 \\ b_3 \\ b_4 \\ b_5 \\ b_6 \\ b_7 \end{pmatrix} + \begin{pmatrix} 1 \\ 1 \\ 0 \\ 0 \\ 0 \\ 1 \\ 1 \\ 0 \end{pmatrix}$$

字节求逆

则 S 盒的输出为 $(c_7c_6c_5c_4c_3c_2c_1c_0)$。

例 3-7 求字节 0x53 的 S 盒代替的输出。

解：

$0x53 = 01010011 = x^6 + x^4 + x + 1$。因为 $m(x)$ 是不可约多项式，因此任意非全 0 字节都有乘法逆，扩展的辗转相除法的结果见表 3-21。因此 0x53 的乘法逆为 $x^7 + x^6 + x^3 + x$，即 11001010。

表 3-21 例 3-7 的求乘法逆元

辗转相除	商	系数 s	系数 t
$x^8 + x^4 + x^3 + x + 1$		1	0
$x^6 + x^4 + x + 1$	$x^2 + 1$	0	1
x^2	$x^4 + x^2$		$x^2 + 1$
$x + 1$	$x + 1$		$x^6 + x^2 + 1$
1			$x^7 + x^6 + x^3 + x$

然后代入仿射变换（注意比特的顺序），得结果为 11101101，即 0xed。

$$\begin{pmatrix} 1 & 0 & 0 & 0 & 1 & 1 & 1 & 1 \\ 1 & 1 & 0 & 0 & 0 & 1 & 1 & 1 \\ 1 & 1 & 1 & 0 & 0 & 0 & 1 & 1 \\ 1 & 1 & 1 & 1 & 0 & 0 & 0 & 1 \\ 1 & 1 & 1 & 1 & 1 & 0 & 0 & 0 \\ 0 & 1 & 1 & 1 & 1 & 1 & 0 & 0 \\ 0 & 0 & 1 & 1 & 1 & 1 & 1 & 0 \\ 0 & 0 & 0 & 1 & 1 & 1 & 1 & 1 \end{pmatrix} \begin{pmatrix} 0 \\ 1 \\ 0 \\ 0 \\ 1 \\ 0 \\ 1 \\ 1 \end{pmatrix} + \begin{pmatrix} 1 \\ 1 \\ 0 \\ 0 \\ 0 \\ 1 \\ 1 \\ 0 \end{pmatrix} = \begin{pmatrix} 0 \\ 1 \\ 1 \\ 0 \\ 1 \\ 0 \\ 1 \\ 0 \end{pmatrix} + \begin{pmatrix} 1 \\ 1 \\ 0 \\ 0 \\ 0 \\ 1 \\ 1 \\ 0 \end{pmatrix} = \begin{pmatrix} 1 \\ 0 \\ 1 \\ 1 \\ 0 \\ 1 \\ 1 \\ 1 \end{pmatrix}$$

4. 密钥扩展

AES-128 的密钥扩展过程，首先将初始密钥输入到一个 4×4 矩阵中，该矩阵的每一列

的 4 个字节组成一个字。将矩阵中 4 列依次记为

$$K[0,0], K[0,1], K[0,2], K[0,3]$$

然后按照图 3-25 的方式将它们扩充 40 个新字，构成总共 44 字的扩展密钥：

$$K[i,0], K[i,1], K[i,2], K[i,3]，i \geqslant 1 是轮数$$

图 3-25 中一个小方框表示 1 个字节，S 表示 AES 的 8×8 的 S 盒，R_i 是轮常数，是字节 0x02 进行 $i-1$ 次 Xtime 运算的结果。

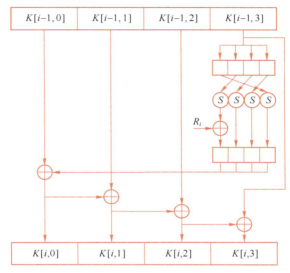

图 3-25　AES-128 的密钥扩展

5. 解密变换

AES 的解密变换过程也是 10 轮，每一轮的操作是加密操作的逆操作。由于 4 个轮操作（字节代替、行移位、列混合和轮密钥加）都是可逆的，因而解密变换的一轮就是顺序执行逆行移位、逆字节代替、轮密钥加和逆列混合（为了提高变换效率，其顺序进行了优化）。同加密操作类似，最后一轮不执行逆列混合。在第 1 轮解密之前，要执行 1 次轮密钥加操作。但是要注意，与 DES 不同的是，AES 解密变换过程与加密变换过程不完全一致。

逆字节代替使用逆 S 盒的查询，见表 3-22。

表 3-22　AES-128 的逆 S 盒

	0	1	2	3	4	5	6	7	8	9	a	b	c	d	e	f
0	52	09	6a	d5	30	36	a5	38	bf	40	a3	9e	81	f3	d7	fb
1	7c	e3	39	82	9b	2f	ff	87	34	8e	43	44	c4	de	e9	cb
2	54	7b	94	32	a6	c2	23	3d	ee	4c	95	0b	42	fa	c3	4e
3	08	2e	a1	66	28	d9	24	b2	76	5b	a2	49	6d	8b	d1	25
4	72	f8	f6	64	86	68	98	16	d4	a4	5c	cc	5d	65	b6	92
5	6c	70	48	50	fd	ed	b9	da	5e	15	46	57	a7	8d	9d	84
6	90	d8	ab	00	8c	bc	d3	0a	f7	e4	58	05	b8	b3	45	06
7	d0	2c	1e	8f	ca	3f	0f	02	c1	af	bd	03	01	13	8a	6b
8	3a	91	11	41	4f	67	dc	ea	97	f2	cf	ce	f0	b4	e6	73

（续）

	0	1	2	3	4	5	6	7	8	9	a	b	c	d	e	f
9	96	ac	74	22	e7	ad	35	85	e2	f9	37	e8	1c	75	df	6e
a	47	f1	1a	71	1d	29	c5	89	6f	b7	62	0e	aa	18	be	1b
b	fc	56	3e	4b	c6	d2	79	20	9a	db	c0	fe	78	cd	5a	f4
c	1f	dd	a8	33	88	07	c7	31	b1	12	10	59	27	80	ec	5f
d	60	51	7f	a9	19	b5	4a	0d	2d	e5	7a	9f	93	c9	9c	ef
e	a0	e0	3b	4d	ae	2a	f5	b0	c8	eb	bb	3c	83	53	99	61
f	17	2b	04	7e	ba	77	d6	26	e1	69	14	63	55	21	0c	7d

行移位逆变换是将状态矩阵的每一行执行相反的移位操作，状态矩阵的第 0 行右移 0 字节，第 1 行右移 1 字节，第 2 行右移 2 字节，第 3 行右移 3 字节。

列混合变换的逆可由下式的矩阵乘法表示：

$$\begin{pmatrix} a'_{0,0} & a'_{0,1} & a'_{0,2} & a'_{0,3} \\ a'_{1,0} & a'_{1,1} & a'_{1,2} & a'_{1,3} \\ a'_{2,0} & a'_{2,1} & a'_{2,2} & a'_{2,3} \\ a'_{3,0} & a'_{3,1} & a'_{3,2} & a'_{3,3} \end{pmatrix} = \begin{pmatrix} 0e & 0b & 0d & 09 \\ 09 & 0e & 0b & 0d \\ 0d & 09 & 0e & 0b \\ 0b & 0d & 09 & 0e \end{pmatrix} \begin{pmatrix} a_{0,0} & a_{0,1} & a_{0,2} & a_{0,3} \\ a_{1,0} & a_{1,1} & a_{1,2} & a_{1,3} \\ a_{2,0} & a_{2,1} & a_{2,2} & a_{2,3} \\ a_{3,0} & a_{3,1} & a_{3,2} & a_{3,3} \end{pmatrix}$$

3.4.3 AES 的优势

作为新一代数据加密标准，AES 在安全性、实现效率、灵活性方面得到一致好评。

AES 在安全性方面首次提出宽轨迹策略（各差分路径近似均匀分布），且具有足够的安全冗余。首先，非线性组件 S 盒基于明确的代数结构设计，差分均匀度、非线性度、代数次数/项数、代数免疫度这些指标几乎都达到最优，符合严格雪崩准则（一种扩散性指标）；其次，由行移位和列混合构成的线性组件中，列混合基于 MDS（最大距离可分性）准则构造，扩散分支数（输入 1 个字节变化影响输出字节的个数）达到最优。行移位使得 S 盒混淆效果快速扩散，二者结合保证 4 轮差分概率小于随机置换（即理想情况）的差分概率。这一算法具有可证明的针对差分分析、线性分析（线性逼近偏差分析）方面的安全性。

AES 显示出非常好的软、硬件实现性能，适合于 8 位、16 位、32 位处理器。密钥扩展算法生成子密钥的时间与轮函数加密配合默契，具有很高的灵活性，AES 非常低的内存需求也使它很适合用于受限的环境。AES 算法还具备附加的密码服务功能，它的组件以及结构被广泛运用于序列密码、Hash 函数、MAC 等的设计中，兼容性能优秀。

时至今日，AES 已经使用了 20 多年，在安全性和实现效率方面仍占据领先地位。

与此同时，新的攻击方式总是相伴而生，最著名的就是侧信道攻击，主要有两类：一类是能量分析，通过检测加密过程中电路的电磁辐射能量变化，获取密钥信息；另一类是测时（Timing）攻击，通过不同密钥进行加密的时间不同来获取密钥信息。因此，需要采取措施防止这两类侧信道攻击，例如，采用定时处理，即各种运算保持处理速度相同，这样不同运算就不会显示出能量差异和时间差异。

随着时代发展，也出现了借助人工智能技术（如混合整数线性规划（MILP））进行自动搜索（对设计也有用）、量子计算分析算法安全性（利用函数的周期性）等分析方法，这些都对分组密码产生一定影响。

假设轮函数是伪随机置换（与真随机不可区分的双射），SP 结构一般能够证明是 CPA（选择明文攻击）安全的。但具体算法中的轮函数是不是伪随机置换，实际上并不能证明和保证这一点，因此也就存在一系列的攻击方式。标准算法应当能够抵御这些攻击，而 AES 目前仍然是安全的。

3.5 我国商用密码标准 SM4

随着信息化时代的到来，信息安全事件层出不穷，部分信息安全标准被发现存在"陷门"。为避免国家、团体、个人信息泄露，作为信息安全核心技术的密码算法不仅需要标准化，更需要本土化，因此全球主要经济体和国家各自开始征集本土化的分组加密标准，以确保自身的信息安全。

随着美国 AES 计划的实施，欧洲于 2000 年启动了 NESSIE 计划。经过两轮的评估，2003 年 2 月公布了最终评选结果，其中过渡型的分组密码为 MISTY1，普通型的分组密码为 Camellia 和 AES，高级型的分组密码为 SHACAL2。这四个算法一起作为欧洲新世纪的分组密码标准算法。

2000 年 4 月，日本启动了 CRYPTREC 密码评估项目，总共评估了 12 个征集到的或已有的著名分组密码算法。2003 年 5 月，该项目推荐使用分组长度为 64 比特的 MISTY1、TDES 等，以及分组长度为 128 比特的 AES、Camellia、SC2000 等共 9 个算法。

2003 年，韩国学者设计了 ARIA 算法，2004 年它被选为韩国的分组密码标准 KS X1213。

2006 年 1 月，我国国家密码管理局发布了一个商用密码标准 SM4 算法，标志着我国密码理论研究与应用进入世界先进行列。随后，其他一些国家也陆续发布了自己的分组密码标准。与其他国家的分组密码标准相比，我国商用密码标准 SM4 有着明显的优势。

3.5.1 我国分组算法标准 SM4

SM4 于 2012 年被国家商用密码管理局确定为国家密码行业标准，标准编号 GM/T 0002—2012。它与椭圆曲线公钥密码算法 SM2、密码杂凑算法 SM3 共同作为国家密码的行业标准，在我国密码行业中有着重要的地位。

SM4 算法分组长度为 128 比特，密钥长度也为 128 比特。它的加密算法与密钥扩展算法都采用 32 轮非线性迭代结构，在实现方面具有以下两个特点。

1）采用了广义 Feistel 整体结构，加密过程与解密过程相同，只是轮密钥使用的顺序相反。这一结构不仅适合于软件编程实现，更适合于硬件芯片实现。

2）轮变换包括异或运算、8 比特输入/8 比特输出的 S 盒，还有一个 32 比特输入的线性置换，非常适合于 32 位处理器实现。

SM4 的加密变换整体过程如图 3-26 所示，其中 128 比特明文分成 4 个 32 比特字，经过 32 轮不对称 Feistel 结构变换输出 128 比特密文。每轮变换中 3 个 32 比特字与轮密钥异或之后进入轮函数 T，输出 32 比特再与剩下的 1 个 32 比特字异或。T 函数是一个 $F_2^{32} \to F_2^{32}$ 的可逆变换，由 S 盒层和线性 L 层两步构成。

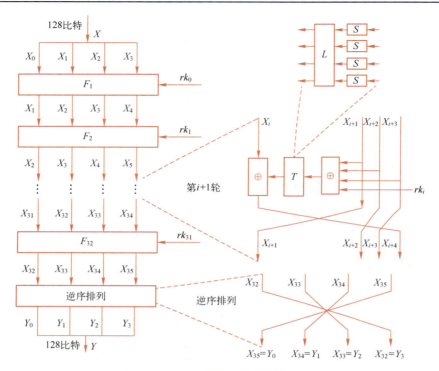

图 3-26　SM4 的加密变换整体过程

第一步，32 比特分成 4 个字节分别查询同一个 S 盒，见表 3-23。

表 3-23　S 盒输入输出表

	0	1	2	3	4	5	6	7	8	9	a	b	c	d	e	f
0	d6	90	e9	fe	cc	e1	3d	b7	16	b6	14	c2	28	fb	2c	05
1	2b	67	9a	76	2a	be	04	c3	aa	44	13	26	49	86	06	99
2	9c	42	50	f4	91	ef	98	7a	33	54	0b	43	ed	cf	ac	62
3	e4	b3	1c	a9	c9	08	e8	95	80	df	94	fa	75	8f	3f	a6
4	47	07	a7	fc	f3	73	17	ba	83	59	3c	19	e6	85	4f	a8
5	68	6b	81	b2	71	64	da	8b	f8	e8	0f	4b	70	56	9d	35
6	1e	24	0e	5e	63	58	d1	a2	25	22	7c	3b	01	21	78	87
7	d4	00	46	57	9f	d3	27	52	4c	36	02	e7	a0	c4	c8	9e
8	ea	bf	8a	d2	40	c7	38	b5	a3	f7	f2	ce	f9	61	15	a1
9	e0	ae	5d	a4	9b	34	1a	55	ad	93	32	30	f5	8c	b1	e3
a	1d	f6	e2	2e	82	66	ca	60	c0	29	23	ab	0d	53	4e	6f
b	d5	db	37	45	de	fd	8e	2f	03	ff	6a	72	6d	6c	5b	51
c	8d	1b	af	92	bb	dd	bc	7f	11	d9	5c	41	1f	10	5a	d8
d	0a	c1	31	88	a5	cd	7b	bd	2d	74	d0	12	b8	e5	b4	b0
e	89	69	97	4a	0c	96	77	7e	65	b9	f1	09	c5	6e	c6	84
f	18	f0	7d	ec	3a	dc	4d	20	79	ee	5f	3e	d7	cb	39	48

第二步，上一步的输出组成 32 比特的字 X 进入线性层 L 函数：

$$L(X) = X \oplus (X <<< 2) \oplus (X <<< 10) \oplus (X <<< 18) \oplus (X <<< 24)$$

其中,"<<<"表示循环移位,后面数字表示移位位数。最后输出 32 比特。

以上轮变换迭代 32 轮,第 32 轮没有使用 T 函数,只是对 4 个字进行了位置逆序变换,作用是使得加/解密结构相同。

密钥扩展算法由以下两步完成。

第一步,用 4 个 32 比特系统参数对 128 比特主密钥进行白化(即首先进行一次异或密钥的运算),得到

$$(K_0, K_1, K_2, K_3) = (MK_0 \oplus FK_0, MK_1 \oplus FK_1, MK_2 \oplus FK_2, MK_3 \oplus FK_3)$$

其中,4 个系统参数 FK 为

$$FK_0 = (\text{a3b1bac6}), \quad FK_1 = (\text{56aa3350})$$
$$FK_2 = (\text{677d9197}), \quad FK_3 = (\text{b27022dc})$$

第二步,进行轮密钥生成:

$$rk_i = K_{i+4} = K_i \oplus T'(K_{i+1} \oplus K_{i+2} \oplus K_{i+3} \oplus CK_i), \quad i = 0, 1, 2, \cdots, 30, 31$$

迭代 32 次,产生各自密钥。其中,T' 变换与加密算法轮函数中的 T 基本相同,只将其中的线性变换 L 修改为以下 L':

$$L'(X) = X \oplus (X <<< 13) \oplus (X <<< 23)$$

32 个固定参数 $CK_i, i = 0, 1, 2, \cdots, 31$ 如下。

00070e15, 1c232a31, 383f464d, 545b6269, 70777e85, 8c939aa1, a8afb6bd, c4cbd2d9,
e0e7eef5, fc030a11, 181f262d, 343b4249, 50575e65, 6c737a81, 888f969d, a4abb2b9,
c0c7ced5, dce3eaf1, f8ff060d, 141b2229, 30373e45, 4c535a61, 686f767d, 848b9299,
a0a7aeb5, bcc3cad1, d8dfe6ed, f4fb0209, 10171e25, 2c333a41, 484f565d, 646b7279

解密变换:与加密结构相同,只是轮密钥顺序相反。

扩展(非对称)Feistel 结构保持原 Feistel 结构的特点,只是明文分组分成了多个部分,只处理其中一部分,再进行各部分位置交换。这样,分组长度增加了,但扩散速度减慢,因此扩展 Feistel 结构迭代轮数一般较多,轮函数相对简洁。

3.5.2 SM4 的特点与优势

SM4 算法每组明文长度 128 比特,每一轮中只有 32 比特输入 T 函数,5 轮才可以达到全扩散。考虑 SM4 的迭代差分路径,当轮数 $r = 5$ 时,可以进行以下迭代差分路径构造。

选择明文的输入差分满足 $(\alpha, \alpha, \alpha, 0)$,$\alpha$ 为非零的 32 比特。经过第 1、2 轮变换,得到第 3 轮输出差分为 $(0, \alpha, \alpha, \alpha)$ 的概率为 1;第 4 轮 T 函数输入差分为 α,设对应输出也为 α 的概率为 p;第 5 轮与第 4 轮相同,T 函数输入、输出差分都为 α 的概率为 p,因此第 5 轮输出差分为 $(\alpha, \alpha, \alpha, 0)$ 的概率为 p^2。如图 3-27 所示,只需推导第 4 轮和第 5 轮的 T 函数都存在 $\alpha \to \alpha$ 的差分模式,就可以得到 5 轮迭代差分路径。其中,$prob_{TD}(\alpha \to \alpha)$ 表示输入 α 到输出 α 的差分概率。

因为线性变换 L 分支数为 5,所以满足 T 函数 $\alpha \to \alpha$ 差分模式的非零 α 至少引起 3 个 S 盒活跃(输入差分非零)。此时,若对 T 函数进行穷举搜索,则需进行 $C_4^3 \times 2^{24} \times 2^{7 \times 3}$ 次,这无法在有效时间内完成。考虑 L 逆变换的性质,输入 $(0, a_1, a_2, a_3)$,其中 $a_i \in GF(2^8)/\{0\}$,

输出为 $(0,b_1,b_2,b_3)$,其中 $b_i \in GF(2^8)/\{0\}$,这种情况有 2^{16} 个。那么满足 T 函数 $\alpha \to \alpha$ 的概率为

$$prob_{\text{Sbox}}(a_1 \to b_1) \times prob_{\text{Sbox}}(a_2 \to b_2) \times prob_{\text{Sbox}}(a_3 \to b_3)$$

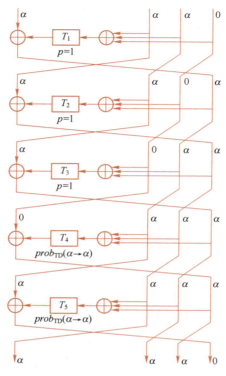

图 3-27 SM4 的 5 轮迭代差分路径

通过搜索可以得到 7905 个 α,计算复杂度不超过 2^{24}。

在 SM4 算法的轮函数 T 中,当输入和输出差分 $\alpha=$ 00e5edec 时,得到 S 盒输出差分 $L^{-1}(\alpha)=$ 00010c34,查询 S 盒差分分布表,得到对应的概率:

$$prob_{\text{Sbox}}(\text{e5} \to 01) = prob_{\text{Sbox}}(\text{ed} \to 0c) = prob_{\text{Sbox}}(\text{ec} \to 34) = 2^{-7}$$

字节 e5、ed、ec 经过 S 盒以概率 $2^{-7} \times 2^{-7} \times 2^{-7}$ 得到 01、0c、34;因此对于 T 函数,$prob_T(00\,e5\,ed\,ec \to 00\,e5\,ed\,ed) = 2^{-21}$。

两轮 T 函数输入输出都为 α 的概率相同,对于 SM4 算法,存在概率为 2^{-42} 的 5 轮迭代差分路径:

$$(00\text{e5edec}, 00\text{e5edec}, 00\text{e5edec}, 0) \xrightarrow{5R} (00\text{e5edec}, 00\text{e5edec}, 00\text{e5edec}, 0)$$

由以上 5 轮迭代差分路径重复 3 次可以构造 15 轮差分路径,之后加 3 轮构成 18 轮差分路径,如图 3-28 所示。概率为 2^{-126},大于随机概率 2^{-128},由此可以进行 23 轮的密钥恢复攻击(仅限于理论分析,并不能具体实现)。

与 DES、AES 进行安全性和实现方面的比较,SM4 优势较为明显,见表 3-24。在不考虑密钥扩展的情况下,全轮 AES-128 需要查询 S 盒 160 次,而 SM4 只需要查询 128 次,它

在各平台实现速度方面均占优势。在安全冗余方面，SM4 也小于 AES-128，说明 SM4 的设计较多考虑了效率和安全性的折中。

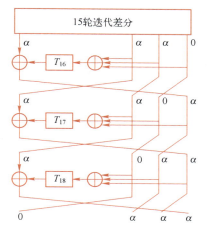

图 3-28　SM4 的 18 轮差分路径

表 3-24　DES、AES 和 SM4 的比较

密码算法	分组长度	密钥长度	轮数	S 盒查询	理论攻击	安全冗余
DES	64	56	16	128	16（全轮）	0
AES	128	128/192/256	10/12/14	**160**/192/224	7/10/14	3/2/0($\approx 30\%$)
SM4	128	128	32	**128**	23	9 ($\approx 28\%$)

3.6　轻量级分组密码算法的兴起

随着微型计算机和物联网的普及，分组密码设计更多地被用于资源和计算能力受限的环境。例如，在采用射频识别技术（Radio Frequency Identification，RFID）的生产自动化、门禁、公路收费、停车场管理、物流跟踪等领域的应用。2006 年之后相继出现了 PRESENT、MIBS、LBlock、Piccolo 等轻量级分组密码算法。其中部分算法安全性强、实现紧凑、可兼顾软硬件平台，大大推动了分组密码设计水平的提升。

3.6.1　更"节俭"的应用需求

<u>轻量级算法</u>的特点是：占用电路面积足够小、实现电路足够简洁、适用于资源受限环境等。下面以轻量级分组密码算法 Piccolo 的 S 盒实现为例，分析其所占用的电路面积。

Piccolo 算法频繁使用了 4×4 的 S 盒，具体见表 3-25。

表 3-25　Piccolo 算法的 S 盒

x	0	1	2	3	4	5	6	7	8	9	a	b	c	d	e	f
$y=S(x)$	e	4	b	2	3	8	0	9	1	a	7	f	6	c	5	d

S 盒对应的真值表见表 3-26。

表 3-26 S 盒对应的真值表

x_3,x_2,x_1,x_0	0000	0001	0010	0011	0100	0101	0110	0111
y_3,y_2,y_1,y_0	1110	0100	1011	0010	0011	1000	0000	1001
x_3,x_2,x_1,x_0	1000	1001	1010	1011	1100	1101	1110	1111
y_3,y_2,y_1,y_0	0001	1010	0111	1111	0110	1100	0101	1101

其对应的代数正规型（ANF，即将输出比特用输入比特进行表示）如下：

$$y_0 = x_1 \oplus x_1 x_0 \oplus x_2 \oplus x_2 x_0 \oplus x_2 x_1 x_0 \oplus x_3 \oplus x_3 x_0 \oplus x_3 x_1 \oplus x_3 x_2 x_1$$

$$y_1 = 1 \oplus x_0 \oplus x_1 x_0 \oplus x_2 x_1 \oplus x_3 \oplus x_3 x_1 \oplus x_3 x_2 \oplus x_3 x_2 x_1$$

$$y_2 = 1 \oplus x_1 \oplus x_2 \oplus x_2 x_1 \oplus x_3$$

$$y_3 = 1 \oplus x_0 \oplus x_2 \oplus x_3 \oplus x_3 x_2$$

继而可以画出 Piccolo 算法 S 盒的电路图（或非和异或门）如图 3-29 所示。

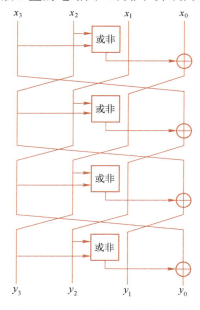

图 3-29 Piccolo 算法 S 盒电路实现

按照硬件实现的逻辑运算占用电路门数估计，其中 GE（Gate Equivalent）表示等效逻辑门：

1 比特存储：   6GE
1 比特异或：   2.67GE
1 比特"与"：   1.33GE
1 比特"或"：   1.33GE
1 比特"非"：   0.5GE

所以 Piccolo 算法的 S 盒共需硬件资源约 18GE。

值得注意的是：上面的逻辑表达式不具有唯一性。在 2016 年的 FSE 会议上，有学者提出了 S 盒硬件实现的指标，并提出了基于 SAT（可满足性求解器）的启发式搜索方法。随着这种搜索方法的发展，设计轻量级 S 盒不仅要考虑电路门，还需要考虑电路深度（电路延迟）。Piccolo 算法整体占用资源较少，但是由于其 Feistel 型轮函数中使用了 S-P-S 结构，实现时速度较慢，不适用于对速度要求较高的使用环境。

3.6.2 标准算法 PRESENT

PRESENT 发布于 2007 年，2012 年被纳入 ISO/IEC 轻量级分组密码标准。PRESENT 在轻量级密码算法中占据了重要的地位，它曾一度被认为是最杰出的超轻量级密码算法。PRESENT 的整体结构为简洁的 SP 结构，其中非线性层使用 4 比特 S 盒，线性层的操作仅为比特置换（可表示为拉线）。设计者指出：硬件实现 PRESENT-80（密钥长度为 80 比特）仅需 1570GE，这一指标即使与 Trivium 和 Grain 等流密码相比，也具有相当强的竞争力。

1. 加密变换

明文分组 64 比特分成 16 个子块，每个子块 4 比特，合记为 X_0。对明文进行 31 轮迭代变换，设第 i 轮的轮密钥为 K_i，输出为 X_i，$1 \leqslant i \leqslant 31$，则输出为 $X_i = Q(K_i, X_{i-1})$，其中 Q 是轮函数。算法最后对 X_{31} 进行后期白化，得到密文 $C = X_{32} = X_{31} \oplus K_{32}$。

轮函数 Q 包括三个基本组件：轮密钥加、S 盒查询以及比特置换 P，如图 3-30 所示。

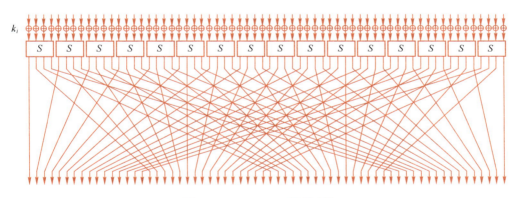

图 3-30 PRESENT 的轮变换

（1）轮密钥加

此步简单地将轮密钥按比特异或到状态值，其中轮密钥的长度是 64 比特，状态值长度也是 64 比特。给定一个轮密钥 $K_i = k_{63}^i k_{62}^i \cdots k_0^i$，$1 \leqslant i \leqslant 32$，假定当前状态记为 $b_{63}b_{62}\cdots b_1 b_0$，那么，轮密钥加的操作为

$$b_j \leftarrow b_j \oplus k_j^i, 0 \leqslant j \leqslant 63$$

（2）S 盒查询

64 比特状态 $b_{63}b_{62}\cdots b_1 b_0$ 被划分为 16 个半字节 $w_{15} \| w_{14} \| \cdots \| w_0$，满足 $w_i = b_{4i+3}b_{4i+2}b_{4i+1}b_{4i}$，$0 \leqslant i \leqslant 15$。然后对状态的每个 4 比特做表 3-27 的 S 盒变换：$w_i \leftarrow S(w_i), 0 \leqslant i \leqslant 15$。

表 3-27 PRESENT 的 S 盒

输入	0	1	2	3	4	5	6	7	8	9	10	11	12	13	14	15
输出	12	5	6	11	9	0	10	13	3	14	15	8	4	7	1	2

（3）比特置换 P

比特置换将状态中处于位置 j 的比特换到位置 $P(j)$：

$$b_{P(j)} \leftarrow b_j, j = 0, \cdots, 63$$

具体的比特置换见表 3-28，这也即图 3-30 中的拉线换位。

表 3-28 PRESENT 的比特置换 P

0	16	32	48	1	17	33	49	2	18	34	50	3	19	35	51
4	20	36	52	5	21	37	53	6	22	38	54	7	23	39	55
8	24	40	56	9	25	41	57	10	26	42	58	11	27	43	59
12	28	44	60	13	29	45	61	14	30	46	62	15	31	47	63

2. 密钥扩展算法

（1）80 比特密钥的情况

首先将主密钥装载到密钥寄存器 K，将 80 比特的密钥表示为 $k_{79}k_{78}\cdots k_0$。在加密的第 i 轮，取当前寄存器 K 的最左边 64 比特作为相应的轮密钥 K_i。提取轮密钥 K_i 后，密钥寄存器 $K = k_{79}k_{78}\cdots k_0$，按如下方式更新：

1) $[k_{79}k_{78}\cdots k_1k_0] = [k_{18}k_{17}\cdots k_{20}k_{19}]$。
2) $[k_{79}k_{78}k_{77}k_{76}] = S[k_{79}k_{78}k_{77}k_{76}]$。
3) $[k_{19}k_{18}k_{17}k_{16}k_{15}] = [k_{19}k_{18}k_{17}k_{16}k_{15}] \oplus i$。

其中，S 是加密算法中的 4 比特 S 盒。

（2）128 比特密钥的情况

首先将主密钥装载到密钥寄存器 K，将 128 比特的密钥表示为 $k_{127}k_{126}\cdots k_0$。在加密的第 i 轮，取当前寄存器 K 的最左边 64 比特作为相应的轮密钥 k_i。提取轮密钥 K_i 后，密钥寄存器 $K = k_{127}k_{126}\cdots k_0$ 按如下方式更新：

1) $[k_{127}k_{126}\cdots k_1k_0] = [k_{66}k_{65}\cdots k_{68}k_{67}]$。
2) $[k_{127}k_{126}k_{125}k_{124}] = S[k_{127}k_{126}k_{125}k_{124}]$，
   $[k_{123}k_{122}k_{121}k_{120}] = S[k_{123}k_{122}k_{121}k_{120}]$。
3) $[k_{66}k_{65}k_{64}k_{63}k_{62}] = [k_{66}k_{65}k_{64}k_{63}k_{62}] \oplus i$。

3. 解密变换

PRESENT 算法的解密变换是加密变换的逆，即每轮变换中使用的 S 盒为表 3-27 中 S 盒的逆，P 置换为表 3-28 中置换的逆，且顺序与加密变换的顺序相反。

4. 设计特点

PRESENT 整体结构简单，基本不占用多余的面积。与其他轻量级分组密码和较为流行的流密码相比，PRESENT 的硬件实现面积和吞吐量非常具有吸引力。

对轻量级算法的评估分为两个方面：一方面，考虑硬件实现时占用的电路面积和实现速度；另一方面，考虑安全性分析的结果，很大一部分轻量级算法是基于比特（最小单元是比特）的设计，其安全性分析往往借助 MILP（混合整数线性规划）工具进行自动化搜索。

3.7 分组密码的工作模式

分组密码用于数据加密的实际环境中时，需要根据使用环境采用不同的模式，这就是所谓的分组密码的工作模式。最常见的工作模式有 5 种：电码本（ECB）模式、密码分组链接（CBC）模式、输出反馈（OFB）模式、密文反馈（CFB）模式和计数器（CTR）模式，它们各有特点，适用于不同场合。以下介绍中，分组密码算法以 AES 为例。

3.7.1 电码本（ECB）模式

电码本（Electronic Code Book，ECB）模式就是最原始的每个明文分组分别加密为对应的密文分组的模式，除了采用相同密钥，分组之间没有联系，每个分组可单独加解密。ECB 可用于数据库加密，其中任意一个记录被独立地加密或解密，同时也可以独立地增加或删除任意记录。

图 3-31a 是 ECB 的加密过程，图 3-31b 是对应的解密过程。

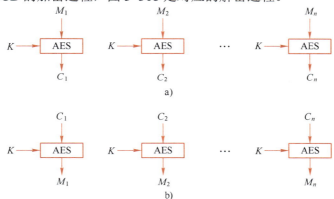

图 3-31　电码本（ECB）模式示意图
a) 加密过程　b) 解密过程

在实际使用中，ECB 的优点是可并行运算、速度快、易于标准化；缺点是泄露明文信息，即相同的明文分组对应相同的密文分组，不能抵抗重放、嵌入、删除等攻击。因此 ECB 最好用于明文小于分组长度的情况。

例 3-8　通过银行中存款/取款的实例，分析针对 ECB 模式的重放攻击。

解：

首先，假设攻击者预先窃听得到对应以下明文数据格式的密文：

账号 A	存入	1000 元
账号 B	取出	2000 元

根据以上数据格式，攻击者很容易得到"存入"和"取出"这两个分组加密的结果。如果攻击者的账号为 C，那么他从银行中取出 10000 元，银行前台发送给结算中心的被加密的明文数据将是：

账号 C	取出	10000 元

由于攻击者已经预先知道"存入"和"取出"对应的密文,他可以在网络上篡改这一数据,将上面数据中"取出"的密文直接替换成"存入"的密文,这样数据经过解密后结果变成:

| 账号 C | 存入 | 10000 元 |

很显然,在实施这一攻击的过程中,攻击者并不需要知道密钥。出现这种攻击的根本原因是 ECB 模式对相同的分组加密之后总是得到相同的输出结果。因此,如果攻击者预先知道某个加密分组对应的明文,就可以想办法在加密数据中篡改数据,从而达到控制部分明文的目的。为此,需要其他形式的工作模式。

3.7.2 密码分组链接(CBC)模式

密码分组链接(Cipher Block Chaining,CBC)模式可以解决 ECB 模式存在的问题。图 3-32a 是 CBC 的加密过程,图 3-32b 是其解密过程。

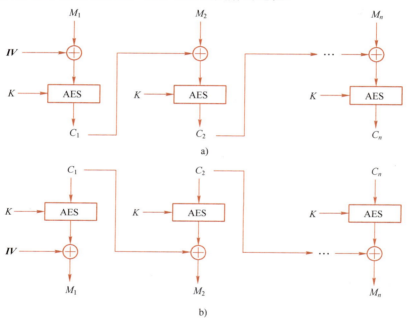

图 3-32 密码分组链接(CBC)模式示意图
a) 加密过程 b) 解密过程

在 CBC 模式中,每个明文分组在加密前与前一密文分组异或,然后再进行加密。第一个明文分组与一个初始值 IV 异或,这个 IV 应该是随机选取的值,并且应与密文一同(公开)发送给接收者以便解密。如果分组密码是伪随机置换的,则 CBC 就是 CPA 安全的。解密时,每一个密文分组先进行解密,其结果再与上一组的密文(或 IV)进行异或,才能得到相应的明文分组。

CBC 模式下,即使多个明文分组相同,由于每个明文分组在加密前先与上一组密文进行异或,最终产生的密文分组也不相同。但 CBC 这种模式只能进行串行计算,并不能执行并行计算。另外,CBC 模式中若一个密文分组出现错误,会使当前和下一个密文分组解密不正确。CBC 每次加密应使用不同的初始向量 *IV*，否则也会存在安全隐患。

目前，许多安全标准（如 SSL/TLS、IPSec、WTLS）中都使用 CBC 模式加密。为了能加密任意长度的消息，在加密前首先对消息按一定的方式进行填补，使其长度变为分组长度的倍数。以常见的 PKCS#58 工作模式填充方式为例，如果最后一块明文缺少 N 个字节，则填充若干次 N 对应的这个数。

例如，若明文只有字母"A"，占 1 个字节，还缺少 7 个字节，所以填充 7 个"0x07"；若明文为"HI"，缺少 6 个字节，所以填充 6 个"0x06"；若明文为"HEY"，缺少 5 个字节，所以填充 5 个"0x05"；以此类推。这一过程见表 3-29。

表 3-29 工作模式填充实例

A	0x07	0x07	0x07	0x07	0x07	0x07	0x07
H	I	0x06	0x06	0x06	0x06	0x06	0x06
H	E	Y	0x05	0x05	0x05	0x05	0x05

3.7.3 输出反馈（OFB）模式

上面 CBC 模式的分组长度是固定的，为了能够方便地选择分组长度，出现了输出反馈模式——OFB（Output Feed Back）模式。图 3-33a 为 OFB 加密过程，图 3-33b 是其解密过程。

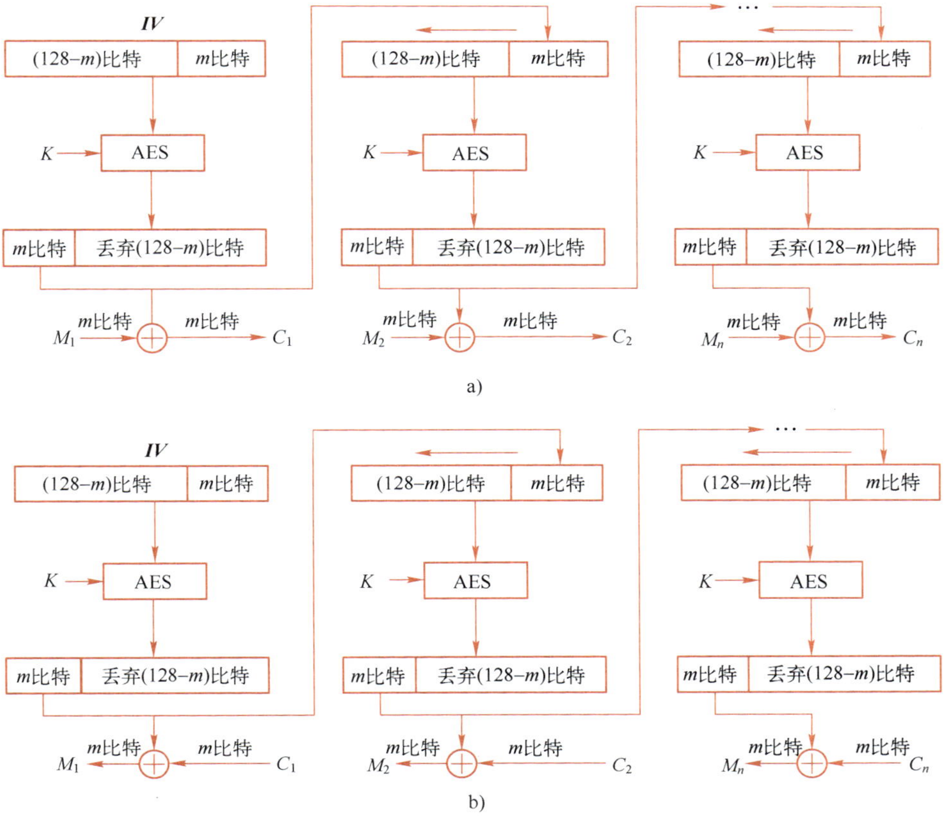

图 3-33 输出反馈（OFB）模式示意图
a) 加密过程　b) 解密过程

OFB 采用一个与 AES 分组比特位数相同的多级移位寄存器，并放入一个初始值 *IV*（每次加密 *IV* 需要更换）。寄存器的值作为输入，用 AES 加密后取其中 m 比特密文作为密钥，与 m 比特明文逐比特异或形成 m 比特密文输出；同时移位寄存器左移 m 位，将此 m 比特密钥放到此处，进行下一次 AES 加密并用密文的 m 位异或第二块明文分组，以此类推。

OFB 模式的结构类似于序列密码的同步模式（密钥与密文、明文是独立的），将分组密码作为序列密码的密钥生成器 KG，而且解密时还是采用 AES 加密，不需要分组密码解密算法。这样生成的密钥甚至还可以预先计算。若假设分组密码是伪随机函数，则 OFB 是 CPA 安全的。若假设分组密码为真随机置换，则就是所谓理想密码模型（Ideal Cipher Model）下的 OFB。

OFB 模式的主要优点是无错误扩散，即假设一个密文分组在传输过程中出现错误，仅导致一个明文分组不正确，而不影响其他分组的解密。但这种模式需要解密时密文和密钥是同步的，否则如果失步，如丢失或者加入某个密文分组，则以后各密文分组都不能正确解密。因此 OFB 模式也称为同步模式。

3.7.4 密文反馈（CFB）模式

类似于序列密码的自同步模式，密码反馈模式——CFB（Cipher Feed Back）模式可以实现自同步。图 3-34a 是 CFB 加密过程，图 3-34b 是其解密过程。CFB 也使用了移位寄存器，与 OFB 不同的是：CFB 不是将密钥反馈，而是将密文反馈到寄存器的右端，参与下一组的密钥生成。

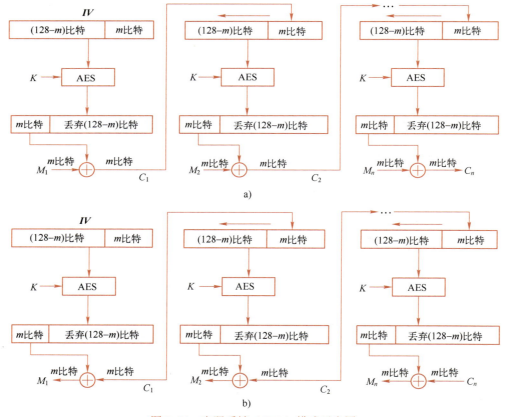

图 3-34 密码反馈（CFB）模式示意图
a）加密过程 b）解密过程

CFB 模式具有自同步能力。如果一个密文整块全部丢失（甚至多个整块丢失），或者加入了某个（或多个）密文分组，而后面的密文分组没有错误，则此时 CFB 经过 $\lceil n/m \rceil$（n 为寄存器个数，m 为分组长度，$\lceil\ \rceil$ 表示上取整）个分组解密错误后，能够正确解密（因为寄存器的值恢复正常）。当然，如果出现打破密文分组界限的错误，如每个分组都前移或后移一位，此时 CFB 也是不能纠正的。

实际上，CBC 模式也具有上述自同步的能力。但同样 CFB 模式也存在错误传播，也就是如果一块密文分组出现错误，解密时会引起后面 $\lceil n/m \rceil$ 块分组也不能正确解密，直到反馈的错误密文分组完全移出寄存器为止。CFB 模式由于是密文反馈，实现速率会被降低。

不同的工作模式，由于特点和性质不同，使用场所也不同。一般，在以字符为单元的加密中多选用 CFB 模式，如终端-主机或客户端-网络服务器之间的会话加密。

3.7.5 计数器（CTR）模式

1979 年，Diffie 和 Hellman 提出计数器（Counter Mode Encryption，CTR）模式，该模式需要一个计数器产生数值序列 T_1，T_2，…，T_m，将这个序列的每个数值作为输入，用 AES 加密后的密文作为密钥，然后和实际的明文分组异或得到密文分组，其过程如图 3-35 所示，其中，图 3-35a 是 CTR 加密过程，图 3-35b 是其解密过程。

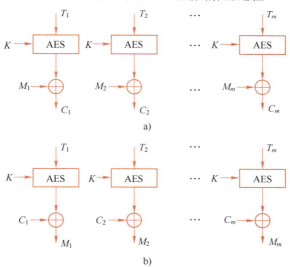

图 3-35 计数器（CTR）模式示意图
a）加密过程 b）解密过程

CTR 中计数器数值序列中，最初的值为一个初始值 **IV**，以后的值是逐步加 1（或加固定的其他整数）。**IV** 是随机选取的且每次加密选得不同，若假设分组密码是伪随机函数，则 CTR 是 CPA 安全的。

CTR 模式是一种简单高效的工作模式，例如，它可并行处理、可解密任意位置的密文块、密钥可预先计算等。与 OFB 一样，CTR 加/解密过程仅涉及加密运算，不涉及解密运算，因此不用解密算法。但 CTR 模式需要始终保存一个计数器的状态值，保证处理每个分组时计数器的数值都不相同（因此 CTR 计数器的 **IV** 值应该是一个 nonce（唯一数）），并且

CTR 加解密双方要保持同步。

CTR 的初始值同样可以公开发送，但需要保证其完整性，这需要使用第 4 章介绍的认证技术。同样，密文也有保证完整性的必要，此时需要采用认证加密模式，即在加密的同时对密文进行消息认证。认证加密可参见 4.5.2 节。此外，分组密码的认证工作模式即 4.5.1 节介绍的分组密码（工作模式）实现的消息认证码。

应用示例：分组密码算法在云端存储中的应用

现在人们越来越多地把文件、数据存放在云端，云端存储技术随之蓬勃发展。为了保证文件和数据机密性，往往采用加密存储方式，这个过程可采用分组密码算法（如 AES）来实现：用户将文件加密后上传到云端的加密数据库；当用户需要某些文件时，可从云端加密数据库中取回相应的密文。

当用户需要查询具有某个关键字的文件时，（云端服务器）会遇到在密文数据中检索的问题，由此产生了可搜索加密技术，即在密文情况下进行文件关键字的检索。这个过程如图 3-36 所示（引自参考文献[15]），此时用户不用下载许多密文并一一解密后进行查询，而是可以直接得到所查询的文件，大大提高了效率。

图 3-36　云端存储中的可搜索加密

小结

20 世纪 70 年代，由于信息技术的发展，大量非实时的敏感信息需要加密传递，分组密码便应运而生。分组密码的特点是加/解密运算过程复杂，算法设计主要遵循香农提出的"扩散"和"混淆"准则，通过整体结构、轮函数和基本部件等方面来描述。与序列密码相比，分组密码适用性强，容易模块化和标准化，因此成为数据加密的主要手段。

国际上最早提出的分组密码公开算法是美国 NBS 于 1977 年发布的数据加密标准 DES，主要面向商用领域，即提供给社会各界用于保护非国家秘密的敏感信息，因此该算法被标准化和公开化。随着 DES 的广泛应用，针对它的攻击方法也不断被提出。伴随着计算机算力的不断提高，DES 的安全性日益受到严重威胁，寻求替代 DES 的方案一一被提出。1997 年，美国 NIST 开始征集新一代先进的加密标准，最终于 2000 年发布了新的公开的加密标准 AES。AES 发布之后，推动了世界各国商用密码算法本土化的研究和发展，世界各主要国家或经济体开始征集自己的商用分组密码标准，我国国家密码管理局于 2006 年发布了商用密码标准 SM4 算法。

21 世纪初，射频识别技术（RFID）的发展推动了物联网技术的发展和应用，在自动化生产、门禁、公路收费、停车场管理、物流跟踪等领域的信息安全需求与日俱增，由于这些应用领域的信息资源和计算能力有限，因此轻量级分组密码算法便陆续被提出。2006 年以来，相继出现了 DESL、HIGHT、PRESENT、MIBS、LBlock 等轻量级分组密码算法，这些算法安全性强、结构紧凑、占用软/硬资源少，大大推动了分组密码的进一步发展。

习题

3-1 比较分组密码与序列密码的异同，说明分组密码的特点和优势。
3-2 简述香农提出的"扩散"和"混淆"准则。
3-3 简述 DES 算法的总体结构及密钥扩展过程。
3-4 DES 算法是公开的，用它加密的信息还安全吗？为什么？
3-5 分组密码算法的结构分为几类？描述每类结构的主要特点。
3-6 分组密码算法的主要分析方法有哪几种？
3-7 在例 3-2 的 Small DES 中，试求在 K=11001010 时密文 11111000 的解密结果。
3-8 令输入差分为 α，输出差分为 β，若概率 $p(\alpha \to \beta)=0$，则称 $\alpha \to \beta$ 为不可能差分路径。假设 Feistel 结构的轮函数 F 可逆，证明 Feistel 结构存在 5 轮不可能差分路径（见图 3-37）。

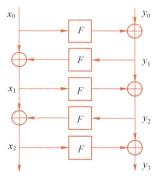

图 3-37　5 轮 Feistel 结构

3-9 假设 DES 的轮函数 F 输入差分为 00000400，推出 3 轮最大概率迭代差分（迭代结构的输出差分与输入差分相同称为迭代差分），并画出差分路径。
3-10 简述 AES 算法的主要特点。
3-11 试求 AES 中字节 0x02 的字节代替的结果。
3-12 试证明：AES 列混合前后的一列的 4 个字节之和保持不变。
3-13 试利用 AES 的 Xtime 运算计算 0x13 乘以 0x83，并求下列列混合中 X 和 Y 的值。

$$\begin{pmatrix} 02 & 03 & 01 & 01 \\ 01 & 02 & 03 & 01 \\ 01 & 01 & 02 & 03 \\ 03 & 01 & 01 & 02 \end{pmatrix} \begin{pmatrix} 06 & b5 & * & * \\ X & a7 & * & * \\ 44 & 5a & * & * \\ 07 & Y & * & * \end{pmatrix} = \begin{pmatrix} 60 & 15 & * & * \\ 0e & c2 & * & * \\ 6b & e9 & * & * \\ ac & ba & * & * \end{pmatrix}$$

3-14　在分组密码差分分析中，若 S 盒输入差分非零，则称其为活跃的。试描述 AES 的宽轨迹策略，尝试证明 4 轮结构中至少存在 25 个活跃 S 盒。

3-15　我国密码标准 SM4 中扩散层输入 32 比特，输出 32 比特，可以表示为
$$L(X) = X \oplus (X <<< 2) \oplus (X <<< 10) \oplus (X <<< 18) \oplus (X <<< 24)$$
证明其与 AES 算法的 MDS 矩阵等价（证明存在同构映射即可）。

3-16　轻量级分组密码算法的特点是什么？举例说明其应用场合。

3-17　简述分组密码常见的五种工作模式的特点，并说明其适用的环境。

参考文献

[1] SHANNON C E. Communication Theory of Secrecy Systems[J]. The Bell System Technical Journal. 1949, 28(4): 656-715.

[2] NBS. Data Encryption Standard: FIPS PUB 46[S]. Washington: National Bureau of Standards, 1977.

[3] BIHAM E, SHAMIR A. Differential Cryptanalysis of DES-like Cryptosystems[J]. Journal of CRYPTOLOGY, 1991, 4(1): 3-72.

[4] MATSUI M. Linear Cryptanalysis Method for DES Cipher[C]//Workshop on the Theory and Application of of Cryptographic Techniques. Berlin, Heidelberg: Springer, 1993.

[5] LAI X, MASSEY J L. A Proposal for a New Block Encryption Standard[C]//Workshop on the Theory and Application of Cryptographic Techniques. Berlin, Heidelberg: Springer, 1990.

[6] RIJMEN V, DAEMEN J, PRENEEL B, et al. The Cipher SHARK[C]// International Workshop on Fast Software Encryption. Berlin, Heidelberg: Springer, 1996.

[7] DAEMEN J, KNUDSEN L, RIJMEN V. The Block Cipher: Square[C]//International Workshop on Fast Software Encryption. Berlin, Heidelberg: Springer, 1997.

[8] MASSEY J L. SAFER K-64: A Byte-Oriented Block-Ciphering Algorithm[C]// International Workshop on Fast Software Encryption. Berlin, Heidelberg: Springer, 1993.

[9] DAEMEN J, RIJMEN V. The Design of Rijndael[M]. New York: Springer-Verlag, 2002.

[10] KWON D, KIM J, PARK S, et al. New Block Cipher: ARIA[C]//International Conference on Information Security and Cryptology. Berlin, Heidelberg: Springer, 2003.

[11] 国家密码管理局．SM4 分组密码算法: GM/T 0002—2012[S]. 北京：中国标准出版社, 2012.

[12] XIANG Z, ZHANG W, BAO Z, et al. Applying MILP Method to Searching Integral Distinguishers Based on Division Property for 6 Lightweight Block Ciphers[C]//International Conference on the Theory and Application of Cryptology and Information Security. Berlin, Heidelberg: Springer, 2016.

[13] TODO Y. Integral Cryptanalysis on Full MISTY1[J]. Journal of Cryptology, 2017, 30(3): 920-959.

[14] 吴文玲，冯登国，张文涛. 分组密码的设计与分析[M]. 北京：清华大学出版社, 2009.

[15] 任奎，张秉晟，张聪. 密码应用：从安全通信到数据可用不可见[J]. 密码学报, 2024, 11(1):22-44.

第 4 章　Hash 函数

　　Hash 函数在实现数据完整性、消息认证以及数字签名、随机数生成等方面有重要和广泛的应用，是现代密码学研究的一个重要领域。本章第一节从消息的完整性和可靠性引入 Hash 函数及其安全指标；第二节介绍如何构造抗碰撞的 Hash 函数；第三节和第四节介绍 Hash 函数算法标准发展、分析和完善过程；第五节介绍 Hash 函数在消息认证码和认证加密等方面的应用。

4.1　消息的完整性及可靠性

　　序列密码和分组密码实现的是保密性，也就是防止敌手破解密文而获得明文，这是密码学解决的主要问题之一。但现实生活中，除了保密性以外，还有其他安全问题需要解决，消息的完整性及可靠性就是要解决的另一类安全问题。

4.1.1　消息认证的现实需求

1．什么是消息认证

　　生活中常常需要检测数据、文件的完整性，即检查收到的数据与文件是否有错误、是否被修改过。例如，收到账单或合同时，需要仔细核对是否有误；印刷出品的书籍、资料等，需要逐字逐页地进行校对。电子形式的文件或者数据，由于更容易被复制和修改，因此在传送过程中更难保证安全性，在接收端更应当对其进行完整性检测。

　　如果从网络上接收到一份电子文档，怎么确信它没有被修改？如果采用加密的方式保护文件的完整性，也只能防止被动攻击（即不修改密文、仅进行窃听），并不能防止主动攻击，因为敌手不用破解密文，只需要修改密文的某一部分，例如将密文二进制串的某一位翻转，就可以破坏文件的完整性（见图 4-1）。

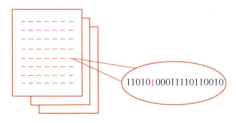

图 4-1　对文件的主动攻击

　　现实中，商业广告、产品信息、网页新闻、资讯等消息，并不需要保密，而是广而告之，希望其他人知晓。为了达到预期效果，发布者不仅需要保证这些消息的数据完整性，还需要受众能辨别这些消息的真伪，确信其真实性。后者涉及与数据完整性相关的另一个概念：消息的来源可靠性，即确信收到的消息是合法用户发来的（见图 4-2）。

图 4-2 消息的来源可靠性

确认消息来源可靠性是十分必要的。即使能够保证消息完整性，但如果这个消息不是合法用户发出的，而是敌手伪造的，那么被伪造的消息内容就不是原合法用户所想表达的，将会对合法用户造成安全侵害。

数据完整性和来源可靠性这两个概念是密切相关的，因为如果确定了来源可靠性，数据就应当是完整的。但为了涵盖更广泛的情况，密码学中将这二者区分开，即完整的数据不一定来源可靠，而来源可靠的数据不一定是完整的。这两个概念合起来就是认证中的一种常见类型：**消息认证**（也有人称为**消息**完整性）。也就是说，消息认证就是既确保消息来源可靠性，又确保其完整性。

密码学中，所谓认证就是确认对方身份、保证消息或其他信息不被篡改和伪造。其中，前一项的内容是身份认证，后一项的主要内容就是消息认证。实现加密和认证是现代密码学的两项主要任务。前几章介绍的密码算法主要解决加密的问题，而认证的问题，需要采用相应的密码学技术来实现。

2. 可否产生电子文档的"指纹"

众所周知，指纹是代表一个人的生物特征，不同人的指纹是各不相同的，因此现实生活中常常通过"按手印"作为确认当事人身份的手段。可否寻找一种数学函数，其功能是：对于输入任意电子文档，输出一个固定长度的二进制串，作为输入文档的电子"指纹"？这个电子"指纹"和文档是一一对应的，如果文档发生变化，就会与指纹不相符。

将这个函数暂定为 h 函数。因为没有限制输入电子文档的长度，它可是任意长的，因此 h 函数的输入集合是无限的。但电子"指纹"是固定长度的，因此 h 函数的输出集合是有限集合，而且一般"指纹"的长度足够短。这就使得将电子文档映射到电子"指纹"的 h 函数一般是一个压缩的函数，即输入长度大于输出长度，因此 h 函数的基本作用是用短"指纹"来唯一表征输入文档。"指纹"和电子文档一同传输到接收端，而接收端也可以计算电子文档的 h 函数值，通过比较接收的"指纹"和计算的"指纹"，可以判断电子文档是否完整（是否被修改）。

这一过程如图 4-3 所示，其中 h 表示 h 函数。

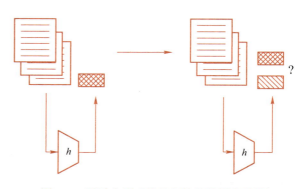

图 4-3 通过电子"指纹"检验数据完整性

怎么产生电子文档的"指纹"?"指纹"应当与文档的每个比特都有关系,以便文档只修改一个比特都能产生不同的"指纹"。一个基本思路是借鉴分组密码工作模式,如 CBC 链接模式,将前后密文块链接起来,这样可使前面的明文块影响后面的密文块。如果只取最后一块的输出,则产生压缩的"指纹"。因为此时分组密码的目的不是保密性,所以密钥是可公开的。

上面所说的 h 函数是不需要保密密钥的,任何人都可以计算消息的摘要,以便确认其完整性。但是它不能确定消息的来源可靠性,因为消息有可能是敌手伪造的。如何在检测完整性的同时还能确定来源可靠性?也就是如何实现消息认证?因为用户和其密钥是绑定在一起的,确认消息的来源可以通过(保密)密钥的作用来实现。也就是说:可在无密钥的 h 函数上加入一个密钥作为输入,这个密钥是保密的。此时 h 函数有两个输入:消息和密钥。没有密钥,就不能计算消息的"指纹",因为少一个输入参数。这样具有共享(对称)密钥的用户,不仅可以检测消息的完整性,还可以确认消息的来源可靠性,因为只有具有密钥才能计算消息的"指纹"。其过程如图 4-4 所示(其具体实现见 4.5.1 小节)。

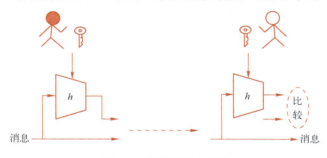

图 4-4 有密钥的 h 函数

4.1.2 电子文档的指纹生成器——Hash 函数

上面所说的 h 函数,实际就是密码学中的 Hash 函数,也称杂凑函数、散列函数。因为这个函数对不同长度的输入数据进行混乱、压缩运算,产生固定长的唯一代表输入数据的"指纹",所以便有了"杂凑"这个形容词。Hash 函数输出的"指纹"一般叫作摘要。

1. Hash 函数的定义

定义 4-1(Hash 函数) Hash 函数就是将任意长的输入消息,压缩为短的固定长度的消息摘要的函数。

由于摘要较短,因此传输过程中出错概率很小。即使敌手进行主动攻击破坏摘要,由于不能通过比对,所以接收者能够判断出接收的消息存在安全问题。一般需要重新发送来解决这一问题。

Hash 函数最为关键的性质是:保证消息的摘要是"独一无二的"。如果两个或者两个以上的文件产生的摘要相同,则称为发生碰撞,此时因为变动的文件与原来文件产生同一个"指纹",所以将不能判断文件的完整性。对 Hash 函数的安全要求就是要防止碰撞情况的发生。

此外,由于 Hash 函数是压缩的,输入集合规模一般远大于输出集合规模,Hash 函数映射必然是多对一的,也就是说,Hash 函数必然是多个文件映射到同一摘要。因此,Hash 函数的抗碰撞性是使敌手在有限计算能力和时间内找不到碰撞，这也即所谓的计算安全性：虽然理论上 Hash 函数存在碰撞，但敌手想找到的话需要一百年、一千年甚至更长的计算时间。设计计算安全性的抗碰撞 Hash 函数是本章的中心任务。

那么怎么保证产生碰撞是计算困难的？首先需要搞清楚产生碰撞与摘要数量的关系。如果摘要长度为 8 比特，也就是摘要空间中有 $2^8=256$ 个不同的摘要，此时按照通常的理解，输入文件个数大于或等于 2^8+1 就会产生碰撞。但是实际上只要输入文件个数大于 $2^4=16$，就有大于 50%的概率产生碰撞。这是由于存在一个"生日悖论"颠覆了一般的想法，这一结论是说：如果不指定一个摘要，任意两个文件产生碰撞所需尝试的文件数量，要比所有摘要的数量少很多。

2. 生日悖论

概率论中的生日悖论（也称为生日问题）就是确定：在一个教室中至少应有多少个学生，可使其中某两个学生的生日相同？假设每个学生的生日是随机的，即生日为某天的概率为 1/365，似乎产生相同生日的人数应当至少大于 365 人，也就是各种生日都存在后，再增加人数就会出现相同生日的情况。但经过计算，这一人数少得令人吃惊：只要教室里有 23 人，就以大于 1/2 的概率存在相同生日的情况。生日问题是概率论中的一个经典问题。

定义 4-2（生日问题） 生日问题即：假设共有 M 种不同的生日，从中可重复、随机地选择 N 种（$N<M$），计算 N 种生日中存在相同生日的概率。

因为每次选择生日都有 M 种可选，所以在 M 种生日中选取 N 种的所有情况的个数为 M^N。直接计算相同生日发生的概率是困难的，因此考虑没有相同生日事件发生的概率。没有相同生日产生的情况的个数为：$M(M-1)\cdots(M-N+1)$，这相当于前面取出的生日以后不允许再取。因此产生相同生日事件的概率为

$$1-\frac{M(M-1)\cdots(M-N+1)}{M^N} = 1-\left(1-\frac{1}{M}\right)\left(1-\frac{2}{M}\right)\cdots\left(1-\frac{N-1}{M}\right) = 1-\prod_{k=1}^{N-1}\left(1-\frac{k}{M}\right)$$

利用近似公式：当 x 是一个比较小的实数时，$e^{-x}=1-x+\frac{x^2}{2!}-\frac{x^2}{3!}+\cdots\approx 1-x$，可得

$\prod_{k=1}^{N-1}\left(1-\frac{k}{M}\right) \approx \prod_{k=1}^{N-1}e^{-k/M} = e^{-N(N-1)/2M}$。所以产生相同生日的概率约为 $1-e^{-N(N-1)/2M}$。

假设 ε 是产生相同生日的概率，即 $\varepsilon=1-e^{-N(N-1)/2M}$，从而有 $N^2-N\approx 2M\ln(1-\varepsilon)^{-1}$，省略 N 这一项，有 $N^2\approx 2M\ln(1-\varepsilon)^{-1}$。也就是选取 $N\approx\sqrt{2M\ln(1-\varepsilon)^{-1}}$ 种生日以后，产生相同生日的概率为 ε。当 $\varepsilon=0.5$ 时，$N\approx 1.1774\sqrt{M}$。若使 $M=365$，$\varepsilon=0.5$，则 $N\approx 1.1774\sqrt{365}\approx 22.49\approx 23$，这个 N 是随机选择的生日个数，相当于随机选择学生，也就是说，教室中只要（随机地）有 23 个学生，就能够使出现相同生日的概率不小于 0.5。

生日问题

上述生日问题称为第一类生日问题，其特点是不指定某个生日，而是任意生日相同的情况都可以。如果规定一个日期，即指定一个学生（生日），求教室中有多少个学生，使其中至少还有一人以此日期为生日的概率大于 0.5（经过计算，学生数为 183 人），这被称为第二类生日问题。

将 Hash 函数输出摘要的个数对应总共的生日总数 M，如设 Hash 函数输出摘要的二进

制长度为 n 比特，则 $M = 2^n$；任取一个消息，计算它对应的 Hash 值，这对应于随机选择了一个生日（即选择一个学生）。则根据第一类生日问题，任意两个消息产生相同摘要（概率大于 0.5）所需进行的计算 Hash 函数的次数 $N \approx \sqrt{M} = 2^{n/2}$。而指定一个消息，找到另一个不同消息产生碰撞的所需计算 Hash 函数的次数，将接近 2^n。

一般，将指定一个消息，找到另一个消息使这两个消息产生的碰撞，叫作弱碰撞；而将不指定一个消息，任意两个消息产生的碰撞，称为强碰撞。因此第二类生日问题对应着 Hash 函数的弱碰撞，第一类生日问题对应着 Hash 函数的强碰撞。

根据上述生日问题的结论，就可以构成针对 Hash 函数的生日攻击：当 Hash 函数输出为 n 比特长时，仅对约 $2^{n/2}$ 个随机的消息进行 Hash 计算，就能以 50%的概率产生一个强碰撞。产生碰撞所进行的计算 Hash 函数的次数称为攻击复杂度或计算复杂度。为了实现抗（强）碰撞性，需要将摘要长度选得足够大，如 256 比特长，这样使产生强碰撞的复杂度为 2^{128}，可以满足一般的安全要求。

3. 三个基本安全要求

除了抗碰撞性以外，Hash 函数的设计还必须符合其他安全条件，例如，给定摘要，不能反向推导出原来的输入消息（或产生该摘要的消息），这被称为抗原像性。函数的输入称为原像（Preimage），而函数值称为映射像（Image）。另外，指定一个消息，产生另一个消息使之与第一个消息发生碰撞（即弱碰撞），被称为第二原像攻击，防止这种攻击就叫作抗第二原像性。

一般将 Hash 函数写为 $h: \{0,1\}^* \rightarrow \{0,1\}^n$，其中 $\{0,1\}^*$ 表示任意长的二进制串集合，$\{0,1\}^n$ 表示 n 长的二进制串集合。

Hash 函数需满足以下三方面的安全要求。

定义 4-3（Hash 函数的安全性）
1）抗原像性（PR）：已知 y，求满足 $h(x) = y$ 的 x 是困难的。
2）抗第二原像性（SPR）：已知 x_1，求满足 $h(x_1) = h(x_2)$ 的 x_2 是困难的。
3）抗碰撞性（CR）：求满足 $h(x_1) = h(x_2)$ 的任意 x_1 和 x_2 是困难的。

这里的所谓困难是指计算困难，即计算复杂度是指数函数形式的。这三种基本安全性的含义如图 4-5 所示。

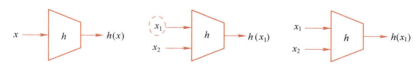

图 4-5 Hash 函数的三种基本安全性

抗原像性也称单向性（或单向 Hash）。Hash 函数作为单向函数使用时，需要抗原像性。理论上抗原像性的（攻击）计算复杂度为 2^n。

抗第二原像性又称为抗弱碰撞性，理论上它的计算复杂度为 2^n。Hash 函数用于数字签名时需要抗第二原像性，如果需要防止主动选择消息攻击，则需要抗碰撞性。

抗碰撞性又称为抗强碰撞性，这是比较强的安全性质，因为根据第一类生日问题，理论上抗碰撞性的计算复杂度为 $2^{n/2}$。防止这种攻击更加困难。

一般情况下（压缩较大时）有如下关系：CR>SPR>PR，也就是说，CR 是最强的安全性质，其次是 SPR，再次是 PR。如果 Hash 函数是抗碰撞的，则必然是抗第二原像的。但反之，抗第二原像的不一定是抗碰撞的；抗第二原像的一定是抗原像的，但抗原像的不一定是抗第二原像的。例如，假设 $g(m)$ 是一个单向函数，定义函数 $g'(m,b) = g(m)$，$b \in \{0,1\}$，则 $g'(m,b)$ 是单向的，但不是抗第二原像的，因为 $g'(m,b) = g'(m,1-b)$。

Hash 函数用于数据完整性检测时，需要至少具有抗第二原像性，也就是对于一个消息 m 和 Hash 函数 h，不能找到另一个修改的消息 m'，使得与 m 产生相同的摘要值，即 $h(m) \neq h(m')$。

4.2 Hash 函数的设计与实现

为了实现数据完整性检测，需要 Hash 函数具有抗碰撞性的安全性，这样，修改的消息不能得到与原来消息相同的摘要。从 4.1.2 小节的分析可知，如果摘要长度为 n，Hash 函数抗（强）碰撞的复杂度应为 $2^{n/2}$。那么如何使 Hash 函数做到抗碰撞？况且 Hash 函数输入是任意长度的，要怎么设计 Hash 函数，使得既压缩并且保证不碰撞？

4.2.1 Hash 函数设计方法

为了设计满足抗碰撞性的 Hash 函数，下面首先从最简单的例子入手进行研究。

例 4-1 试将 256 比特长消息压缩为 128 比特的摘要。

解：

假设消息 m 为 256 比特长，Hash 函数输出摘要长度为 2^7=128 比特。一种简单的压缩方法是：将消息 m 分为两块 m_1、m_2，每块 128 比特长；然后将 m_1 与 m_2 逐比特异或，即 $m_1 \oplus m_2$，可得到一个 128 比特的二进制串，可将其作为摘要。此时摘要值与输入消息的每个比特都有关系，如图 4-6a 所示。但这样是非常不安全的，因为将 m_2 中任意比特与 m_1 对应位置的比特同时翻转，可以得到相同的摘要，也就是产生了碰撞，如图 4-6b 所示。因此这种简单的压缩运算远远不能保证抗碰撞性。

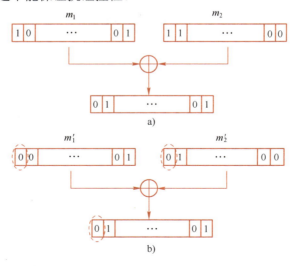

图 4-6 简单异或形成摘要

如果采用分组密码的技术，将两个消息分块进行充分的"混淆"与"扩散"，也就是采用 S 盒非线性代替与线性扩散层对每个消息块进行变换，使得变换结果尽量随机，这样再将两个消息分块逐比特异或产生摘要，会使得上面将消息块的比特翻转的做法不易产生碰撞。例如，对两个消息分块采用 AES 的 8×8 的 S 盒进行字节代替，再进行移位、列混合，形成一轮变换，并接着执行多轮这样的变换。此时变换后的消息块是很"随机"的。

但如果两个消息块采用的变换是一样的，用模二加产生摘要仍然是不安全的，利用差分分析技术可以很容易地找到碰撞。因为上述过程是没有密钥的，每个变换都是可逆的，因此只要将异或运算前输入的两个串中某对应比特翻转，并逆向计算得到与原来不同的两个消息块，就可以得到与原消息发生（弱）碰撞的一个消息。

因此简单地将两个消息块异或并不能保证抗碰撞性。为了实现 Hash 函数的安全要求，需要加入适当前馈环节、防止逆向运算等环节。通常采用下面列举的三种设计方法实现固定输入长度的 Hash 函数。

1. 利用分组密码的方法

图 4-7 显示了三种直接利用分组密码实现的 Hash 函数构造形式，其中 E 表示分组算法，黑点表示密钥输入端，g 是一个变换函数，其作用是将初始值或者链接值变换为密钥长度。输入消息分为多个固定分组长度的消息块，每次计算一个输入消息块 x_i 的输出 H_i，H_{i-1} 是上一个消息块的输出，被称为链接值。第一块消息块输入时的 H_0 称为初始值（IV），为固定的常数。最后一个消息块的输出作为 Hash 函数的摘要。图 4-7 这三种构造是所谓 PGV 模式中最常见的形式，在假设 E 是伪随机置换的情况下，被证明是安全的。

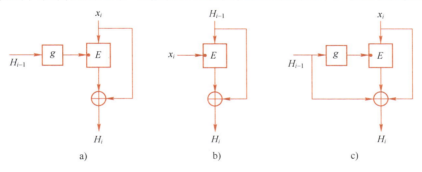

图 4-7　三种基于分组密码的基本构造形式
a) Matyas-Meyer-Oseas　b) Davies-Meyer　c) Miyaguchi-Preneel

图 4-7 中三种形式的迭代关系可表示如下（适当设置初始值和填充规则）：

1) $H_0 = IV, H_i = E_{g(H_{i-1})}(x_i) \oplus x_i, i = 1, 2, \cdots, t$（$t$ 为分块数）。
2) $H_0 = IV, H_i = E_{x_i(H_{i-1})} \oplus H_{i-1}, i = 1, 2, \cdots, t$。
3) $H_0 = IV, H_i = E_{g(H_{i-1})}(x_i) \oplus x_i \oplus H_{i-1}, i = 1, 2, \cdots, t$。

利用现有的分组密码设计 Hash 函数，可充分利用已有的算法资源。基于分组密码的（无密钥的）Hash 函数中，分组密码的密钥作为公开参数出现，它可以是迭代的链接值，也可以是消息字。上述构造方式还有一些变化形式，例如，为了增加 Hash 函数输出长度，可利用多个并行的分组算法，将链接值和输出长度改造为分组长度的倍数。其中消息分块不够整块时，需要某些填充策略，在原消息尾部添加一些比特，以便形成完整的消息分块。

2．专门设计的方法

分组密码一般有密钥扩展、加密和解密过程。而 Hash 函数并不需要密钥扩展和解密过程。虽然分组密码的 Feistel 结构中加密变换与解密变换可视为同一算法，但仍然需要相应的密钥扩展步骤来提供多轮子密钥。因此虽然 Hash 函数可以直接利用分组密码实现，但它与分组密码的安全目的和性质是不同的。

专门设计的 Hash 函数（Dedicated or Customized Hash Function）着眼于实现效率，不是直接采用分组密码算法进行设计，而是针对 Hash 函数的安全需求，借助分组密码设计的技术，利用一些简单的运算复合为轮函数再进行多次迭代。例如，采用分组密码中 S 盒、置换层、ARX 结构（加法、循环移位和异或）形成轮函数或步函数，经过数十轮的迭代使消息块充分"混淆"与"扩散"，再结合反馈、压缩等步骤，实现抗碰撞性等安全性质。这种专门设计的 Hash 函数是实现效率最高、计算速度最快的。

专门设计的 Hash 函数，其设计方法与利用分组密码的设计方法密不可分，有的学者甚至并不区分二者，而将它们视为同一类。专门设计的 Hash 函数安全性依赖于已有的设计经验和攻击方式，与分组密码一样，算法需要经过尽可能长时间的分析与检验。

3．利用模运算实现的方法

Hash 函数还可以利用数学中的一些模运算（除以某正整数求余数）来实现，此时可以利用公钥密码体制（见第 5 章）中已有的软件和硬件，而且可以对安全性进行有效描述和证明，但是存在的主要问题是计算速度很慢。

例 4-2 简述 MASH-1 算法的实现过程。

解：

MASH-1（Modular Arithmetic Secure Hash, Algorithm 1）是基于模运算的、国际 ISO/IEC 标准 10118-4 的 Hash 算法。MASH-1 使用类似 RSA 公钥密码的模数（见 5.2.2 小节），采用模平方运算，具体算法如下。

1）系统建立和常数确定。模 $M=pq$ 是一个长度为 m 的充分大的合数，将素数 p 和 q 保密（典型的长度 $m=1024$、1536 等）。规定各消息块的压缩输出的长度（即链接值长度）和摘要输出长度都是 n，n 小于 m 且是 16 的倍数（$n=16n'<m$）。初始值 IV 为 $H_0=0$，定义常数 $A=0xf000\cdots0$。

2）分块和填充。在输入消息 x 后填充若干 0，使长度等于 $n/2$ 的最小倍数。之后分为 $n/2$ 长度的子块 $x_1,x_2,\cdots,x_t$，添加附加子块 x_{t+1}，它包含输入消息长度的二进制表示。

3）扩展。将每个子块 x_i 扩展为两倍长度（即 n 长）的 y_i，做法是每四位（bit）前插入四个"1"（附加块中插入 1010）。

4）压缩处理。对于 $1\leqslant i\leqslant t+1$，将 n 长的 H_{i-1}、y_i 进行如下计算：

$$H_i=(((H_{i-1}\oplus y_i)\vee A)^2\bmod M-|n)\oplus H_{i-1}$$

其中，"$\oplus,\vee$"分别表示逐位异或和逐位或，平方运算是将二进制数据变为十进制整数再进行平方，"$\bmod M$"表示除以 M 求剩余的模运算，"$-|n$"表示截取模运算结果（转换为二进制）的最后 n 位。

5）输出。Hash 值为 H_{t+1}。

利用模运算设计的 Hash 函数中每个消息块的计算是非迭代型的，即计算是按照计算公式一次性完成的。实际上，5.6.2 小节中介绍的后量子密码中很多算法都是从设计 Hash 函数开始的，如 SWIFFT、FSB 等，它们都可以看作是模运算的类型，且都参加了 4.4.1 小节介绍的 SHA-3 标准竞选活动。这类设计方法的优点是更具可证明安全性的基础，但是虽然实现速度有很大提升，与利用分组密码与专门设计的 Hash 函数相比，目前的实际竞争力仍然不够。

4.2.2 Hash 函数的一般实现过程

前面介绍了固定输入长度的 Hash 函数的设计方法。而一般 Hash 函数的输入是任意长的，因此 Hash 函数也称为变长消息的 Hash 函数。此时，仍可以按照前面介绍的分块处理的方式，即采用"分而治之"的策略，将输入划分为固定长度的多个块，之后再对每个分块进行相同的压缩处理，同时将前后数据链接起来。只不过此时由于每个输入消息的长度不同，迭代（处理分块）的次数也不同。

对于短的消息，需要补足到固定长度的分块；对于不够分为整块的消息，需要补齐最后的消息分块。这个过程即填充，即在原消息后面填充一些比特，使之变为固定长度的多个消息分块，以便用统一的一个函数分别对各消息块进行处理，这个函数称为压缩函数。而将各消息分块逐块处理并链接起来形成输出摘要的过程称为迭代过程，或迭代结构。实际上，4.2.1 小节所介绍的三种基本方式已经包含了这三部分的内容。

因此，接下来的重要问题是：如何填充和迭代，以保证整体算法的安全性？

1. 分块与填充

如前所述，分块就是将输入消息分为固定长度的比特块，填充就是补齐最后的消息分块。为了安全性考虑，一般还需填加一个附加块，里面放入消息长度信息，以防止任意添加信息。其过程如图 4-8 所示。

图 4-8 消息分块与填充

具体填充过程可总结如下。

1）确定压缩函数及其参数：$f:\{0,1\}^l \to \{0,1\}^n$，$l \geqslant n+2$。

2）填充和分组：将输入消息 x 分成 $l-n-1$ 长的 t 个子块，$x = x_1 x_2 \cdots x_t$，最后一块 x_t 不够整块时末尾填充 0。设填充了 d 个 0，此时 $|x|+d$ 可以被 $l-n-1$ 整除（$|x|$ 表示 x 的长度）。令 0^d 表示 d 个 0 的串，将填充后的 $x_t 0^d$ 仍记为 x_t，使 $|x_t|=l-n-1$。

3）构造附加分块 x_{t+1}：在 d 的二进制表示串之间添加若干 0，$|x_{t+1}|=l-n-1$（此时插入的 d 间接表示了输入消息长度的信息）。

这一填充方式一般被称为 MD 增强（MD Strengthening）。

2. 迭代过程

各分块的处理结果应该链接起来，以便形成与每个分块都关联的输出摘要。因此处理每个分块时需要将上一个分块处理结果作为输入，这个输入也就是前面所称的链接值（Chaining Value）。因此压缩函数有两个输入：消息分块和上一块输出的链接值。对于第一个消息分块，另一个输入是初始值 IV，IV 一般是算法规定的常数。

图 4-9 是 Hash 函数的 MD 迭代结构的示意图，其中 f 为压缩函数，x_i 为输入消息分块（输入消息 x 经过填充后为 $x' = x_1 x_2 \cdots x_t x_{t+1}$），$H_i$ 为链接值，g 为输出变换（有时可以省略）。摘要长度都默认为 n 比特。

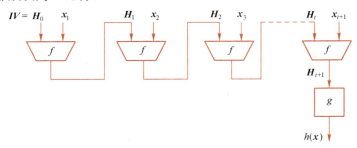

图 4-9　Hash 函数的 MD 迭代结构

定义 4-4（MD 迭代结构）　MD 迭代结构就是如下的计算过程（符号同上）：

$$H_0 = IV; \quad H_i = f(H_{i-1}, x_i), \quad 0 \leqslant i < t; \quad h(x) = g(H_{t+1})$$

MD 迭代结构的具体步骤如下。

1）MD 增强：按照前述 MD 增强的填充和分块过程执行。

2）迭代计算：此时 f 的输入应理解为二进制形式，且链接值和消息分块连写，之间加 1。初始值为 0^m，与第一块之间加 0（实际使用中可能有一些变化）。

$$H_1 = f(0^{m+1} x_1); \quad H_{i+1} = f(H_i | x_{i+1}); \quad i = 1, 2, \cdots, t$$

3）产生输出 $h(x) = g(H_{t+1})$。

MD 迭代结构是 R. Merkle 于 1979 年提出的，他和 I. Damgard 分别独立证明了这一构造的性质，因此该结构被称为 Merkle-Damgard 结构，简称 MD 结构。MD 结构是最常用的 Hash 函数迭代结构，可以证明它保持压缩函数的抗碰撞性。利用 MD 结构，设计抗碰撞性 Hash 函数的任务就归结为抗碰撞性压缩函数的设计。

3. 保持抗碰撞性的迭代结构

迭代方法实现的 Hash 函数，将输入消息分成固定长度（大于摘要长度）的块，之后逐块迭代一个固定输入长度的压缩函数。因此，Hash 函数的构造可分为两部分：迭代结构的设计和压缩函数的设计。迭代结构也称为域扩展（Domain Expansion）方式。

如果迭代结构能够保持压缩函数的安全性质，例如，压缩函数是抗碰撞的，经过迭代结构之后形成的 Hash 函数也是抗碰撞的，则 Hash 函数的安全性可归结为压缩函数的安全性。但是设计一个满足多种安全性质的压缩函数不是一件容易的事，同样，设计一个保持多种压缩函数安全性质的迭代结构也是比较困难的。

MD 结构简单高效，而且具有保持压缩函数的抗（强）碰撞性的性质。这一性质可以从定理 4-1 得到。

定理 4-1 对于增强的 MD 结构，抗碰撞的压缩函数 f 可以保证 Hash 函数的抗碰撞性。

证明：

采用反证法，假设 Hash 函数 h 是碰撞的，证明 f 也是碰撞的。即如果对于一对消息 $x \neq x'$，使 $h(x) = h(x')$，则能够找到 $y \neq y'$，使得 $f(y) = f(y')$。

记 $x = x_1 x_2 \cdots x_t$，$x' = x'_1 x'_2 \cdots x'_{t'}$，$x_t = x_t 0^d$，$x'_{t'} = x'_{t'} 0^{d'}$，附加分块分别为 x_{t+1}，$x'_{t'+1}$，输入 x, x' 的迭代结果分别为 $H_1, H_2, \cdots, H_{t+1}$ 和 $H'_1, H'_2, \cdots, H'_{t'+1}$。其他符号同填充过程。

1）若 $|x| \not\equiv |x'| \bmod(l-n-1)$，也就是 x 和 x' 的长度除以 $l-n-1$ 后的余数不相同（不同余），则 $d \neq d'$，从而有 $x_{t+1} \neq x'_{t'+1}$。而（略去输出变换 g）

$$f(H_t | x_{t+1}) = H_{t+1} = h(x) = h(x') = H'_{t'+1} = f(H'_{t'} | x'_{t'+1})$$

所以 $H_t | x_{t+1}$ 和 $H'_{t'} | x'_{t'+1}$ 是 f 的一对碰撞消息。

2）若 $|x| \equiv |x'| \bmod(l-n-1)$，可分为两种情况。

① $|x| = |x'|$。此时 $d = d'$，$t = t'$，$x_{t+1} = x'_{t'+1}$，而从步骤 1）中等式可以看出，若 $H_t \neq H'_t$，则 $H_t | x_{t+1}$ 和 $H'_t | x'_{t+1}$ 是 f 的一对碰撞消息。否则 $H_t = H'_t$，由迭代算法有

$$f(H_{t-1} | x_t) = H_t = H'_t = f(H'_{t-1} | x'_t)$$

若 $H_{t-1} \neq H'_{t-1}$，或者 $x_t \neq x'_t$，则 $H_{t-1} | x_t$ 和 $H'_{t-1} | x'_t$ 是 f 的一对碰撞消息。否则 $H_{t-1} = H'_{t-1}, x_t = x'_t$，于是由同样的方式继续向上找，直到最后得

$$f(0^{n+1} x_1) = H_1 = H'_1 = f(0^{n+1} x'_1)$$

若 $x_1 \neq x'_1$，则 $0^{n+1} x_1$ 和 $0^{n+1} x'_1$ 是 f 的一对碰撞消息。否则 $x_1 = x'_1$，由以上的条件，得出 $x = x_1 x_2 \cdots x_t = x' = x'_1 x'_2 \cdots x'_t$，与假设矛盾，所以总能找到 f 的一对碰撞消息。

② $|x| \neq |x'|$。此时 $d = d'$，$x_{t+1} = x'_{t'+1}$，但 $t \neq t'$。设 $t < t'$，按照情况①的方法一步一步向上找碰撞消息。如果一直找不到，则最后可得

$$f(0^{n+1} x_1) = H_1 = H'_{t'-t+1} = f(H'_{t'-t} | x'_{t'-t+1})$$

中间的 $n+1$ 位是不同的，所以总能产生 f 的一对碰撞消息。

4.3 Hash 算法标准的诞生与演变

计算机的普及，使人们对电子文档的完整性、认证性有了切实的需求，相应的实用 Hash 函数算法和国际标准也相继出现。最早的、著名的 Hash 函数算法，是密码学家 R. Rivest 于 1990 年发布的 MD4 以及改进后于 1992 年发布的 MD5。据此，1993 年美国国家标准与技术研究院（NIST）颁布了 Hash 函数算法标准 SHA。随后为了进一步提高安全性，NIST 对 SHA 进行改进后相继颁布了 SHA-1 和 SHA-2 算法标准。这些算法被统称为 MD-x 系列算法，因为其设计思路和部件基本类似，都是采用简单运算复合形成步函数、多次迭代实现压缩函数的思路，迭代结构沿用 MD 结构。一直以来，MD-x 系列算法都是最常用的 Hash 算法，直到 2004 年针对 MD5 和 SHA-1 的有效攻击的出现，NIST 才开始征集 SHA-3 算法标准。

图 4-10 显示了 MD-x 系列算法的关系图。其中许多算法都被作为 Hash 算法标准使用。图 4-11 显示了 MD-x 系列算法压缩函数的一般构造方式。链接值 H_i（$H_0 = IV$，即初始值）经过几十轮的步函数迭代形成输出，与输入前馈值相加后（各字模 2^{32} 加/模 2^{64} 加）作为下一个链接值 H_{i+1}。消息分块（一般 512 比特长）经过消息字扩展过程，产生各轮迭代所需的消息字，加入到步函数中。步函数中的部件和运算随轮数的不同会有所变化，使各部分的迭代有所不同，以防止所谓滑动攻击。这样的压缩函数被认为是典型的 Davies-Meyer 型构造方式（见图 4-7b）。

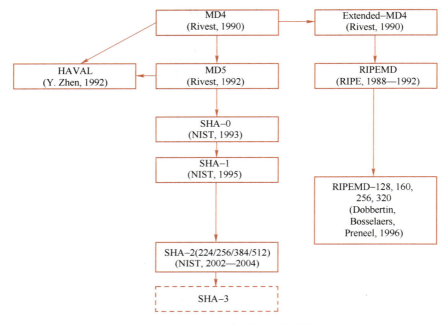

图 4-10　MD-x 系列算法关系图

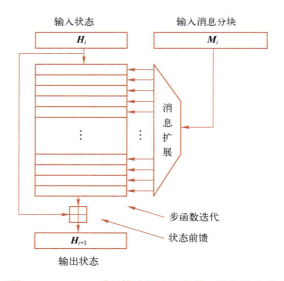

图 4-11　MD-x 系列算法压缩函数的一般构造方式

4.3.1 早期的 Hash 算法标准

1. MD4 和 MD5

（1）MD4

MD4 是 Rivest 在 1990 年设计的算法，它面向 32 比特处理器运算，遵从 MD 结构，将输入消息分为 512 比特的分组。Hash 输出值和中间链接值都为 4 个 32 比特的字（即 128 比特），即使用四个 32 位的寄存器，称为 A、B、C 和 D。MD4 的压缩函数分为 3 轮（Round），每轮结构相同，但使用不同逻辑函数和固定常数。每轮又分为 16 步（Step），每步处理一个消息字。3 轮共迭代 48 步。

图 4-12a 所示为 MD4 步函数的结构图。其中 f_r、X_j、U_r、$<<v_s$ 分别表示逻辑函数、32 比特消息字、32 比特步常数和左循环（首尾相连）移位 v_s 位，"⊞" 表示模 2^{32} 加。经过 3 轮迭代后，结果逐字模加上输入，形成最后压缩函数输出。MD4 每执行一次压缩函数，处理一个 512 比特的消息块，该消息块分成 16 个字（每字 32 比特），并按一定顺序在 16×3=48 次步操作中重复使用。注意：链接值是指迭代结构中各个压缩函数输出的值；而压缩函数中各迭代步输出应称为寄存器变量的中间值或者状态变量的值。

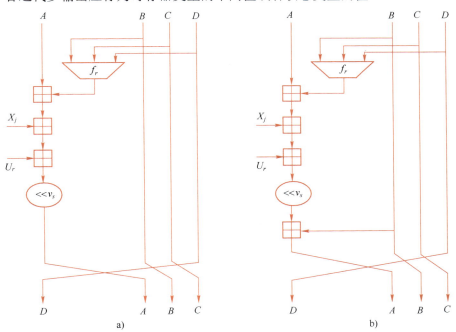

图 4-12 MD4 和 MD5 的步函数结构图

MD4 算法的具体过程如下。

1）定义常数。确定四个 32 比特初始值（IV）：h_1=0x67452301，h_2=0xefcdab89，h_3=0x98badcde，h_4=0x10325476。

确定各步常数：（j 为步变量）

$$y[j] = 0, \quad 0 \leqslant j \leqslant 15;$$
$$y[j] = 0x5a827999, \quad 16 \leqslant j \leqslant 31; \quad (=\sqrt{2})$$
$$y[j] = 0x6ed9eba1, \quad 32 \leqslant j \leqslant 47; \quad (=\sqrt{3})$$

确定各步消息字的编号（512 比特消息块分为 16 个字 $x[0\cdots15]$）：

$$z[0\cdots15] = [0, 1, 2, 3, 4, 5, 6, 7, 8, 9, 10, 11, 12, 13, 14, 15]$$
$$z[16\cdots31] = [0, 4, 8, 12, 1, 5, 9, 13, 2, 6, 10, 14, 3, 7, 11, 15]$$
$$z[32\cdots47] = [0, 8, 4, 12, 2, 10, 6, 14, 1, 9, 5, 13, 3, 11, 7, 15]$$

确定各步左循环移位的位数：

$$s[0\cdots15] = [3, 7, 11, 19, 3, 7, 11, 19, 3, 7, 11, 19, 3, 7, 11, 19]$$
$$s[16\cdots31] = [3, 5, 9, 13, 3, 5, 9, 13, 3, 5, 9, 13, 3, 5, 9, 13]$$
$$s[32\cdots47] = [3, 9, 11, 15, 3, 9, 11, 15, 3, 9, 11, 15, 3, 9, 11, 15]$$

2）预处理。将输入消息长度填充为 512 比特的倍数。填充方法是先填一个 1，之后补 0，剩余最后 64 比特用于存放消息长度（模 2^{64}）的二进制表示。将填充后的消息分割为 512 比特的消息子块，设个数为 m。设置四个寄存器变量的初始值：

$$(H_1, H_2, H_3, H_4) \leftarrow (h_1, h_2, h_3, h_4)$$

3）处理。将 m 个消息子块逐块经过压缩函数处理。每一个消息子块分为 16 个 32 比特的消息字，输入压缩函数。三轮的迭代过程如下（其中"+"表示模 2^{32} 加）：

给寄存器变量赋初值：$(A, B, C, D) \leftarrow (H_1, H_2, H_3, H_4)$。

第一轮：$0 \leqslant j \leqslant 15$（逻辑函数为 $f(u, v, w) = (u \wedge v) \vee (\overline{u} \wedge w)$）

$$t \leftarrow (A + f(B, C, D) + x[z[j]] + y[j], (A, B, C, D) \leftarrow (D, t \lll s[j], B, C)$$

第二轮：$16 \leqslant j \leqslant 31$（逻辑函数为 $g(u, v, w) = (u \wedge v) \vee (u \wedge w) \vee (v \wedge w)$）

$$t \leftarrow (A + g(B, C, D) + x[z[j]] + y[j], (A, B, C, D) \leftarrow (D, t \lll s[j], B, C)$$

第三轮：$32 \leqslant j \leqslant 47$（逻辑函数为 $h(u, v, w) = u \oplus v \oplus w$）

$$t \leftarrow (A + h(B, C, D) + x[z[j]] + y[j], (A, B, C, D) \leftarrow (D, t \lll s[j], B, C)$$

最后输出为 $(H_1, H_2, H_3, H_4) \leftarrow (H_1 + A, H_2 + B, H_3 + C, H_4 + D)$。

4）结束。输出为 $H_1 \| H_2 \| H_3 \| H_4$。

在不同的计算机处理器中，字节的存储顺序有两种：little-endian 和 big-endian。前者存储时从最低有效字节开始，即低有效字节存储在低地址；后者是从最高有效字节存储。MD4 采用 little-endian 方式。

（2）MD5

MD5 是针对 MD4 的一些潜在问题，于 1992 年发布的改进版本。压缩函数仍然是对 512 比特的分组进行迭代处理，链接值还是 128 比特。图 4-12b 所示为 MD5 的步函数的结构图。

相对于 MD4，MD5 的改进之处有：轮数增加为 4 轮，所以 MD5 共为 64 步；步运算中输出寄存器 A 中加入了 B 的值；第 2、3 轮的消息字顺序有改动；改变了第 2 轮的逻辑函数，并增加第 4 轮的一个逻辑函数；步常数改为每步一个而不是每轮一个；循环移位常数有改变。这些改进使 MD5 的安全性得到进一步加固。

MD5 算法的具体过程如下。
1）常数定义（寄存器初始值与 MD4 相同）。

确定步常数：$y[j] \xleftarrow{\text{前32比特}} abs(\sin(j+1))$，$0 \leqslant j \leqslant 63$，这里 j 以弧度为单位计算，"abs" 表示绝对值，$y[j]$ 取正弦函数绝对值的前 32 比特。

确定各步消息字编号（第一轮与 MD4 相同，即输入消息块的自然顺序）：
$$z[16\cdots31] = [1, 6, 11, 0, 5, 10, 15, 4, 9, 14, 3, 8, 13, 2, 7, 1,2]$$
$$z[32\cdots47] = [5, 8, 11, 14, 1, 4, 7, 10, 13, 0, 3, 6, 9, 12, 15, 2]$$
$$z[48\cdots63] = [0, 7, 14, 5, 12, 3, 10, 1, 8, 15, 6, 13, 4, 11, 2, 9]$$

确定各步左循环移位的位数：
$$s[0\cdots15] = [7, 12, 17, 22, 7, 12, 17, 22, 7, 12, 17, 22, 7, 12, 17, 22]$$
$$s[16\cdots31] = [5, 9, 14, 20, 5, 9, 14, 20, 5, 9, 14, 20, 5, 9, 14, 20]$$
$$s[32\cdots47] = [4, 11, 16, 23, 4, 11, 16, 23, 4, 11, 16, 23, 4, 11, 16, 23]$$
$$s[48\cdots63] = [6, 10, 15, 21, 6, 10, 15, 21, 6, 10, 15, 21, 6, 10, 15, 21]$$

2）预处理。与 MD4 相同。
3）处理。寄存器初值与 MD4 相同。
第一轮：$0 \leqslant j \leqslant 15$
$$t \leftarrow (A + f(B,C,D), x[z[j]] + y[j], (A,B,C,D) \leftarrow (D, B + (t \ll s[j]), B, C)$$
第二轮：$16 \leqslant j \leqslant 31$（逻辑函数改为 $g(u,v,w) = (u \wedge w) \vee (v \wedge \overline{w})$）
$$t \leftarrow (A + g(B,C,D), x[z[j]] + y[j], (A,B,C,D) \leftarrow (D, B + (t \ll s[j]), B, C)$$
第三轮：$32 \leqslant j \leqslant 47$
$$t \leftarrow (A + h(B,C,D), x[z[j]] + y[j], (A,B,C,D) \leftarrow (D, B + (t \ll s[j]), B, C)$$
第四轮：$48 \leqslant j \leqslant 63$（逻辑函数为 $k(u,v,w) = v \oplus (u \vee \overline{w})$）
$$t \leftarrow (A + k(B,C,D), x[z[j]] + y[j], (A,B,C,D) \leftarrow (D, B + (t \ll s[j]), B, C)$$

最后输出为 $(H_1, H_2, H_3, H_4) \leftarrow (H_1 + A, H_2 + B, H_3 + C, H_4 + D)$。

4）结束。输出为 $H_1 \| H_2 \| H_3 \| H_4$。MD5 也采用 little-endian 方式。

2. HAVAL 和 RIPEMD

HAVAL 是 Y. Zhen 于 1992 年提出的算法，结构上与 MD4、MD5 非常相似。其特点是 Hash 值可变动为 128 比特、160 比特、192 比特、224 比特和 256 比特，轮数也可选择 3、4 或 5 轮。每轮分为 32 步。寄存器个数为 8 个，即链接值为 8 个字（共 8×32=256 比特），每步处理第一个字。其步运算结构如图 4-13a 所示。消息分块是 1024 比特，分成 32 个字供第一轮使用，其他轮的 32 个消息字是原 32 个消息字的重新排序。HAVAL 输出可直接为 256 比特，如果为 128 比特等其他输出，还要做缩减处理。

RIPEMD 是 1992 年在欧洲 RIPE 计划中提出的对 MD4 的改进算法，它的压缩函数就是两个并行的修改后 MD4 压缩函数，Hash 输出值也是 128 比特，相当于对消息块同时进行两次 MD4 运算再将结果（模 2^{32}）加起来。其压缩函数结构图如图 4-13b 所示（消息字的顺序较 MD4 有变化）。后因 MD4 存在漏洞，RIPEMD 被重新设计为 RIPEMD-128 和 RIPEMD-160。其中，RIPEMD-128 增加为 4 轮共 64 步，输出仍为 128

比特；RIPEMD-160 的输出为 160 比特，它的左右两个平行的压缩函数的寄存器个数分别为 5 个，即链接值为 5 个字，迭代为 5 轮，共 80 步，结构与 SHA-0 类似。RIPEMD-160 的步运算结构如图 4-14a 所示。

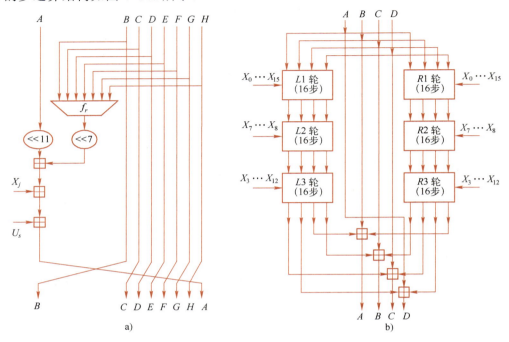

图 4-13 HAVAL 的步运算和 RIPEMD 的压缩函数

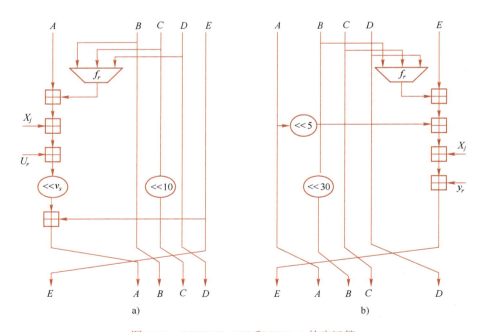

图 4-14 RIPEMD-160 和 SHA-1 的步运算

4.3.2 摘要长度的不断扩展

随着计算机性能、并行计算/分布计算能力等的不断提高，对 Hash 函数的穷举攻击的能力也不断加强。所谓穷举攻击就是逐一尝试输入消息，直到找到碰撞为止。原来 MD4、MD5 的 128 比特摘要长度，抗强碰撞的复杂度为 2^{64}，这一复杂度对日益提高的攻击能力显得安全余量不足。因此，在其后 NIST 颁布的 Hash 算法标准 SHA-1、SHA-2 中采用了更长的摘要。

1. SHA-1

SHA 是 1993 年 RSA 公司提出的根据 MD5 新改进的算法，作为美国国家标准使用。SHA 沿袭了 MD4 结构清晰、运算简单和速度快的优点，但提出后不久发现消息扩展过程有漏洞，于是在 1994 年改进了消息扩展方式，并于 1995 年被确认为 SHA-1，而原来的 SHA 被称为 SHA-0。二者只在消息扩展方式上有区别。

SHA-1 输出为 160 比特，输入消息长度小于 2^{64} 比特，链接值为 5 个字，消息分组仍为 512 比特。寄存器变量为 A、B、C、D 和 E。压缩函数有 4 轮迭代，每轮 20 步，共 80 步。图 4-14b 为 SHA-1 的步运算结构。与 MD4 不同，SHA-1 采用 big-endian 方式存储字节。

SHA-1 算法的具体过程如下。

（1）定义常数

确定 5 个初始值（前 4 个与 MD4 相同，但存储方式不同）：

h_1=0x67452301，h_2=0xefcdab89，h_3=0x98badcde，h_4=0x10325476，h_5=0xc3d2e1f0。

确定 4 轮的常数：

y_1=0x5a827999，y_2=0x6ed9eba1，y_3=0x8f1bbcdc，y_4=0xca62c1d6。

（2）预处理

填充方式与 MD4 类似，不同仅在于存放 64 比特的消息长度为 big-endian 方式。寄存器变量初始值为 5 个：$(H_1,H_2,H_3,H_4,H_5) \leftarrow (h_1,h_2,h_3,h_4,h_5)$。

（3）处理

对每个 512 比特的消息块，进行 4 轮的迭代处理。每个消息块分为 16 个 32 比特的消息字，经下面的扩展，形成 80 个（步）的消息字：

$$X_j \leftarrow ((X_{j-3} \oplus X_{j-8} \oplus X_{j-14} \oplus X_{j-16}) <<1), \quad 16 \leqslant j \leqslant 79$$

给寄存器变量赋初值：$(A,B,C,D,E) \leftarrow (H_1,H_2,H_3,H_4,H_5)$

第一轮：$0 \leqslant j \leqslant 19$（逻辑函数为 $f(u,v,w)=(u \wedge v) \vee (\overline{u} \wedge w)$）

$t \leftarrow (A<<5 + f(B,C,D) + E + X_j + y_1), \quad (A,B,C,D,E) \leftarrow (t,A,B<<30,C,D)$

第二轮：$20 \leqslant j \leqslant 39$（逻辑函数为 $h(u,v,w)=u \oplus v \oplus w$）

$t \leftarrow (A<<5 + h(B,C,D) + E + X_j + y_2), \quad (A,B,C,D,E) \leftarrow (t,A,B<<30,C,D)$

第三轮：$40 \leqslant j \leqslant 59$（逻辑函数为 $g(u,v,w)=(u \wedge v) \vee (u \wedge w) \vee (v \wedge w)$）

$t \leftarrow (A<<5 + g(B,C,D) + E + X_j + y_3), \quad (A,B,C,D,E) \leftarrow (t,A,B<<30,C,D)$

第四轮：$60 \leqslant j \leqslant 79$（逻辑函数为 $h(u,v,w)=u \oplus v \oplus w$）

$t \leftarrow (A<<5 + h(B,C,D) + E + X_j + y_4), \quad (A,B,C,D,E) \leftarrow (t,A,B<<30,C,D)$

最后输出为 $(H_1, H_2, H_3, H_4, H_5) \leftarrow (H_1 + A, H_2 + B, H_3 + C, H_4 + D, H_5 + E)$

（4）结束

输出为 $H_1 \| H_2 \| H_3 \| H_4 \| H_5$。

与 MD5 相比，SHA-1 的摘要/链接值长度扩展为 5 个 32 比特的字，迭代步数也增加到 80 步，这些都使 SHA-1 在安全性上有了提升。

2. SHA-2

2002 年，美国 NIST 又根据实际情况，增加了 Hash 算法的输出长度，形成 SHA-256、SHA-384、SHA-512 算法，其中符号后面的数字表示摘要长度，这些算法统称为 SHA-2。2004 年又增加 SHA-224。

SHA-256 输出长度为 256 比特，寄存器为 8 个，压缩函数整体迭代 64 步，没有明显的轮界限。图 4-15 所示为 SHA-256 步运算的结构图。其中：

$$f_1(u, v, w) = (u \wedge v) \vee (\overline{u} \wedge w), \quad f_2(u, v, w) = (u \wedge v) \vee (u \wedge w) \vee (v \wedge w)$$

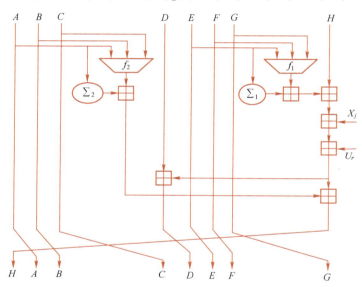

图 4-15 SHA-256 步运算的结构图

并增加了两个函数：

$$\Sigma_1(Z) = Z^{>>6} \oplus Z^{>>11} \oplus Z^{>>25}, \quad \Sigma_2(Z) = Z^{>>2} \oplus Z^{>>13} \oplus Z^{>>22}$$

SHA-224 与 SHA-256 非常一致，区别只有两点：一是状态变量（即寄存器变量）的初始值不同；二是 SHA-224 输出为从 256 比特左端截取 224 比特。SHA-384 和 SHA-512 的输出分别为 384 比特和 512 比特，函数中每个字为 64 比特，链接变量为 512 比特，分为 8 个寄存器，消息分块为 1024 比特，分为 16 个 64 比特的字。SHA-512 与 SHA-256 的结构很类似，除了 SHA-512 迭代为 80 步外，SHA-512 与 SHA-256 的主要不同是字长度（64 比特与 32 比特），因此 SHA-512 使用不同的初始值和步常数，函数中循环和移位量也与 SHA-256 不同。SHA-384 与 SHA-512 结构相同，区别仅在于状态变量的初始值不同，且摘要是从左端截取 384 比特。

表 4-1 显示了以上 MD-x 系列算法的长度和步数等情况。

表 4-1 MD-x 系列算法的比较（长度单位：比特）

名称	输出长度	消息块长度	字长度	轮数×每轮步数
MD4	128	512	32	3×16
MD5	128	512	32	4×16
HAVAL	128、256	1024	32	3，4，5×32
PIPEMD	128	512	32	3×16‖3×16
PIPEMD-128	128	512	32	4×16‖4×16
PIPEMD-160	160	512	32	5×16‖5×16
SHA-0	160	512	32	4×20
SHA-1	160	512	32	4×20
SHA-224/256	224/256	512	32	1×64
SHA-384/512	384/512	1024	64	1×80

4.3.3 针对 MD5／SHA-1 等的攻击

在 MD-x 系列算法的演进过程中，相伴的攻击也在一直不断地发展。特别是 2004 年我国学者王小云等对 MD5 和 SHA-1 的碰撞攻击，对这一系列算法造成重大影响，直接促成了美国 NIST 进行下一代 Hash 算法标准 SHA-3 的筛选。

1. 中性比特位技术

Chabaud 和 Joux 在 1998 年提出对 SHA-0 的攻击方法：将步运算的所有非线性运算都用异或运算代替，得到原步函数的线性近似方程，从而比较容易找到差分特性和碰撞。之后在这些近似条件下的碰撞中寻找一些消息对，使其在线性化函数和原来的步函数有同样的差分特性，可得到非近似情况的碰撞。这样的消息是不容易得到的，但是可以从近似情况下的差分式样（或称差分路径、差分特征，即各步差分链接形成的序列）中推导出一些条件，这些条件描述了哪些寄存器实际值的差分传播与近似情况相同。

具体做法是：采用扰动-修正策略寻找近似函数的基本碰撞（局部碰撞）。扰动就是在任意步中改动输入消息差分的一个比特位。修正就是为克服扰动产生的影响，修改以下几步输入消息差分中的一些比特位，以便能在尽可能少的步数内产生（寄存器变量）输出碰撞。实际碰撞的产生方法为：不断随机选取消息字 x_i，$0 \leqslant i < 15$，直到满足寄存器变量的导出条件为止，x_{15} 则随机选取（将来还可以修改）。后面步的消息字则是前面的异或。该攻击的复杂度为 2^{61} 次 Hash 运算。

Biham 和 Chen 在 Chabaud 和 Joux 方法的基础之上，为了减小随机选择消息字的复杂性，增大了可修正消息字的范围（即增加了修改的步数）。但由于消息扩展方式，超过 15 步时的消息字将受到前面的影响。为此他们提出了中性比特位概念：消息的中性比特位就是该位取反（1 变 0 或 0 变 1）以后，不影响该消息的（r 步）差分式样；双中性比特位就是两个比特位取反和其中一位分别取反都不影响其 r 步差分式样。他们选择消息字的过程为：确定需要满足差分式样的步数 r；寻找双中性比特位集合。Biham 和 Chen 将后一问题推导为图的团（Clique）问题，该问题一般是一个 NP 问题，但在此种情况是可以有有效解的。该方法还可以应用于对 SHA-1 的攻击。

2. 王小云的攻击方法

2004 年和 2005 年，我国学者王小云教授等相继提出对 MD4、MD5、RIPEMD、SHA-0 和 SHA-1 等的攻击方法，这些攻击是当时最有效的攻击方法。该方法对于 MD4 的攻击，可以手工计算得到碰撞；对 MD5，攻击复杂度为 2^{39}，后经国外研究人员改进，进一步缩短了产生碰撞的时间，在一分钟之内就可以找到碰撞；对于 160 比特的 SHA-1，攻击复杂度为 2^{63}。该攻击方法不仅对压缩函数适用，对整个 Hash 函数也是适用的。对实际应用产生的影响是：两个不同的基于 MD5 的 X.509 证书可以产生相同的签名。

王小云的方法采用模差分和异或差分相结合的表示方式，这样可以得到更多信息，更容易控制差分传播。该攻击方法不仅确定输入差分，也限制输出差分式样：首先在算法某部分找到具有良好差分行为的输入式样（如 MD4 的最后一轮），之后确定剩余步的适当的输出差分式样（输入差分是消息字差分，输出差分是寄存器值差分）。该方法与 Chabaud 和 Joux 方法不同，不是首先对近似方程求碰撞，而是直接寻找原步运算的碰撞。

攻击过程大致分为三步：首先确定差分路径；其次确定产生差分路径的充分条件；最后进行单步或多步消息修正。确定差分路径是最为困难也是最为关键的一步，可利用局部碰撞（几步之间形成的碰撞，可用扰动矢量表示）、近似碰撞和逻辑函数特性等完成。充分条件表示为某寄存器值某些位必须为 0 或 1、某些位相等或相反等。单步消息修正就是只修改一步的消息字；寄存器值开始为随机值，经过不断调整使其满足充分条件，利用步运算关系计算出消息字值；多步修正是修改多步的消息字；通过消息字的修改，可改变寄存器变量的不正确的比特。但改变消息字一个比特，会引起多个寄存器值的变化，多步修正就是通过多个消息字的调整，在最小的步数内消除这种改动的影响。

对于三轮的 MD4、RIPEMD 和 HAVAL-128，利用王小云的方法一般能够攻破，方法是在第三轮确定输入差分式样；在第一轮使用单步消息调整；在第二轮使用多步消息调整。

对于 MD5 的碰撞是两个消息块碰撞，即使用两次压缩函数。第一次在算法规定的 *IV* 下产生特定输出差分（近似碰撞）：

$$\Delta^+(R_{60}^{(0)}, R_{61}^{(0)}, R_{62}^{(0)}, R_{63}^{(0)}) = ([31], [31, \overline{25}], [31, \overline{25}], [31, \overline{25}])$$

其中，Δ^+ 表示模 2^{32} 差分，Δ^+ 括号内表示第一次计算压缩函数的第 64 步的 4 个寄存器输出，等号右边中括号内数字 31 表示该位为 1，$\overline{25}$ 表示该位为-1，而其余位为 0。

第二次以上一次输出为初始值，得到最后一步的寄存器输出差分：

$$\Delta^+(R_{-4}^{(1)}, R_{-3}^{(1)}, R_{-2}^{(1)}, R_{-1}^{(1)}) = \Delta^+(R_{60}^{(0)}, R_{61}^{(0)}, R_{62}^{(0)}, R_{63}^{(0)})$$

$$\Delta^+(R_{60}^{(1)}, R_{61}^{(1)}, R_{62}^{(1)}, R_{63}^{(1)}) = ([31], [31, 25], [31, 25], [31, 25])$$

算法要求寄存器输出加上初始值才为最终的输出，所以第二次计算的输出差分与初始值相加，得到 0 差分即产生碰撞。

对于 SHA-1，王小云的方法的前 20 步，不是扰动-修正策略（由于布尔函数 IF 的性质，此策略受限制），而是寻找特殊的不规则的路径；以后 20～79 步为最小重量的扰动-修正差分攻击，并结合了多消息块修正技术。

王小云的攻击方法发表以后，引发了 Hash 函数研究的热潮。以后研究者在三个方面

（确定差分路径、确定充分条件和消息修正）都进行了提高；研究更有效的控制差分传播的方式，发现甚至是自动搜索更好的差分路径；修改充分条件，简化计算复杂度；进一步控制消息修正过程。另外，在利用碰撞攻击得到有实际含义的消息碰撞方面也取得了一定进展，人们也尝试利用王小云的方法对 SHA-2 和一些新出现的 Hash 算法进行差分分析。

2017 年 M. Stevens 等在美密会上宣布找到全轮的 SHA-1 的碰撞，计算复杂度为 $2^{63.1}$ 次压缩函数的执行，花费了大约 6500CPU 年和 100GPU 年的时间。攻击综合了很多已有攻击方法，通过仔细选择消息前缀，可对两个不同的 PDF 文件产生相同的 SHA-1 摘要。

3. 原像攻击

对于 MD-x 系列算法的原像攻击，最早的完整攻击是 G. Leurent 在 2008 年对 MD4 的原像攻击，之后是 C. Canniere 等对于减少轮次的 SHA-0 / SHA-1 的原像攻击；2009 年，Y. Sasaki 与 K. Aoki 提出了对 MD5 完整轮次的原像攻击和改进的减少轮次 SHA-0 / SHA-1 的原像攻击。与碰撞攻击相比，原像攻击将给 Hash 函数的应用环境带来直接破坏。但目前原像攻击的复杂性还比较高。

与碰撞攻击类似，原像攻击也利用了 MD4、MD5 和 SHA-0/SHA-1 算法中简单的消息扩展方式、布尔函数的吸收特性和步函数只有一个寄存器变量改变等弱点。一般的原像攻击过程分为两步：首先，实现压缩函数的伪原像攻击，也就是找到一个输入消息块，使它的压缩函数输出（链接值）与待求原像的目标值匹配，但此时初始值不是算法所规定的 *IV* 值；其次，利用中间相遇攻击，将伪原像转变为算法规定的初始值下的（真正）原像。

G. Leurent 在 2008 年提出了对于 MD4 的原像攻击方法，该方法的大致思路为：首先得到压缩函数的部分位匹配的伪原像；其次遍历不匹配的比特数得到伪原像；最后利用中间相遇攻击得到多消息块的 Hash 函数的原像。

部分伪原像的实现过程利用了步函数的可逆性、逻辑函数吸收特性和 MD4 特殊的消息扩展方式。MD4 的步函数是可逆的，对于第 i 步，假设输入的寄存器变量 $Q_{i-3}Q_{i-2}Q_{i-1}$ 是已知的，如果再知道 Q_i, Q_{i-4}, m_i 其中的任意两个，就可以求出剩下的那个值。逻辑函数吸收特性是指：在特定条件下逻辑函数的某一输入可以是任意值，如对于 $IF(x,y,z)=(x \wedge y) \vee (\bar{x} \wedge z)$，有 $IF(x,C,C)=C$，其中 C 是一个常数，x 可取任意值而不影响函数结果，这可视为逻辑函数吸收了第一项。利用吸收特性和 MD4 特殊的消息扩展方式，该攻击方法可以跳过很多步的运算，并且只涉及字的运算（32 比特），从而可实现比穷举搜索简便很多的部分匹配。

Y. Sasaki 和 K. Aoki 在 2009 年提出了对完整 MD5 的原像攻击方法。该方法首先得到压缩函数的伪原像，之后利用中间相遇攻击得到两个消息块的原像。整个原像攻击的复杂性为 $2^{123.4}$，空间复杂性为 $2^{45} \times 11$ 个字（32 比特）。

伪原像攻击时，该方法将压缩函数的输出和输入连接起来，即输入初始值与输出状态变量首尾相连，之后从 64 步中找到一个初始结构（Initial Structure），它由几步构成，其中至少有两个中性消息字。初始结构将迭代过程分为两个分组（Chunk），其中一个分组只受一个中性字的影响。这两个分组经过跳跃步链接起来。

例如，图 4-16 中，第 14～17 步为初始结构，m_6, m_{14} 为中性字。第 0～13 步和第 51～

63 步为第一分组，只受 m_6 的影响；第 18～42 步为第二分组，只受 m_{14} 的影响。第 43～50 步为跳跃步。为了减少攻击复杂性，应选择尽可能少的初始结构步数和跳跃步数。

步序号	0	1	2	3	4	5	6	7	8	9	10	11	12	13	14	15	16	17
消息字	0	1	2	3	4	5	6	7	8	9	10	11	12	13	14	15	1	6
	第一分组（First Chunk）														初始结构			

步序号	18	19	20	21	22	23	24	25	26	27	28	29	30	31	32
消息字	11	0	5	10	15	4	14	9	3	8	13	2	7	12	5
	第二分组（Second Chunk）														

步序号	33	34	35	36	37	38	39	40	41	42	43	44	45	46	47
消息字	8	11	14	1	4	7	10	13	0	3	6	9	12	15	2
	第二分组（Second Chunk）										跳跃步				

步序号	48	49	50	51	52	53	54	55	56	57	58	59	60	61	62	63
消息字	0	7	14	5	12	3	10	1	8	15	6	13	4	11	2	9
	跳跃步			第一分组（First Chunk）												

图 4-16　MD5 原像攻击的迭代步数划分

G. Leurent 首先在 2008 年提出 50 轮的 SHA-0 和 45 轮的 SHA-1 的原像攻击，其中利用随机图的方法将伪原像攻击转变为原像攻击；2009 年，K. Aoki 和 Y. Sasaki 采用与 MD5 原像攻击类似的方法对 53 轮的 SHA-0 和 48 轮的 SHA-1 进行了原像攻击，采用矩阵表示消息扩展变换，攻击复杂度分别为 $2^{156.2}$ 和 $2^{159.3}$。

4.3.4　针对 MD 结构的攻击方法

MD 结构对 Hash 函数的设计具有很大影响，它是直到 2011 年 Sponge 结构出现之前最主要的迭代方法。很多 Hash 算法，如著名的 MD-x 系列算法（不含 SHA-3）都是采用这一结构进行设计的。

但随着研究的不断发展，MD 结构也暴露出一些问题，例如，不能保持压缩函数的抗第二原像性：若压缩函数 f 是碰撞的，即 $M \neq M', f(M) = f(M')$，那么 $H(M|S) = H(M'|S)$，其中 S 是任意消息块，因此可得到 $M|S$ 的一个第二原像。另外 MD 结构不能防止多碰撞攻击、长消息的第二原像攻击等攻击方式。

1. 多碰撞攻击

A. Joux 在 2004 年提出了多碰撞攻击，它对于任何 MD 迭代形式的 Hash 都是适用的。假设已知压缩函数的（两消息）碰撞攻击，这一攻击产生多碰撞的复杂性要远小于原来普遍设想的复杂性。原来认为产生 t 个消息的碰撞的复杂性约为 $2^{n(t-1)/t}$（n 为输出长度），当 t 较大时约为 2^n。多碰撞的攻击过程如下：假设压缩函数 f 存在碰撞攻击，复杂性为 $2^{n/2}$。若有 t 个碰撞对 $(M_1, M_1^*), (M_2, M_2^*), \cdots, (M_t, M_t^*)$，则可以产生如图 4-17 所示的 2^t 个原像（M_i 与 M_i' 互换位置），对应同一个输出 h_t。其复杂性为 $t2^{n/2}$，远小于 $2^{n(t-1)/t}$。这一结果表明：对于迭代型的 Hash 函数，形成多碰撞并不比形成（两消息）碰撞困难多少。

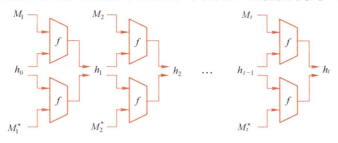

图 4-17 多碰撞攻击

2. 长消息的第二原像攻击

J. Keley 等在 2005 年提出长消息的第二原像攻击（Dean 于 1999 年提出过类似思想），进行 2^t 个消息块的迭代，发现一个第二原像仅需要约（$2^{n-t+1}+t2^{n/2+1}$）次 Hash 函数运算（小于 2^n）。这种攻击需要很长的消息才能使攻击有效。例如，$n=128$，$t=32$，长消息攻击可以使发现第二原像的复杂性从 2^{128} 减到近似 2^{97}，但需要 2^{32} 消息块，每个消息块为 512 比特，则原像和第二原像的长度为 256 GB。

利用不动点（还可利用多碰撞技术）实现的长消息的第二原像攻击方法如图 4-18 所示，不动点即 $f(H_{i-1}, x_i)=H_{i-1}$ 的 x_i。具体过程为：对 2^t 个消息块长的第一原像进行迭代计算，得到 2^t-1 个中间链接值 h_i（图 4-18 下方）；固定以 h_0 为初始值，变化消息块，计算 $2^{n/2}$ 个输出值，同时计算 $2^{n/2}$ 个不动点，两个集合产生碰撞时所对应的消息块，构成可扩展长度的消息块 $M_1'M_2'$；将上述可扩展消息的压缩函数输出 h_1' 作为初始值，计算 2^{n-t} 个不同消息的输出值（图 4-18 上方）。这些值与第一原像的 2^t 个链接值产生碰撞，可得到第二原像：

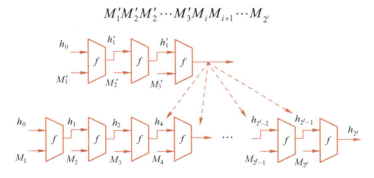

图 4-18 长消息的第二原像攻击

3. Herding 攻击

J. Kelsey 等在 2006 年提出了 Herding 攻击。该攻击在假设 Hash 函数存在碰撞的条件下，可以容易地产生满足一定条件的第二原像攻击，这一攻击过程如图 4-19 所示，它与多碰撞攻击和长消息的第二原像攻击有类似之处。具体攻击过程为：利用（不同初始值的）碰撞攻击产生一个树型结构。做法是：选择 2^t 个链接值作为树的最低层。为产生 2^{t-1} 个输出链

接值，改变各消息块使它们产生一对一对的碰撞。这样一层层缩减，最后到达树根 H，共产生 $2^{t+1}-2$ 个链接值，复杂性为 $2^{t/2+n/2+2}$ 次压缩函数计算；再找到一个链接块 M_2，将前缀 P 和树型结构链接起来，做法是：将 $h_1=f(h_0,M_1=P)$ 作为初始值，改变消息块 M_2 产生 2^{n-t} 个输出，使其与上述树型结构的 2^t 个链接值发生碰撞；链接块 M_2 和匹配的消息块序列，形成串 S，使得 $\text{hash}(P\|S)=H$。这样产生的第二原像是有一定实际意义的串，而不是完全随机的值。

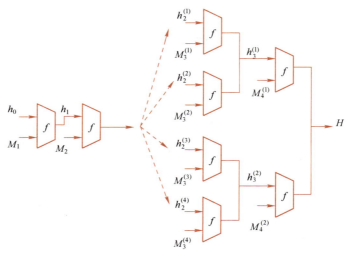

图 4-19 Herding 攻击过程

4*. 应对攻击的宽管道结构

针对以上攻击和为了满足更细化的安全性质，研究者提出了一些新的 Hash 函数设计方法，例如，使用 Salting 随机化（产生 Hash 函数族）、加消息块数计数器防止出现不动点、使用大的中间链接值（即宽管道（Wide Pipe））防止多碰撞和 Herding 攻击、采用保持多种压缩函数安全性质的迭代结构等。

2005 年，S. Lucks 提出宽管道结构，它是为了克服多碰撞攻击和长消息的第二原像攻击而设计的。多碰撞攻击和长消息的第二原像攻击是以碰撞攻击作为基础的，因此如果提高碰撞攻击的复杂性，将使多碰撞攻击和第二原像攻击变得困难。

宽管道结构的基本原理是提高压缩函数的迭代中间状态变量的宽度（即长度 w），而最后经过输出变换，将 w 长度状态变量压缩至 Hash 函数要求的输出长度 n。因此这一结构可看作使用了两个压缩函数，第一个压缩函数用于中间迭代过程，输出长度 w 远大于 Hash 函数的输出长度 n；第二个压缩函数只处理最后一个消息块，产生所要求的输出长度 n。迭代过程中，第一个压缩函数产生碰撞的复杂度为 $2^{w/2}$，因为 w 远大于 n，所以多碰撞等攻击难以实现。例如，双管道结构（Double-Pipe），设函数 f 的输出长度为 n，两个 f 构成的压缩函数 H 的宽度为 $w=2n$，这样在中间迭代过程中产生碰撞的复杂性为 2^n。而最后一个消息块只采用一个 f，输出长度为 n。图 4-20 为双管道结构的示意图。

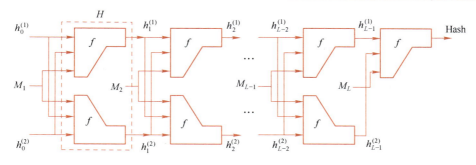

图 4-20 双管道结构示意图

4.4 Hash 算法的新标准

4.4.1 NIST 的 SHA-3

美国国家标准与技术研究院（NIST）从 2007 年 11 月开始征集 Hash 算法新标准 SHA-3。SHA-3 标准的一般要求是：超过 SHA-2 算法的特性；至少和 SHA-2 一样安全；要求一个单一 Hash 函数算法族；算法具有可调整的安全参数；采用不同于 MD 结构的构造；可以在一个宽范围的软硬件平台上实现；能够支持摘要长度 224、256、384 和 512 比特；最大消息长度至少为 $2^{64}-1$。

SHA-3 标准的安全性要求为（n 为摘要长度）：如果用作伪随机函数，必须能够抵御区分攻击，询问（预言）小于 $2^{n/2}$ 次；具有 $2^{n/2}$ 复杂性的抗碰撞性；具有 2^n 复杂性的抗原像性；对于短于 2^k 的消息具有 2^{n-k} 复杂性的抗第二原像性；阻止长度扩展攻击；鼓励阻止其他攻击，如多碰撞攻击等。

SHA-3 活动开始一共收到了 64 个算法，其中有 51 个算法进入第一轮。2008 年，有 14 个算法进入了第二轮评估；2010 年 12 月，确定 BLAKE、Grostl、JH、Keccak 和 Skein 进入最后一轮评估；2012 年，最终选择 Keccak 作为获胜者，并于 2015 年被标准化为 SHA-3 算法。

1. 新型迭代结构 Sponge

Keccak 采用的迭代结构，是由 G. Bertoni 等于 2007 年提出的 Sponge 结构，也称为 Sponge 函数（实际上是由 Sponge 函数实现的结构，以下二者不加区分）。

设 A 表示 Sponge 函数的输入和输出的符号集（如 $A=\mathbb{Z}_2^n$，即 A 为 n 长二进制串集合）；C 为一个有限集，它的元素表示 Sponge 函数的内部状态。内部状态和 A 的一个元素合起来构成 Sponge 函数的状态。设 m 是一个消息，p 是一个单射，它将消息 m 映射为 A 中的字符串。例如，若 $A=\mathbb{Z}_2^n$，p 可定义为：在 m 后面填充一个 1 和若干个 0，使其形成长度为 n 的（多个）A 中二进制串。即映射 p 表示一种填充过程。要求长度 $|p(m)| \geqslant 1$，$p(m)$ 不能以 A 中的单位元（全 0 字符）结束。

Sponge 结构

定义 4-5（Sponge 函数） Sponge 函数（以下简称 Sponge）是输入为可变长的字符串 $p=p_1|p_2|\cdots|p_m$（这里"|"表示链接，

p_i 是 A 的一个元素)、输出为一个无限长的字符串 z 的变换（或置换）$f:A\times C\to A^\infty$。Sponge 的状态记为 $S=(S_A,S_C)\in A\times C$，其中 S_A 称为外部状态，S_C 称为内部状态。状态的初始值为 $(0,0)$。

为了计算一个 Sponge，需进行以下两个步骤。

1）吸收（Absorbing）：对于每个输入字符 p_i，状态更新为 $S\leftarrow f(S_A+p_i,S_C)$。

2）挤压（Squeezing）：产生无限长的输出 z。每次产生一个字符 $z_j\in A$，再令 $S_A=z_j$，状态更新为 $S\leftarrow f(S)$。

Sponge 的结构如图 4-21 所示，图中的"$\oplus$"表示运算"$+$"（二进制时为模二加）。一个 Sponge 的率（Rate）定义为 $r=\log_2|A|$（$|A|$ 表示 A 的元素个数），Sponge 的容量（Capacity）定义为 $c=\log_2|C|$。

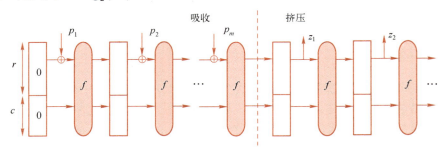

图 4-21　Sponge 结构

对于一个给定的输入串 p，设 $S_f[p]$ 表示 Sponge 吸收 p 后的状态值。如果 $S=S_f[p]$，则称 p 为一条（在 f 变换下）到达 S 的路径。函数 $S_f=(S_{A,f},S_{C,f})$ 定义为 $S_f[\text{空串}]=(0,0)$；而对于任何串 x 和任何字符 a，$S_f[x|a]=f(S_f[x]+a)$，其中 $S+a$ 定义为 $S+a=(S_A+a,S_C)$。一般，Sponge 输出的第 j 个符号为 $z_f=S_{A,f}[p|0^j]$，$j\geqslant 0$（即挤压时 S_A 的输入为单位元 0 符号）。

Sponge 的<u>状态碰撞</u>定义为：对于不同的路径 $p\neq q$，$S_f[p]=S_f[q]$；<u>内部碰撞</u>定义为：对于不同的路径 $p\neq q$，$S_{C,f}[p]=S_{C,f}[q]$。

在变换 f 是随机置换或者随机变换的假设下，可证明 Sponge 与随机预言是不可区分的（Indifferentiable），并且能够防止多种形式的攻击。当输出长度 v 小于 r 且 2^v、2^c 足够大时，在 f 是随机置换的假设下，可证明 Sponge 是抗碰撞的。

2. 算法过程

SHA-3 算法标准采用 Sponge 结构，其中 Sponge 置换记为 Keccak-$p[b,n_r]$，其中 p 表示置换，b 是置换输入的二进制长度，称为置换的宽度，n_r 是迭代的轮数，$n_r=12+2l, l=\log_2(b/25)$。置换的输入数据表示为 $5\times5\times w$ 的三维比特数组，也称状态数组（以下将其记为 $A[x,y,z]$）。当输入长度 $b=1600$ 比特时，$w=b/25=64$。为了方便，状态数组的 x 和 y 方向以 0 为中心，如图 4-22 所示。置换由五个映射复合而成的步函数 $\iota\circ\chi\circ\pi\circ\rho\circ\theta$ 迭代一定的轮数而形成。五个映射分别从不同方向对状态数组进行处理。当 $b=1600$ 比特时，迭代轮数为 24。

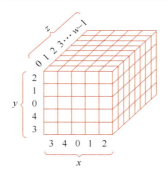

图 4-22 SHA-3 的状态数组

（1）θ 映射

对于状态数组 $A[x,y,z]$ 的所有 (x,z)，计算：

$$\theta(A[x,y,z]) = A[x,y,z] \oplus \sum_{y'=0}^{4} A[x-1,y',z] \oplus \sum_{y'=0}^{4} A[x+1,y',z-1]$$

（2）ρ 映射

对于所有的 $0 \leqslant z < w$，$\rho(A[0,0,z]) = A[0,0,z]$。

对于初始值 $(x,y) = (1,0)$，t 从 0 到 23 进行以下循环：

1) $\rho(A[x,y,z]) = A[x,y,(z-(t+1)(t+2)/2) \bmod w]$。

2) $(x,y) = (y,(2x+3y) \bmod 5)$。

（3）π 映射

$$\pi(A[x,y,z]) = A[(x+3y) \bmod 5, x, z]$$

（4）χ 映射（5×5 的 S 盒）

$$\chi(A[x,y,z]) = A[x,y,z] \oplus ((A[(x+1) \bmod 5, y, z] \oplus 1) \cdot A[(x+2) \bmod 5, y, z])$$

其中，"$\cdot$"表示整数乘，此处等效为逐比特与。

（5）ι 映射

对于所有的 z，$A[0,0,z]$ 加轮常数（轮索引值）。

当状态宽度 b 限定为 1600 时，SHA-3 的 Sponge 置换记为 Keccak[c]=SPONGE[Keccak-p[1600,24],pad10*1,1600-c]，其中，c 表示置换的容量，即内部状态的长度；Keccak-p[1600,24]表示 24 轮的置换；pad10*1 表示消息填充方式为：先添加一个 "1"，再添加适当个数的 "0"，以使整个消息分块达到要求长度，最后再添加一个 "1"。1600-c 表示外部状态长度，即消息分块的长度，即上述的"率（Rate）"。若 Hash 算法输入消息为 m，输出摘要长度为 v，则 Hash 算法记为 Keccak[c](m,v)。

SHA-3 的 4 种固定输出长度的函数为

SHA3-224(m)=Keccak[448](m||01,224)（"||"表示链接，有时用"|"表示）

SHA3-256(m)=Keccak[512](m||01,256)

SHA3-384(m)=Keccak[768](m||01,384)

SHA3-512(m)=Keccak[1024](m||01,512)

其中输入消息后面的两个额外比特"01"是为了与非固定输出长度的函数相区分。这

四个函数的容量 c 都是摘要输出长度 v 的两倍。随着输出长度增加，安全级别也会增加，而 Rate（也表示 Hash 函数的执行速度）会下降。

SHA-3 还有两个变输出长度的 Hash 算法（称为可扩展输出函数 XOF）：

SHAKE128(m,v)=Keccak[256]$(m\|1111,v)$

SHAKE256(m,v)=Keccak[512]$(m\|1111,v)$

SHAKE128 和 SHAKE256 分别表示安全强度为 128 比特和 256 比特。SHAKE 是 Secure Hash Algorithm KECCAK 的缩写。

3. SHA-3 的特点

SHA-3 算法标准采用 Sponge 这一新型结构，并且在置换的设计上借鉴分组密码最新的研究结果，具备很好的安全性和实现性能。SHA-3 算法最基本的单元为比特，因此也被称为基于比特的算法，这使得算法硬件实现的速度很快，而且算法扩散速度也比较快。

Sponge 结构中间状态很宽、置换不存在不动点，因此具有可防止已知针对迭代结构的攻击的优点，另一个显著特点是输出可任意长，因此 SHA-3 还可以作为流密码的密钥发生器使用。

四种不同的固定输出长度的 SHA3 算法是 SHA3-224、SHA3-256、SHA3-384 和 SHA3-512，已广泛用于消息认证、数据完整性、口令存储系统等多种场合。而 SHAKE128 和 SHAKE256 由于其摘要长度是可变长的，很适合在不同规模的代数结构中使用，因此广泛用于数字签名、附加功能签名、KEM（密钥封装机制）和各类密码协议当中。

4.4.2 我国商密标准 SM3

SM3 是 2010 年 10 月我国商用密码管理局颁布的商用密码 Hash 标准算法。它在克服 MD-x 系列存在的问题基础上，仍采用简单运算的组合，保持了计算简便和速度的优势。迭代结构仍采用 MD 结构，中间状态长度为 256 比特，规模与 SHA-2 的 SHA-256 相当，但克服了所发现的问题，增强了安全性。

1. 算法过程

消息分块长度为 512 比特，链接值长度为 256 比特，摘要长度为 256 比特。

IV =7380166f 4914b2b9 172442d7 da8a0600 a96f30bc 163138aa e38dee4d b0fb0e4e；常量 $T_j = 79\text{cc}4519, 0 \leqslant j \leqslant 15$，$T_j = 7\text{a}879\text{d}8\text{a}, 16 \leqslant j \leqslant 63$。

256 比特长的链接值分为 8 个 32 位的字，字的存储采用大端方式（高位在左，高位字节放在寄存器的低地址）。

算法利用两个布尔函数（其中 X、Y 和 Z 是字）：

$$FF_j(X,Y,Z) = \begin{cases} X \oplus Y \oplus Z & 0 \leqslant j \leqslant 15 \\ (X \wedge Y) \vee (X \wedge Z) \vee (X \wedge Z) & 16 \leqslant j \leqslant 63 \end{cases}$$

$$GG_j(X,Y,Z) = \begin{cases} X \oplus Y \oplus Z & 0 \leqslant j \leqslant 15 \\ (X \wedge Y) \vee (\neg X \wedge Z) & 16 \leqslant j \leqslant 63 \end{cases}$$

以及两个置换（其中 X 是字）：

$$P_0(X) = X \oplus (X <<< 9) \oplus (X <<< 17)$$

$$P_1(X) = X \oplus (X <<< 15) \oplus (X <<< 23)$$

其中，P_0 用于压缩函数；P_1 用于消息字扩展。

填充方式为：设消息长度为 l。将"1"添加到消息末尾，再添加 k 个"0"，k 是满足 $l+1+k = 448 \mod 512$ 的最小非负整数。然后添加一个 64 位比特串，它是消息长度 l 的二进制表示。

消息扩展过程是将输入消息分块分为 16 个消息字 $W_0,\cdots,W_{15}$，之后按照计算公式 $W_j = P_1(W_{j-16} \oplus W_{j-9} \oplus (W_{j-3} <<< 15)) \oplus (W_{j-13} <<< 7) \oplus W_{j-6}$，计算 W_{16} 至 W_{67}。然后按照 $W_j' = W_j \oplus W_{j+4}$，计算 W_0' 至 W_{63}'。

算法的压缩函数是将图 4-23 所示步函数迭代 64 次。

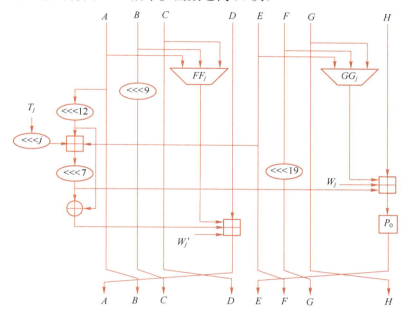

图 4-23 SM3 的步函数

2. 特点与应用

针对 SHA-1 等存在的消息字扩展方式、逻辑函数等方面的问题，SM3 进行了相应的修改。通过比较 SM3 与 SHA-1、SHA-256 的步函数，可以很直观地发现 SM3 的改进之处。SM3 加强了常数字和消息字的输入方式，改善了消息字扩展方式，并且采用 P_0、P_1 这样异或与移位复合的部件。中间过程实际相当于两个 128 比特的双管道，与 SHA-256 的链接值长度一样。

SM3 仍然采用 MD 结构，并且摘要长度是固定的。SM3 作为我国商用密码 Hash 算法标准，在抗碰撞性等方面表现良好，并且实现速度快，保持了简单运算、多次迭代的传统优点。在实现速度上，SM3 与 SHA-2 相当。

SM3 广泛用于数字签名、消息认证码、随机数生成等领域。在我国商用密码公钥算法标准 SM2、SM9 中，利用 SM3 实现消息压缩，而后进行签名与验证；在商密算法的随机数产生阶段，采用 SM3 的摘要作为输入；在建造区块链底层平台、各操作系统口令认证等应用场合，SM3 都是关键的部件。

4.4.3 针对新标准算法的攻击

1. 针对 SHA-3 的攻击

自 Keccak 算法提出以及成为 SHA-3 标准以后，对它的攻击一直在继续。攻击主要是利用置换中唯一非线性部件：χ 映射（5×5 的 S 盒）的代数次数较低、在某些输入子集（线性子空间）上是线性变换等特点，进行碰撞攻击和原像攻击。

χ 映射的代数次数是指：将输出比特表示为输入比特的多项式时，这个多项式的次数，即如果用 x_i 表示第 i 个输入比特，y_i 表示第 i 个输出比特，根据 χ 映射定义有 $y_i = x_i \oplus (x_{i+1} \oplus 1) \cdot x_{i+2} = x_i \oplus \overline{x}_{i+1} \cdot x_{i+2}, i = 0,1,2,3,4$，这是一个二次三变量多项式，因此代数次数为 2。

Keccak 的 1600 比特置换一共含 24 轮迭代，目前减少轮数的碰撞攻击只为 5 轮的攻击，原像攻击只为 4 轮且只限于理论上复杂度的减小（如从 2^{128} 减少到 2^{120} 之类）。因此这些攻击并没有对 SHA-3 造成威胁。

例 4-3 试给出 SHA-3 χ 映射的一个子线性空间。

解：

对于 χ 映射，可以发现存在一些线性子空间。例如，输入子集 {00000,00001,00100,00101} 即为一个线性子空间，对应的输出集合为 {00000,01001,00101,01100}（低位在前），二者存在线性关系：

$$y = \begin{pmatrix} 10100 \\ 01000 \\ 00100 \\ 10010 \\ 00001 \end{pmatrix} x$$

其中，x 和 y 分别表示输入、输出列向量（行向量的最右比特为列向量的最高位）。

（1）碰撞攻击

针对 Keccak 的碰撞攻击的基本思路仍然采用差分攻击，即通过寻找高概率差分路径实现碰撞，但多采用子集分析的形式，即通过追踪一个输入子集和对应输出子集的统计性质，发现高概率产生预定输出的输入子集，即产生所谓的区分器。其间利用 S 盒代数次数为 2、存在线性子空间的性质或 S 盒线性化等技术。

2012 年，I. Dinur 等针对 Keccak-224/256，利用 3 轮差分路径加 1 轮连接器（连接初始值与差分输入），实现了 4 轮碰撞攻击；2014 年，I. Dinur 等实现了针对 3 轮 Keccak-384 的碰撞攻击；2017 年，Qiao J.等改进 I. Dinur 等人的方法，采用 3 轮差分路径加 2 轮连接器实现了 5 轮 SHAKE128 碰撞攻击；2017 年，Song Ling 等采用 S 盒非完全线性化技术，实现对 Keccak-224 的 5 轮碰撞攻击。这些攻击都是计算机可以实现的攻击，但若轮数进一步增加，复杂度会变得很大。

（2）原像攻击

针对 1600 比特置换的原像攻击，类似原来的中间相遇攻击，但是采用建立零和区分器的方式。零和区分器是发现置换的一个输入集合，其输入相加为 0，同时置换输出值的和也为 0。攻击从置换的中间轮开始，向前后进行扩展。2017 年，Guo jian 等采用将 S 盒线性化的线性结构，构造了一个零和区分器，实现了 4 轮原像攻击 224/256（理论上）；2019 年，Li Ting 和 Sun Yao 采用划分方法，将一块消息划分为两块构造原像，将原来的攻击划分为两个步骤，使每步限制条件变少，从而使整体 4 轮原像攻击的复杂度变小。

针对 SHA-3 的碰撞攻击和原像攻击结果，见表 4-2。

表 4-2 针对 SHA-3 的一些攻击结果

年份	攻击类型	轮数	算法	复杂度	方法
2012	碰撞	4	224/256	可实现	差分攻击
2014	碰撞	3	384	可实现	差分攻击
2016	原像	4	224/256	理论上	线性结构+零和区分器+SAT
2017	碰撞	5	SHAKE128	可实现	2 轮连接器
2017	碰撞	5	224	可实现	非完全线性化
2019	原像	4	224/256	理论上	划分方法降低复杂度

（3）立方攻击

如果 Keccak 用于序列密码或者有密钥的 MAC 码（见 4.5.1 小节）时，此时存在针对 Sponge 结构的减少轮数的立方攻击。

2009 年，I. Dinur 和 A. Shamir 提出立方（Cube）攻击。它与高阶差分攻击和积分攻击有类似之处，但它是一种更具一般性的代数攻击（求解多变量的方程组进行攻击）。对于一个布尔函数 $f(k_0,\cdots,k_{n-1},v_0,\cdots,v_{m-1})$，其中，$k_0,\cdots,k_{n-1}$ 是秘密变量，$v_0,\cdots,v_{m-1}$ 是公开变量。设 t_I 是下标 $I=\{i_1,\cdots,i_d\}$ 的一些公开变量乘积的单项式，则该布尔函数可写为两部分：

$$f(k_0,\cdots,k_{n-1},v_0,\cdots,v_{m-1})=t_I p_{S_I}+q(k_0,\cdots,k_{n-1},v_0,\cdots,v_{m-1})$$

其中，多项式 p_{S_I} 不含 I 中对应的公开变量，而多项式 q 的项含 I 中公开变量的个数至少要比 t_I 的项少一个变量。上式也即将 f 表示为除以单项式 $t_I=v_{i_1}\cdots v_{i_d}$ 的带余除式，$(v_{i_1},\cdots,v_{i_d})$ 称为立方变量。将立方变量取遍各种 0/1 情况，代入 f 再求和（对应项系数模二加），由于求和式中 q 出现次数为偶数，未包含的立方变量中的一个或多个分别取 0 和 1 时，q 都出现且不变，所以被消去，求和结果仅剩下 p_{S_I}（立方变量都取 1 时）。这样，如果选择的立方变量比较合适，可使 p_{S_I} 为线性多项式，由此可容易地恢复一些秘密变量。

立方攻击一般分为两个阶段：离线阶段（与密钥无关的）和在线阶段（与密钥有关的）。具体实现时有多种变型，如动态立方攻击、相关立方攻击、条件立方攻击等。

2．借助人工智能的攻击技术

近年来，分组密码领域出现了利用优化技术、机器学习等手段，实现差分路径等的自动搜索，掀起了借助人工智能技术进行攻击的研究热潮。例如，采用混合整数线性规划（MILP）、可满足性求解器（SAT）等自动搜索方式，增加分组密码的攻击轮数，同时也对 Hash 函数的分析产生了影响。

可满足性（Satisfiability）问题是计算机理论中判断一个命题逻辑公式是否为真的问题，代表了一大类计算问题，是典型的 NP 完全问题。该问题也就是判断布尔函数

$f(x_1, \cdots, x_n) = 1$ 是否有解的问题（$x_i \in \{0,1\}$）。求解带约束条件的可满足性问题（CSP）的自动化工具有多种，如 MILP、约束规划（CP）、SAT 和可满足性模理论（SMT）等。

利用这些自动工具，可将发现更有效的密码攻击问题转化为在一定约束条件下求解某些关系式的优化问题。这样不仅比手工方法和一般搜索程序扩大了解的空间，还推广和重新定义了攻击模型。因此这类自动攻击在密码分析中得到了广泛应用，如用于差分/线性攻击、立方攻击、基于可分性的积分攻击、3-子集中间相遇攻击等。其应用结果一方面可以获得更多攻击轮数或更小攻击复杂度，另一方面也有助于更准确评价安全迭代轮数和算法的安全余量。

当优化算法或自动算法所处理的问题比较复杂时，一般难以在有限时间内求出问题的解。因此实际应用中需要发现适当的模型来平衡计算时间和解空间之间的矛盾。其目的是获得尽量大的解空间，而同时保持有效的计算时间。

如何建立优化模型将攻击问题转化为优化问题、如何有效地应用优化算法等，是应用这类工具进行密码算法攻击时需要解决的问题。

3. 量子计算的影响

量子计算的发展已经对密码学产生了重大影响，特别是对公钥密码所依赖的数论经典计算困难问题的有效求解，促进了后量子密码的发展。量子计算对分组密码以及 Hash 函数的影响虽然没有对公钥密码那么大，但量子并行性、纠缠性、不可克隆性和不确定性等计算性质对分组密码、Hash 函数的一些结构与算法等也产生了很重要的影响（如分组密码认证工作模式的量子攻击）。

量子计算的并行性是指由于量子计算的机理（如叠加态：一个粒子同一时间处于多个地点或状态），量子计算机可同时求出一个函数的所有输入的函数值；量子纠缠性是指各粒子之间相关性超出了经典形式的可能性。这些性质使得量子算法具有很强的优势，如 Grover 搜索算法，在无结构的空间搜索时可实现经典搜索算法的二次提速，也就是将复杂度降低为原来的平方根。这使得密码算法的 k 比特密钥，在量子计算环境下只提供 $k/2$ 比特的安全性。对 Hash 函数的抗碰撞性而言，在量子计算情况下，碰撞攻击复杂度为 $O(2^{n/3})$，而生日攻击的界为 $O(2^{n/2})$，其中 n 为摘要的长度（"O"符号见 5.1.2 小节第 2 点的说明）。

面对量子计算的威胁，研究抗量子计算的新型 Hash 函数成为 Hash 函数设计中的一个新课题。

4.5 Hash 函数的广泛应用

密码学的 Hash 函数不仅可检测数据完整性、实现消息认证，由于其压缩性、抗碰撞性、单向性以及伪随机性，使得它还有更为广泛的应用，因此 Hash 函数也被誉为密码学中的"瑞士军刀"，具有重要的实践价值。

4.5.1 消息认证码（MAC）

消息认证与身份认证是认证的两种基本形式。消息认证确认消息的来源可靠性和完整性，而身份认证是确认对方的真实身份。消息认证与身份认证在性质上有明显的不同，前者可以是非实时和不在线进行认证，如邮件的验证并不需要立刻、双方在线地进行验证；但身份认证则需要证明者和验证者双方同时在线进行，并且这次认证后，下次还需要重新认证。

消息认证的主要工具是消息认证码（MAC），它是一个带有对称密钥的算法，应用到消息上，输出一个公开的标签 tag，并将 tag 和消息一同发送给接收者；接收者收到消息和 tag 后再次对消息进行 MAC 计算，将新的 tag 与原 tag 进行比较，如果一致则可确认消息完整性。因为 MAC 是对称密钥产生的，所以只有拥有密钥的人才能产生标签并验证消息的完整性，同时实现了数据源可靠性。

Hash 函数中加入一个保密的密钥，可形成有密钥的 Hash 函数。有密钥的 Hash 函数经过处理（如结合一个伪随机函数，见图 4-24）可以形成消息认证码，其摘要就是标签。有的学者直接将有密钥的 Hash 函数定义为消息认证码。消息认证码是对称密钥实现的消息认证工具，它不一定是压缩的，而有密钥的 Hash 函数是压缩的，输入可以任意长。因此有密钥的 Hash 函数大大拓展了消息认证码的定义域。实现消息认证的其他手段（如数字签名），将在第 5 章介绍。

图 4-24 由 Hash 函数构造消息认证码

1. MAC 的构造

MAC 由三个子算法构成。

1）密钥生成：产生一个对称密钥。
2）标签生成：对于输入的消息和密钥，计算并输出一个标签。
3）标签验证：对于输入的消息、密钥和标签，验证标签的正确性，如果验证无误，则输出 1；否则输出 0（无效）。

定义 4-6（MAC 安全性） MAC 安全性定义为：在主动选择消息攻击下敌手存在性伪造 tag 的概率是微小的。所谓主动选择消息是指敌手可以自主选择消息并询问 MAC 预言得到对应的 tag；存在性伪造是敌手对未询问过的（无实际意义的）消息产生一个合法标签 tag。

一般的 MAC 定义中密钥长度是固定、有限的，消息长度是任意的，而且对 tag 的长度没有限定。如果 MAC 是利用 Hash 函数进行压缩实现的，则 tag 长度是短的和限定的。

常见的 MAC 是由分组密码、有密钥的 Hash 函数设计实现的。常见分组密码实现的 MAC 是密码分组链接模式的 CBC-MAC。

例 4-4 试述 CBC-MAC 的实现过程。

解：

这一方式可对固定长的、变长的消息进行分组链接，最终形成一个分块长度的 tag。图 4-25 是开始分块为消息长度的 CBC-MAC 的一种变型。其中第一个消息块为表示输入消息长度的串，F_k 表示密钥为 k 的分组密码。

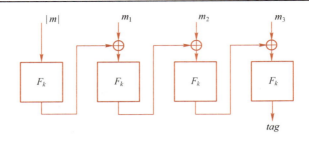

图 4-25　CBC-MAC 的示意图

ECBC-MAC 是加密的 CBC-MAC，即最后一块的分组需要采用另一个密钥进行加密。

常见的有密钥 Hash 函数构造的 MAC 有很多类型，如 NMAC 和 HMAC 等（见后面介绍）。泛 Hash 函数（UHF）是有密钥的、具有抗第二原像性的 Hash 函数。UHF 加上一个伪随机函数（PRF）可构造安全的 UHF-MAC。实际上，CBC-MAC、ECBC-MAC 可看作 UHF-MAC 的特例。4.5.2 小节中提到的 GCM 模式中采用的 MAC：Carter-Wegman MAC，也是一种有密钥 Hash 函数加上一个含随机数输入的 PRF 构成的 MAC，被称为随机化构造的 MAC。

MAC 在实际应用中需考虑重放攻击，即敌手虽然不能伪造标签，但可以截获合法标签，并冒充发送者将消息与标签再次发送给接收者。为了防止这类攻击，应采用在消息中加入序列号、时间戳和唯一数（Nonce）等措施。

2. 引入密钥可能带来的安全风险

构造 MAC 的有密钥的 Hash 函数，通常是利用无密钥的 Hash 函数实现的，也就是将无密钥的 Hash 函数加入一个对称密钥作为输入，之后再结合伪随机函数（或者直接省略此步），构成满足安全要求的 MAC。

如何在无密钥的 Hash 函数上嵌入密钥是需要谨慎考虑的。

对于消息 $x = x_1 x_2 \cdots x_t$，假设无密钥的 Hash 函数为 h，以下方法是不安全的或有安全隐患的（其中"||"表示串的级联）。

1）密钥前缀法：$h(k \| x)$。如果 h 是迭代型的，则此法是不安全的。假设 h 的压缩函数为 f，其迭代关系为 $H_0 = IV$；$H_i = f(H_{i-1}, x_i)$，$h(x) = H_t$。如果已知一个消息-MAC 对 $(x,t), t = h(k \| x)$，则可以任意选择一个消息子块 y，将 t 作为初始值，计算 $t' = f(t,y)$。此时在不知道密钥 k 的情况下，伪造了一对 $(x \| y, t), t' = h(k \| x \| y)$。即使消息采用了 MD 增强，这种方法也是不安全的。

2）密钥后缀法：$h(x \| k)$。此时存在生日攻击。假设攻击者做 $2^{n/2}$ 次 h 运算（n 为输出长度，并等于链接值长度），得到随机的一对碰撞 $h(x) = h(x')$，然后请求拥有密钥者对 x 计算 $MAC = t$，这时攻击者可以在不知道密钥 k 的情况下，伪造一对 (x',t)。而且这种方式中密钥只在最后一个消息块参与运算，因此存在安全隐患。

3）填充封装法：$h(k \| p \| x \| k)$。其中 p 是填充 k 的随机串，使 k 为一个块长度，确保 Hash 函数至少进行两次（压缩函数）迭代。例如，h 是 MD5（消息子块为 512 比特），k 为 128 比特时，p 为 384 比特的子串。这种方法比前两种安全，但也被发现存在潜在的隐患。

3. NMAC 与 HMAC

NMAC（Nested MAC）是一种嵌套型、由 Hash 函数加入密钥形成的 MAC。假设 Hash

函数采用 MD 结构，图 4-26 是 NMAC 的示意图，其中 h^s 表示压缩函数，MAC 的密钥 k_2 作为 IV；最后一次压缩的链接值为密钥 k_1，而消息块输入是上一个链接值。因此 NMAC 的 tag 即为 $H(k_1 \| H(k_2 \| m))$ 的结果。其中 H 表示用 h^s 实现的 Hash 函数。假设 h^s 是抗碰撞的，且 H 形成安全的 MAC，则 NMAC 可证明是 EUF-CMA 的（选择消息攻击下不可存在性伪造）。

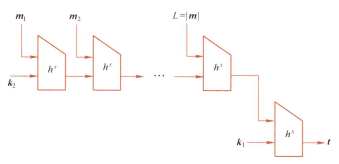

图 4-26 NMAC 的示意图

HMAC 也是由 Hash 函数加入密钥形成的 MAC，与 NMAC 不同的是：NMAC 将密钥作为 Hash 函数的初始值 IV 使用，而 HMAC 直接利用 Hash 算法规定的 IV。目前几乎每个 Internet 安全协议中都使用 HMAC。

假设 H 是由压缩函数 h^s 迭代而成的 Hash 函数，初始值为 IV、MD 结构的 HMAC 的实现过程如图 4-27 所示，其中 $ipad$ 是内部填充串（inner pad），$opad$ 是外部填充串（outer pad），k 是密钥，输出即为标签 t。

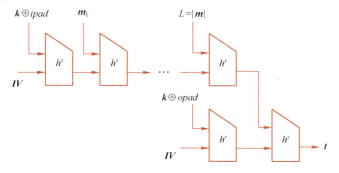

图 4-27 HMAC 的示意图

M. Bellare 等提出的可以证明安全性（前提为 H 是安全的）的 HMAC 为
$$HMAC(x) = H(k \| p_1 \| H(k \| p_2 \| m))$$
此处 H 是 Hash 函数而不是压缩函数。其中需要计算两次 Hash 函数，m 为原输入消息，p_1, p_2 皆为将 k 填充为整块（消息块长度）的常数串，级联的结果作为函数的输入消息。后改进形式为
$$HMAC(x) = H(k \oplus opad \| H(k \oplus ipad \| m))$$

其中，$ipad$ 是 64 字节（64×8=512 比特）的常数串，由重复 0x36（即 00110110）64 次得到；$opad$ 是重复 0x5c（即 01011100）64 次得到。k 需要填充若干 0 以达到 $opad$ 和 $ipad$ 的

149

长度。为了提高效率，$k \oplus opad$ 和 $k \oplus ipad$ 可预先计算。

以上是针对 MD 结构的 Hash 函数，实际上 Sponge 结构的 Hash 函数也可采取类似的方式构造 MAC。

4.5.2 认证加密

将保密性和认证性结合起来，就是所谓的认证加密（AE）。2000 年以前，已经存在一些认证加密的构造方式，如 Encrypt-then-MAC、MAC-then-Encrypt 等形式，但认证加密的定义和安全性是含混不清的。2000 年，M.Bellare 和 P. Rogaway 等提出认证加密的正式概念，人们才开始对认证加密的安全性进行深入探究，因为它并不是加密的密文不可区分性与认证的不可伪造性的简单叠加。

认证加密的重要性是毋庸置疑的，例如，分组密码的密文一旦遭到主动攻击，就会破坏完整性，从而造成解密的失败。而认证加密在加密的同时还提供密文完整性的认证，这样接收端可先检验密文完整性之后再进行解密。

以前，实际中一些安全协议，如 OpenSSL 协议中，常提供 CPA 安全的加密算法接口与一个分离的计算 MAC 的接口，允许用户自己进行任意组合。但最近的趋势是提供合为一体的认证加密接口，如 GCM（Galois Counter Mode），采用 Encrypt-then-MAC 方式，将随机计数模式加密与 Carter-Wegman MAC 结合起来。

认证加密与分组密码和 Hash 函数有着密切联系，它在分组密码领域也被称为认证加密工作模式（消息认证码被称为认证工作模式）。

1. 认证加密的安全性定义

一个加密算法记为 $\varepsilon = (E, D)$，其中 E 表示加密算法，D 表示解密算法。对于认证加密，首先，加密算法必须是 CPA-语义安全的（即选择明文攻击下密文不可区分性）；其次，需要提供密文完整性。密文完整性是指具有主动选择明文攻击能力的敌手，不能伪造合法的密文。

下面采用形式化定义的方式叙述密文完整性。这一定义所用的 Game 如图 4-28 所示。也就是说：挑战者从密钥空间 K 选择一个密钥 k；敌手 A 选择消息 $m_i, i = 1, 2, \cdots, n$，向挑战者询问密文；挑战者对 m_i 加密后，将密文 c_i 发送给敌手；最终敌手输出一个不在密文集合 $\{c_1, \cdots, c_n\}$ 中的密文 c。如果 c 是一个合法密文，则敌手获胜。密文完整性定义为此 Game 中敌手获胜的概率是微小的。密文完整性意味着安全的消息认证。

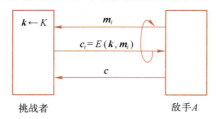

图 4-28 密文完整性的博弈过程（Game）

定义 4-7（认证加密的安全性） 认证加密的安全性即满足：①CPA-语义安全性；②密文完整性。这样定义的认证加密（AE），可证明意味着 CCA（选择密文攻击）安全性。

CCA 中敌手不仅可以询问加密预言，还可以询问解密预言，因此也是更强的攻击方式，CCA 安全性也就意味着更高的安全性。

2. 认证加密的构造方式

认证加密有两种基本构造方式，第一种是 CPA 的加密算法+MAC，称为一般复合构造方式；第二种是直接从分组密码或 PRF 构造，不需要 MAC，如 OFB 模式。第二种也叫分组密码工作模式型构造方式（不在此介绍）。

假设加密算法为 (E,D)，MAC 算法为 (S,V)，其中 S 表示生成 tag 的算法，V 表示验证算法。一般复合构造方式中有 Encrypt-then-MAC 和 MAC-then-Encrypt 两类。

Encrypt-then-MAC 方式中，首先用对称加密对消息 m 进行加密，得到密文 $c = E(k_{enc}, m)$；之后对密文 c 计算 MAC，得到标签 $tag = S(k_{mac}, c)$。认证加密的结果是密文和标签：(c, tag)。如果加密算法是 CPA 安全的、MAC 是存在性不可伪造的，则可证明这一方式是安全的。IPSec 等协议中采用这种方式。

MAC-then-Encrypt 中，首先对消息 m 计算 MAC，得到 $tag = S(k_{mac}, m)$，再对消息和标签进行加密，得到 $c = E(k_{enc}, (m, tag))$。认证加密的结果是密文 c。这一方式一般情况是不安全的。

上述两种方式构造过程如图 4-29 所示。

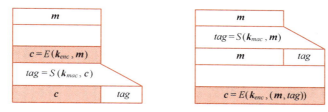

图 4-29 两种认证加密的构造方式

认证加密还有扩展类型，如 Nonce-based AE 是加密采用带有唯一数（nonce）作为输入的确定性（没有随机数加入）加/解密算法。AEAD 是带有关联数据（AD）的认证加密，其中关联数据只被保护完整性，而不必具有保密性。Nonce-based AEAD 则是带有 nonce 的 AEAD。关联数据的一个例子是网络中传输加密的数据包，数据包加密后，包头为了实现路由需要公开，只需保证其完整性。

3. CAESAR 竞赛最终入选算法

2013 年 1 月，在 NIST 支持下，由著名密码学家 Bernstein 组织开展 CAESAR（Competition for Authenticated Encryption: Security, Applicability and Robustness）的密码算法竞赛，目的是选择安全高效的认证加密算法，推动其设计与分析技术的发展。

该竞赛于 2014 年 3 月开始提交算法，有 48 个算法进入第一轮筛选，很多采用 AES 整体或部件、SHA-3 结构和置换等；2015 年 7 月，选出 29 个算法进入第二轮，其中基于分组密码的 9 个、基于 Hash 函数的 10 个、Sponge 结构的 8 个；2018 年 8 月，选出 15 个算法进入第三轮，其中 5 个调用 AES、为分组密码工作模式（如 OFB），10 个为直接设计的（分组密码型 4 个、Hash 函数型 4 个以及序列密码型 2 个）。2019 年 2 月，宣布 6 个算法入选最终算法集，具体算法见表 4-3。

表 4-3 CAESAR 竞赛最终算法集

类型	算法名称	结构	部件
轻量级	Ascon	Hash 函数+MAC	Sponge
	ACORN	序列密码+MAC	LFSR
高性能	AEGIS-128	分组密码+MAC	AES 轮函数
	OCB	工作模式型	AES
深度防御	Deoxys-II	可调句柄+工作模式	AES 部件
	COLM、AES-COPA、ELMD	工作模式型	AES

CAESAR 竞赛中参赛算法形式多种多样，反映了认证加密的发展状况，也反映出分组密码、序列密码和 Hash 函数之间的紧密联系。表 4-3 的分类从轻量级、高性能和深度防御三种来划分，是从不同使用环境对算法不同的性能需求来考量，这也反映出认证加密的广泛应用。关于这些算法的设计与分析方法也是近年来密码学研究的一个重点。

下面简述表 4-3 中的三个算法的结构特点。

1）Ascon 算法过程如图 4-30 所示，它是利用 Sponge 结构构造的轻量级算法。其过程分为四个阶段：初始阶段、关联数据、形成密文和最后产生标签阶段。其中，p^a 和 p^b 分别是 a 轮置换和 b 轮置换，K 是密钥，N 为唯一数（nonce），$A_1, \cdots, A_s$ 是关联数据，$P_1, \cdots, P_t$ 是明文块，$C_1, \cdots, C_t$ 是密文块，T 是标签。

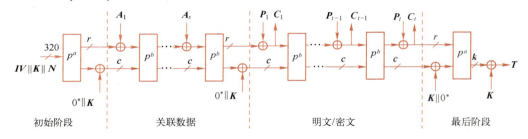

图 4-30 Ascon 算法

2）ACORN 算法由三个函数组成：从状态产生密钥流的函数、产生整体反馈比特的函数以及刷新状态的函数。状态的长度为 293 比特，这些二进制串存放到图 4-31 所示的 LFSR 中，刷新状态的函数如图 4-31 所示，其中各 LFSR 下方的数字表示起止序号和反馈位。其中 m_i 是第 i 步输入数据比特，f_i 是第 i 步整体反馈比特，二者异或后送入寄存器第 292 位。第 i 步密钥流比特 ks_i 和 f_i 为

$$ks_i = S_{i,12} \oplus S_{i,154} \oplus maj(S_{i,235}, S_{i,61}, S_{i,193})$$

$$f_i = S_{i,0} \oplus (\sim S_{i,107}) \oplus maj(S_{i,244}, S_{i,23}, S_{i,160}) \oplus ch(S_{i,230}, S_{i,111}, S_{i,66}) \oplus (ca_i \wedge S_{i,196}) \oplus (cb_i \wedge ks_i)$$

其中 $S_{i,j}$ 是第 i 步状态中的 j 比特，maj 和 ch 是两个逻辑函数，ca_i 和 cb_i 是控制比特，"$\sim$" 表示比特非，"$\wedge$" 表示比特与。ACORN 的初始值、种子密钥和关联数据都是从 m_i 端通过状态刷新进行输入，密文为输入明文比特 m_i 异或对应的 ks_i，tag 是处理完明文比特后产生的 ks_i 的 t 比特（$64 \leqslant t \leqslant 128$）。

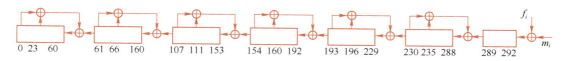

图 4-31　ACORN-128 算法轮函数

3）AEGIS-128 算法的加密过程是不断刷新 80 个字节的状态，状态刷新函数如图 4-32 所示。其中 R 是 AES 的不加轮密钥的轮函数，$S_{i,0},\cdots,S_{i,4}$ 是 80 个字节的状态比特，每一个 $S_{i,j}$ 为 128 比特（16 个字节），m_i 是输入数据分块（128 比特），w 是上一轮的最右侧的 w。该算法的初始值和密钥作为初始状态输入并进行状态刷新，关联数据在 m_i 的位置输入；密文是明文分组异或一些状态字而形成的（明文分组参与状态刷新）；标签是处理完消息后进行 7 轮迭代的状态字模二加形成的（建议长度为 128 比特）。

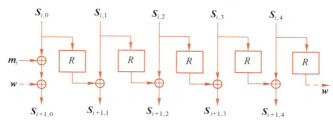

图 4-32　AEGIS-128 算法过程

4.5.3　其他应用

1. 实现数字签名

将在 5.4 节介绍的数字签名是一种功能更为强大的认证技术，它产生和消息一一对应的一串数字，称为数字签名，类似手写签名，具有不可伪造性，但任何人能验证签名的正确性。数字签名可实现消息认证，因为只能由合法签名人进行签名，修改的消息和伪造的签名都不能通过签名的验证过程。

数字签名具有很强的认证功能，是实现认证的主要工具之一。但数字签名的计算速度比对称密码慢很多（2~3 个数量级），因此在一些需要快速、简便认证方式的场合，需要利用分组密码设计技术实现的 Hash 函数及消息认证码。

Hash 函数在数字签名中的应用，是将长消息进行压缩，签名算法对摘要值进行签名。这样对很长的消息进行签名时（如很多页的文件），不必对每段消息分别进行签名。Hash 函数与签名算法结合使用，是数字签名的最常见的方式。

数字签名方案中还有用 Hash 函数形成一次性签名，再利用 Merkle 树构成可多次签名的算法，这即基于 Hash 的签名算法，可见 5.5.2 小节。

2. 实现单向函数

密码学中常常需要单向函数（即计算函数值容易，但从函数值求输入困难），如计算机操作系统中认证口令不是直接存放在系统中，而是经过一个单向函数存储输出值。这样即使暴露这些值，由于函数的单向性也不会暴露用户的口令。这一做法在访问控制、数据存储系统中被广泛使用。

Hash 函数常被用于单向函数使用。由于其输入是任意长的，所以从函数值求输入是困难的。即使输入消息较短，但 Hash 函数实现过程中一般有填充和前馈的手段，防止逆向计算。

国际密码协会在 2013 年举行了口令+Hash 函数形成方案的竞赛活动（PHC），并于 2014 年结束。目前被广泛研究的区块链技术中，也将 Hash 函数作为单向函数使用（同时检测完整性）。

3. 实现随机数发生器

密码算法或者协议中所需的随机数，常由 Hash 函数的输出值来充当。此时需要 Hash 函数具有伪随机性。另外，Hash 函数还用于构造密钥导出函数（KDF），产生具有伪随机性的密钥。

在现代密码中有一类重要的安全模型，称为随机预言模型（ROM），敌手可以访问一个称为随机预言的随机函数得到随机值，实现密码方案的可证明安全性。其中随机预言在实际中用 Hash 函数实现。此时 Hash 函数也应当具备伪随机性。

Hash 函数的输出为定长的二进制串，如 128 比特、256 比特长。实际中还常需要 Hash 函数的输出（即摘要）映射到一些特殊代数结构中，如模 p 剩余类乘法群、椭圆曲线的加法群等。此时需要对摘要值进行随机性编码，以便保持映射值的随机性质。

谈论某一个确定的数的随机性是没有意义的，因此一个数的随机性是指这个数出现的概率是均匀的，也就是这个数所在集合上存在均匀的概率分布。密码学中说一个函数是随机的，是指这个函数所在的函数集合具有均匀分布，选择这一函数的概率是等概的。密码学中说一个函数是伪随机的，是指这个函数与真随机的函数是不可区分的（区分开的概率很小）。通常做法是将函数作为一个函数集合（簇）中的元素，并将该函数在集合中的索引作为该函数的一个输入参数。例如，分组密码可形式化定义为密钥作为索引的伪随机置换。

无密钥的 Hash 函数也经常采用 Hash 函数族的形式化定义：$H: K \times M \to \{0,1\}^n$，其中 M 是消息空间，K 是密钥空间。注意此处 K 中的密钥是公开的（与有密钥的 Hash 函数的密钥不同），其作用可视为在函数族 H 中选择一个 Hash 函数的索引。4.1.2 小节介绍的三个基本安全要求都可以用这一方式进行严格的理论上的定义。

实际中，Hash 算法是固定的某一个确定性算法，可视为从函数集合中选择了一个元素的结果，初始值可视为索引。

4. 一些特殊用途

由于 Hash 函数的压缩性与抗碰撞性的特殊意义，它在密码学中占有重要地位。一些密码方案常借助特殊类型的 Hash 函数实现某些安全功能。

例如，变色龙（Chameleon）Hash 函数（又叫陷门 Hash），它在计算摘要时有一个公开密钥输入，将来利用保密的私钥（见 5.1.1 小节）可以找到碰撞。

另外还有光滑射影 Hash 函数（SPH），它有两种计算方式，其一是利用一个保密密钥可计算定义域中任意元素的 Hash 值；其二是利用一个公开的射影密钥只能计算定义域的一个子集。这一函数后来又发展为保持结构的 Hash 函数。

应用示例：计算机软件的完整性保护

由于计算机病毒、恶意代码等影响，计算机软件需要进行完整性保护，否则安装和执行时可能会带来许多不良后果。一般软件完整性保护，可分为内存保护和外存保护。外存完整性保护中最简单的做法是借助 Hash 函数。

例如：将.exe 可执行文件对应的二进制数据进行 Hash 函数计算，得到对应摘要，并记录在软件文件中。使用者使用之前再次计算.exe 文件的摘要，并与软件携带的摘要进行对比，若二者相同，则说明软件完整性未被破坏。更为安全的做法是利用可信计算环境，将软件的 Hash 值（摘要）存入计算平台的密码芯片中保护起来，使用软件时检验重新计算的 Hash 值是否正确。

小结

为了验证消息的完整性，需要使用某种数学工具给消息生成一个"指纹"，也就是给电子文档生成一个电子指纹。Hash 函数便是给消息生成电子指纹的一类数学工具，它是现代密码学的一个重要研究领域。

Hash 函数通过将任意长的消息压缩为固定长的短摘要方式生成消息的指纹，设计的 Hash 函数好不好，主要看其是否具备抗碰撞性，即不同消息不能产生同一摘要。早期的 Hash 函数设计一般采用所谓的 MD 结构，如 MD5、SHA-1、SHA-2 算法等。随着 Hash 函数攻击技术的发展，除抗碰撞性以外，Hash 函数还需具备抗原像及抗第二原像攻击的安全条件。MD5、SHA-1 等算法的设计非常成功，经受了较长时间的安全考验。然而，2004 年王小云等提出的碰撞攻击，直接导致 MD5 被攻破，也促使 NIST 于 2007 年启动 SHA-3 的评选活动，2012 年最后确定的 SHA-3 算法采用全新的 Sponge 结构，克服了 MD 结构的不足，内部置换可有效避免局部碰撞，而且函数输出长度可以任意长，使其应用场合更为广泛。2010 年 10 月，我国商用密码管理局也颁布了商用密码 Hash 标准算法 SM3，该算法在克服 MD-x 系列存在问题的基础上，仍采用简单运算的组合，保持了计算简便和速度优势。近几年，面对 SHA-3 的攻击方法不断涌现，这些攻击方法与 AI 技术的结合，给 SHA-3 的安全带来了挑战。不过，更大的挑战来自于量子计算的威胁。研究抗量子计算的新型 Hash 函数成为 Hash 函数设计中的一个新课题。

Hash 函数的运算是没有密钥的，因此由它生成的"指纹"只能用于验证消息的完整性。若要验证消息的可靠性，可用 Hash 函数构成消息认证码（MAC），这也是 Hash 函数的重要应用之一。除此以外，Hash 函数还广泛应用于数字签名、单向函数以及伪随机数发生器等领域。其中认证加密是既加密又保证密文认证性的常见密码类型。

习题

4-1　Hash 函数有哪些功能？有哪些实现方法？

4-2　Hash 函数设计的安全要求有哪些？

4-3　MD 结构有哪些特点？又面临哪些攻击？

4-4　设 p 是一个素数，$q=(p-1)/2$ 也为素数，a 是 mod p 的本原根（即 $a^{p-1} \bmod p = 1$，指数为最小的满足关系的正整数），b 是任意小于 p 的正整数。令 Hash 函数

为 $h:\{0,1,\cdots,q-1\}\times\{0,1,\cdots,q-1\}\to\{0,1,\cdots,p-1\}$，$h(x_1,x_2)=a^{x_1}b^{x_2}\bmod p$。假设 $q=11$，$p=23$，$a=5$，$b=4$，求 $(5,10)$ 的摘要值 $h(5,10)$，并尝试找到一个碰撞。

4-5　Hash 函数的一般攻击方法有哪些？

4-6　将 $\{1,2,3\}$ 上的所有置换记为 S_3。设 $\pi\in S_3$，e_π 表示 π 对长度为 3 的比特串进行的置换。如 $\pi=\{1,2,3\}\to\{3,1,2\}$，也就是 $\pi(1)=3$，$\pi(2)=1$，$\pi(3)=2$，则 $e_\pi(110)=101$。判断函数 $h_\pi(x)=e_\pi(x)\oplus x$ 的碰撞个数。

4-7　考虑函数 $h:\{0,1\}^*\to\{0,1\}^*, k\to\left\lfloor 1000\left(\dfrac{k(1+\sqrt{5})}{2}\bmod 1\right)\right\rfloor$，其中 k 是正整数，写成二进制串作为输入；正实数 r 的运算 $r\bmod 1=r-\lfloor r\rfloor$，即取小数部分；$\lfloor\ \rfloor$ 表示实数向下取整，如 $\lfloor 4.6\rfloor=4$。试判断函数值的最大长度，并发现该函数的一个碰撞。

4-8　SM3 和 SHA-3 算法的特点是什么？

4-9　试分析 Hash 算法中轮常数的作用。

4-10　在 SHA-1 中，假设输入消息为
01100000101100010011000110110010001100101
求填充后的 512 比特长的消息字（写为十六进制表示的 16 个 32 比特的字）。

4-11　Hash 函数主要应用在哪些方面？

参考文献

[1] MENEZES A, OORSCHOT P, VANSTONE S. Handbook of Applied Cryptography[M]. Boca Raton: CRC Press, 1996.

[2] WANG X, YU H. How to Breaks MD5 and Other Hash Functions[C]//Annual International Conference on the Theory and Applications of Cryptographic Techniques. Berlin，Heidelberg: Springer, 2005.

[3] BERTONI G，DAEMAN J, PEETERS M, et al. Sponge functions[C]//ECRYPT Hash Workshop. Berlin, Heidelberg: Springer, 2007.

[4] GUO J, LIU M, SONG L. Linear Structures-application to Cryptanalysis of Round-reduced Keccak[C]// International Conference on the Theory and Application of Cryptology and Information Security. Berlin, Heidelberg: Springer, 2016.

[5] LI T, SUN Y. Preimage Attacks on Round-Reduced KECCAK-224-256 via an Allocating Approach[C]// Annual International Conference on the Theory and Applications of Cryptographic Techniques. Berlin，Heidelberg: Springer, 2019.

[6] BUCHMANN J. Introduction to Cryptography[M]. 2nd Ed. Berlin: Springer, 2003.

[7] NIST. SHA-3 Standard: Permutation-Based Hash and Extendable-Output Functions: FIPS PUB 202[S]. Gaithersburg, Maryland , USA: NIST, 2015.

[8] 国家密码管理局. SM3 密码杂凑算法: GM/T 0004—2012[S]. 北京: 中国标准出版社, 2012.

[9] 吴文玲. 认证加密算法研究进展[J]. 密码学报, 2018, 5(1): 7-82.

第5章 公钥密码

公钥密码的提出是密码学发展历史中里程碑式的事件，对现代密码学的形成、完善和广泛应用产生了重大影响。本章第一节介绍公钥密码的思想；第二节介绍基于背包问题与整数分解设计的公钥加密算法；第三节介绍基于离散对数问题设计的公钥加密算法；第四节介绍数字签名；第五节介绍公钥密码算法标准；第六节简要介绍抗量子计算的后量子密码。

5.1 公钥密码的诞生

前面的章节介绍了序列密码和分组密码，这两类密码算法加/解密速度快，易于实现。它们在实际应用时有一个共同特点，就是加/解密双方使用相同的密钥，因此分组密码和序列密码统称为对称密码或单密钥密码体制。但是，这种密码体制在保密通信需求快速增长的网络信息化时代，应用范围具有很大的局限性，原因在于它需要通信双方事先建立相同的对称密钥。

5.1.1 解决对称密钥建立的问题

1. 密钥建立遇到的难题

假如某人 A 想与国外某人 B 首次进行保密通信，如图 5-1 所示，那么他们之间如何建立共享的对称密钥？

图 5-1 远地建立对称密钥

因为密钥是要绝对保密的，如果传递密钥采用邮寄或打电话等方式显然是不安全的，因为信道是公开的、不安全的。若采用传统的专人递送方式，效率很低而成本却很高，还存在安全风险。此外，随着经济社会的迅猛发展，需要进行保密通信的部门和用户数量在急剧增加。例如，一个国际化的大型跨国企业在全球有 n 个分支机构，若分支机构之间两两都需要进行保密通信，建立共享密钥的密钥量是 $\binom{n}{2} = \frac{n(n-1)}{2}$，随着 n 的增加，建立和管理这些密钥是一件十分困难的事情，这也成为制约对称密码广泛应用的一个主要"瓶颈"。

保密通信的需求在不断增加，然而由于客观条件的限制，在通信双方无法建立安全信道的条件下，如何形成通信双方之间的对称密钥成为一大难题，传统的密钥分发方式无法解决这个问题，必须寻找其他方法，这便给密码学家提出了一个非常棘手的新课题。

2. 公钥密码思想的提出

1976 年，W. Diffie 和 M. Hellman 在 *IEEE Transactions on Information Theory* 上发表了"New Directions in Cryptography"一文，提出了公钥密码的思想，为密码学带来了影响深远的重大变革。

Diffie 和 Hellman 提出的公钥密码思想是：通过某种数学方法可以为每个通信用户生成一对密钥，在这对密钥中，一个是公开的密钥 PK，简称为公钥；另一个是保密的密钥 SK，简称为私钥。在这对密钥中，PK 与 SK 是不同的，但它们之间在数学上又是相关的。所谓 PK，是指要对外公开，任何人都可以获得它并可以用它来加密信息，而要解密只能使用与它配对的 SK，才能解开密文并得到明文。换句话说，加密时使用 PK，而解密时使用 PK 是无法解密的，只能使用对应的 SK 才能解密。用户 A 拿用户 B 的公钥 PK_B 进行加密、用户 B 拿自己的私钥 SK_B 进行解密的过程如图 5-2 所示。

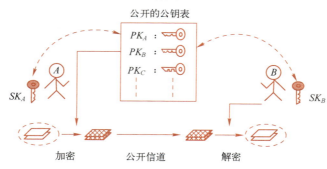

图 5-2 公钥密码加/解密过程

Diffie 和 Hellman 的公钥密码思想的安全性基于以下两个前提。

一是能够生成安全的公私钥对。公钥密码中，每个通信用户都有不同于他人的 PK 和 SK，其他任何人不能从公开的 PK 推导出 SK；但反过来，由一个 SK 可以容易地推导出 PK。满足这种关系的函数称为<u>单向函数</u>。这如同求解一个方程 $g(SK) = PK$ 是困难的，但已知 SK 后验证方程却是容易的。单向函数的反向计算（由 PK 求 SK）是一个数学困难问题，应确保计算上是不可行的。

二是只有拥有私钥的用户才能正确解密。用 PK 加密的密文，其他任何用户都无法解密，只能由拥有 SK 的用户来解密，因此公钥密码的加密过程应为这样的函数 $f(m, PK)$：已知公钥 PK，对明文 m 加密时，计算密文 $c = f(m, PK)$ 是容易的；但是，由 $f(m, PK)$ 计算 m 却是困难的，这也是一个单向函数反向计算过程。只有在已知 SK 的情况下，计算 $m = f^{-1}(c, SK)$ 才是容易的。这样的函数 f 称为<u>陷门单向函数</u>，SK 称为陷门。公钥加密思想的具体实现方案就是寻找适当的陷门单向函数。

Diffie 和 Hellman 提出的公钥密码思想是一种大胆的设想，如果这一设想能够实现，那么前面谈到的 n 个用户之间分发密钥的难题即可迎刃而解。这样，只需权威机构在网络上公布每个通信用户对应的公开密钥（每个用户的私钥自己严格保密），各个用户之间即可进行保密通信。

3. 公钥密码思想能实现吗

Diffie 和 Hellman 提出的公钥密码思想让人难以置信：加密密钥（公钥）和解密密钥

（私钥）不同，但是却可以做到：用加密密钥加密的信息，用加密密钥自身是无法解密的，只能用解密密钥解密。这是一般人所想不通的，因为在之前所学的古典密码、序列密码和分组密码中，加密密钥与解密密钥都是相同的。有句俗语"解铃还需系铃人"，怎么解铃人竟然不是系铃人呢？那么，符合公钥思想的算法能实现吗？即公钥密码算法在现实中存在吗？

下面用实例来说明现实中公钥密码算法确实存在。

假如用户 A 与用户 B 要利用某种公钥密码算法进行秘密通信，该公钥密码算法的加密过程为

$$c = m^e \bmod 22$$

其中，m 表示明文，e 代表加密密钥。

该公钥密码的解密过程为

$$e = c^d \bmod 22$$

其中，c 表示密文，d 代表解密密钥。

用户 B 选取的私钥是整数 7、公钥是整数 3，因为公钥是公开的，所以 B 可以直接将公钥 3 告诉用户 A。至此，公钥密码的加密算法和解密算法以及 B 的私钥和公钥都确定了。下面是 A 用 B 的公钥 3 加密明文 15 发送给 B，B 用自己的私钥解密密文的过程。

首先，A 使用 B 的公钥 3 加密明文 15，即计算 $15^3 \bmod 22 = 9$，结果 9 即为密文。其次，B 收到密文 9 以后，使用自己的私钥 7 计算 $9^7 \bmod 22 = 15$，结果为 15，即解密后的明文。

可以看出，虽然加密密钥与解密密钥不同，但密文确实被正确地解密了。同时，还可以通过计算证明，除了私钥 7 以外的其他密钥（小于 $\varphi(22)$，φ 是欧拉函数），包括公钥本身都无法解密密文。

上述例子中，用户 B 的公钥和私钥选取的整数都比较小。实际应用中，为了确保安全，私钥和公钥都选择很大的正整数，比如上百位甚至几百位的十进制整数，此时任何人想通过公钥推导出私钥是计算困难的，而且在不知道私钥的情况下，想从密文求解明文也是计算困难的。因为公钥密码算法的加/解密过程是一个陷门单向函数，陷门就是私钥。

由此可见，公钥密码算法在实际中是存在的，其难点在于如何找到公私钥对和相应的陷门单向函数，这些是本章后面介绍的各种公钥密码算法所要做的。这里的例子实际上是 5.2.2 小节介绍的 RSA 公钥加密过程。

5.1.2 密码学的"新方向"

1. 数论"大显身手"

Diffie 和 Hellman 提出了公钥密码思想，但他们并没有提出具体的实现方案，然而这一思想敲开了实现公钥密码的大门，从此密码学者开始从各类数学问题中寻找单向函数、构造陷门单向函数，以探索能具体实现的公钥密码算法，其中最先提出的算法就是利用数论中的背包问题、整数分解问题，后来陆续提出利用各类离散对数问题的算法，以及利用纠错码的一般译码问题、格问题等的公钥密码算法。由此，这些原本在计算复杂性理论中被认为是"没有用处"的计算困难问题，现在成为密码学用来设计密码体制的"香饽饽"。

数论中的整数分解问题是一个单向函数，它被用于构建公钥密码体制的第一个安全的

方案。例如，已知两个整数 $p=71593$ 和 $q=77041$，计算 $n=pq=5515596313$ 是容易的。但是，在不知道 p 和 q 的情况下，将 n 进行分解则是很困难的，需要猜测各个因子。这就是数论中所谓的大整数分解或整数分解问题。经过多年的研究，虽然存在多种整数分解的方法并且求解方法一直不断进步，但这一问题仍然没有有效的求解方法，因此可视为单向函数的一个实例。

再比如给定整数 g 和一个指数 x，计算 $g^x=y$ 是容易的，因为只需不断乘以 g；但是如果从 y 求 x，则需要不断猜测指数，这就是数论中的离散对数问题（因为处理的都是离散的整数）。和整数分解问题一样，多年研究表明，离散对数问题仍然没有有效的解法，因此也可视为单向函数的一个实例。

大整数分解和离散对数是现今公钥密码最常用的计算困难问题，基于它们设计的陷门单向函数，是一系列典型公钥密码算法采用的主要形式。

数论是研究整数、有理数等的性质以及方程的整数解、有理数解的学科，包含丰富的理论和方法，这些为公钥密码的设计与分析提供了良好条件。数论中求解问题的方法也称为算法，可以借助计算机来实现。另外，所处理的问题和算法都是在一定的集合中进行的，并且还具有一定运算性质（即形成代数结构）。例如，上述大整数分解问题所涉及的运算是模 n 运算，是在 $\mathbb{Z}_n$ 中进行的，其中 n 是一个合数，$\mathbb{Z}_n$ 称为模 n 剩余类环；而离散对数问题则需要进行模 p 运算，是在 $\mathbb{Z}_p$ 中进行的，其中 p 是一个素数，$\mathbb{Z}_p$ 称为模 p 剩余类域（也称模 p 素域）。

另外，公钥加密算法一般习惯上也称为公钥加密方案（Scheme），以下对"算法"和"方案"两个名词不加区分。公钥加密方案一般包括密钥生成、加密过程和解密过程，因此加密方案的"加密"一词实际含义是加/解密。

2. 坚实的计算复杂性理论基础

上面介绍单向函数时曾经说："某某计算是容易的""某某计算是困难的"，那么"容易的""困难的"的度量标准是什么？这需要从问题或算法的计算复杂性（或称计算复杂度）方面来定义和度量。

数论中有很多问题，如求两个整数的最大公因子（gcd）问题、判断一个整数是不是素数问题、整数分解问题、离散对数求解问题等。这些问题有难有易，针对这些问题形成了很多不同的求解算法。根据最优的求解问题的算法所花费的时间和存储量，也就是从时间复杂度和空间复杂度两个方面，可以定义问题和算法的难易程度。

由于计算机性能各不相同，比较在某种机器上的计算速度是没有意义的，因此（时间）计算复杂性是比较实现算法所用基本运算的数量，如加法次数、乘法次数，而且这个数量只是一种非精确的（定性的）度量。例如，算法的时间复杂度常用 $O(g(x))$ 表示，其中 O 的含义是：令 $f(x)$、$g(x)$ 为取正值的函数，如果存在正整数 c 和 C，使得对所有 $x \geqslant C$，有 $f(x) \leqslant cg(x)$，则 $f(x)=O(g(x))$。也就是说，$O(g(x))$ 表示与 $g(x)$ 相差某个常数倍的量。例如，某个算法的时间复杂度为 $O(n^3)$，这表示该算法的时间复杂度小于或等于 cn^3，c 是某个常数。

假设算法规模（如密钥长度）是 n，若算法执行时间是 n 的多项式函数，则称算法是可有效实现的，也就是计算容易的；反之，如果算法执行时间是 n 的指数函数，则称为是计算困难的。这两种复杂度随着 n 的增大,差异是十分显著的。多项式时间可求解的问题称为 P 问题,而求解困难、但已知解后容易验证正确性的问题称为 NP 问题。

这些概念和方法来自于计算机科学中的计算复杂性理论。公钥密码借助它将密码方案或算法的安全性归结为困难问题的计算复杂性,这为密码学奠定了坚实的理论基础,开辟了可证明安全性的道路。

5.2 早期提出的公钥加密算法

5.2.1 基于背包问题的公钥加密算法

为了具体实现公钥密码的思想,1978 年密码学家 R. Merkle 和 M. Hellman 设计了一个利用背包问题实现的公钥加密方案。R. Merkle 也是一个著名密码学家,他提出了采用认证树的方法设计数字签名方案等一些早期的著名密码算法,并被以后的密码算法广为采纳。

1. 何为背包问题

定义 5-1(背包问题) 背包问题就是:事先指定一个由某些整数组成的集合以及一个数,这个数是集合中一些数之和,让其他人判断这个合数是由这一集合中哪些数相加构成的。背包问题又称子集和问题,是一个经典的计算困难问题。

例如,已知 10 个整数的序列:
$$(43, 129, 215, 302, 473, 561, 697, 903, 1165, 1523)$$
和一个整数 3231,背包问题就是求:
$$3231 = 129 + 473 + 561 + 903 + 1165$$

上面这 10 个数如同 10 个大小不同的"石头",3231 这个数如同一个"背包",背包问题就是从输入整数序列里选择适当的"石头"来装满"背包"。

如果输入整数序列是一般性递增的,则背包问题是所谓的 NP 问题,也就是求解的计算复杂度是指数函数。但是如果输入的整数序列是"超递增的",则背包问题存在快速求解方法。"超递增的"序列是指:序列中每个数大于或等于前面所有数的和。

2. Merkle-Hellman 背包公钥加密

Merkle 和 Hellman 利用背包问题实现加密方案的思路是:将超递增的序列作为陷门,通过乘以一个秘密整数来掩盖这个陷门。

例 5-1 列举背包加密的小规模实例。

解:

1)密钥生成:用户 A 选择超递增序列 $K_s = (3, 11, 24, 50, 115)$ 作为私钥,选择秘密整数 $W = 113$ 和一个模数 $M = 250 > 2 \times 115$,满足 $gcd(W, M) = 1$。A 将 K_s 进行乘以 W 后模 M 的运算,得到下面的一般序列作为公钥:
$$K_p \equiv (113 \times 3, 113 \times 11, 113 \times 24, 113 \times 50, 113 \times 115) \bmod 250$$
$$= (89, 243, 212, 150, 245)$$

2)加密过程:用户 B 打算将明文 $m = (10101)$ 加密传递给 A,B 用 A 的公钥计算密文(即产生一个背包)为

$$c = m \cdot K_p = (1 \times 89 + 0 \times 243 + 1 \times 212 + 0 \times 150 + 1 \times 245) = 546$$

3）解密过程：A 收到密文 c 后，将其乘以 $W^{-1} \bmod M = 113^{-1} \bmod 250 = 177$，得到 $c' = 177 \times 546 = 142 (\bmod 250)$。这即将一般序列的背包转换为超递增序列的背包。然后利用超递增的私钥序列，判断出哪些元素之和等于 142，这是容易计算的，最终得到明文 $m = (10101)$。

上例中公钥序列的顺序还可以按从小到大顺序排列。

一般的 Merkle-Hellman 背包加密方案可总结如下。

1）密钥生成：用户 A 选择一个超递增序列 $(b_1, \cdots, b_n)$、$b_{n+1} = M$，一个整数 $W \in \mathbb{Z}_M^*$ 和一个 $\{1, \cdots, n\}$ 上的置换（换位）π；计算 $a_i = W b_{\pi(i)} \bmod M, i = 1, \cdots, n$。其公钥为 $K_p = (a_1, \cdots, a_n)$，私钥为 $K_s = (b_1, \cdots, b_n, M, W, \pi)$。

2）加密过程：对于输入消息 $m = m_1 \cdots m_n$（表示长度为 n 的二进制串），用户 B 用 A 的公钥计算密文 $c = m_1 a_1 + \cdots + m_n a_n$。

3）解密过程：用户 A 收到密文后计算 $c W^{-1} \bmod M$，求解超递增问题 $c W^{-1} \bmod M = x_1 b_1 + \cdots + x_n b_n$，对 $(x_1, \cdots, x_n)$ 进行逆置换 π^{-1}，得到 $(m_1, \cdots, m_n)$。

3*. Shamir 对背包密码的破译

1984 年，A. Shamir 采用求线性方程组的条件解的方法（格基化简）攻破了背包加密方案。Merkle-Hellman 背包加密方案的安全性并没有真正建立在背包问题上，而是建立在并不困难的特殊实例上。对于背包方案，如果发现一对整数 (u, m) 使 $u a_i \bmod m$ 是一个超递增序列，即可实现攻击。

为了说明简便，暂不考虑置换。设 $U = W^{-1} \bmod M$，由于 $a_i = W b_i \bmod M$，则存在某个数 k_i，满足 $a_i U - k_i M = b_i$。对此式两边除以 $a_i M$ 得

$$\frac{U}{M} - \frac{k_i}{a_i} = \frac{b_i}{a_i M} \geqslant 0$$

因为 b_i 是超递增序列中的数，$b_i < M / 2^{n-i}$，所以 $0 \leqslant \frac{U}{M} - \frac{k_i}{a_i} \leqslant \frac{1}{a_i 2^{n-i}}$，也就是 $\frac{U}{M}$ 与 $\frac{k_i}{a_i}$ 的差是很小的。如果 $\frac{k_1}{a_1}$ 足够接近 $\frac{U}{M}$，则可令 $(u, m) = (k_1, a_1)$。此时 $\frac{k_1}{a_1} - \frac{k_i}{a_i} = \frac{b_i}{a_i M} - \frac{b_1}{a_1 M} = \frac{a_1 b_i - a_i b_1}{a_i a_1 M}$。对于 $2 \leqslant i \leqslant n$，$|a_i k_1 - a_1 k_i| = |a_1 b_i - a_i b_1| / M < (2 M b_i / M) = 2 b_i < M / 2^{n-i-1}$。也就是说，将 a_1 作为 m，k_1 作为 u，可使 $u a_i \bmod m$ 序列非常接近一个超递增序列。

从公钥 $a_1, \cdots, a_n$ 计算满足条件的 k_1，需要借助格基化简的方法。上面序列元素的比组成的向量，可视为一种格的元素。格是 $\mathbb{R}^n$ 的一组线性无关向量（称为基）的整系数的线性组合，是一个离散的加群。其中，元素（格点）可表示为 $v = Bz$，B 是格的基向量形成的矩阵，z 是整系数向量。格不仅是设计密码的工具（如 5.6.2 小节中 NTRU 等），更是攻击（分析）密码的重要工具。格的基不是唯一的，可用格基化简技术将基向量变得较短，如 LLL 算法。很多求解小整数解的问题都可转化为格基化简问题。此处从以上关系中求解 k_1，就用到这一化简技术。具体过程见相关文献。

上述攻击中，即使考虑置换的作用也可有效地在多项式时间内攻击背包方案。

5.2.2 基于大整数分解的公钥加密算法

1. RSA 方案的提出

1978 年，几乎与 5.2.1 小节介绍的背包问题设计方案的同时，R. Rivest、A. Shamir 和 L. Adleman 提出了首个安全的实用公钥加密方案。这一结果发表在当年的"Communication of the ACM"期刊上。其后这个方案经过不断完善，被作为多个算法标准使用。

Rivest、Shamir 和 Adellmam 所提方案的思路是：选择两个大素数 p 和 q，其积为 n。方案工作在 $\mathbb{Z}_n$，所有运算都是模 n 的。对于明文 $m \in \mathbb{Z}_n$，$c = m^e \bmod n$ 是一个陷门单向函数，而且是置换（即双射），其中 e 是公钥，满足 $ed = 1 \bmod \varphi(n)$ 的 d 是陷门，即私钥。$\varphi(n)$ 称为欧拉函数，表示与 n 互素的小于 n 的整数个数，对于 $n=pq$，$\varphi(n)=(p-1)(q-1)$。

上述方案中，如果不知道 n 的分解，由 e 得到 d 是困难的，而且求解密文 $m^e \bmod n$ 的明文 m 也是困难的。只有知道私钥 d，才能从 $m^e \bmod n$ 得到 $m = (m^e)^d \bmod n$。

例 5-2 假设上述加密方法中，用户 A 选取素数 $p=11$，$q=23$，公钥 $e=3$，试求其私钥 d，并求用户 B 对明文 $m=165$ 加密得到的密文以及 A 解密的结果。

解：

1) 密钥生成：用户 A 由 $p=11$，$q=23$，计算 $n=pq=11 \times 23 = 253$，$\varphi(253)=220$。公钥 $e=3$ 与 220 互素。由扩展欧几里得算法（具体计算过程见下面的模逆算法），可求出 $d = 3^{-1} \bmod 220 = 147$，即私钥 $d=147$。

2) 加密过程：用户 B 得到 A 的公钥 $e=3$ 后，对于明文 $m=165$，计算密文为 $c = 165^3 \bmod 253 = 110$。

3) 解密过程：用户 A 收到密文后，用自己的私钥 d，计算 $m = 110^{147} \bmod 253$，得到明文 $m=165$（具体计算过程见下面的模幂算法）。

这就是著名的 RSA 公钥加密方案（或称算法）。方案依赖所谓 RSA 问题：从 $m^e \bmod n$ 求解 m。这一问题是与整数分解问题密切联系的，因此一般也称 RSA 方案是基于整数分解问题的。

RSA 加密的解密过程的正确性可验证如下。

1) 当 m 与 n 互素时，由 $ed = 1 \bmod \varphi(n)$ 得 $ed = t\varphi(n) + 1$，t 是某个整数。再根据数论中的欧拉定理 $m^{\varphi(n)} \equiv 1(\bmod n)$（$\gcd(m,n)=1$），可得 $(m^e)^d = m^{ed} \equiv m^{t\varphi(n)+1} \equiv m(\bmod n)$。

2) 当 m 与 n 不互素时，即 $\gcd(m,n) \neq 1$（$\gcd$ 表示最大公因子），则公因子不是 p 就是 q（m 小于 n），假设为 p。设 $m = cp, 1 \leq c \leq q$，则根据欧拉定理得 $m^{q-1} \equiv 1 \bmod q$。两边做 $t(p-1)$ 次方：$m^{t(q-1)(p-1)} \equiv 1 \bmod q$，即 $m^{t\varphi(n)} \equiv 1 \bmod q$。写成等式为 $m^{t\varphi(n)} = 1 + sq$（s 为某个整数），两边同乘以 m：$m^{t\varphi(n)+1} = m + msq = m + scn$，即 $m^{t\varphi(n)+1} \equiv m(\bmod n)$。

2. 具体实现方法

RSA 方案涉及数论中的三个基本运算：计算最大公因子、模逆和模幂。公钥密码方案用到的数一般很大，所以大都采用相应的快速算法。最常用的求两个整数最大公因子的算法称为欧几里得算法，也叫辗转相除法。例如，求 $\gcd(48,36)$，首先将 48 除以 36，得余数 12；再用 36 除以 12，得余数 0。最小的非零余数就是最大公因子，即 $\gcd(48,36)=12$。

计算模逆的算法是在欧几里得算法基础上进行扩展。例如，计算 $12^{-1} \bmod 67$，首先利用欧几里得算法计算最大公因子,见表 5-1,其中 r_i、q_i 分别表示余数和商。因为最大公因子为 1,也就是 12 与 67 互素,所以 12 才存在模 67 的乘法逆。根据数论中的结论,辗转相除过程中的余数都可以表示为输入两个数(67 和 12)的线性组合。表 5-1 右边列出了对应线性组合的系数,其中 s_i、t_i 分别对应 67 和 12 的系数,如 $1 = (-5) \times 67 + 28 \times 12$。对其两边模 67,得 $28 \times 12 \equiv 1 \bmod 67$,所以 $12^{-1} \bmod 67 = 28$。

表 5-1　扩展欧几里得算法

i	q_i	r_i	s_i	t_i
0		67	1	0
1	5	12	0	1
2	1	7	1	−5
3	1	5	−1	6
4	2	2	2	−11
5		1	−5	28

从辗转相除的关系可以得出 s_i、t_i 的迭代关系,对于 $i \geqslant 2$,$s_i = s_{i-2} - q_{i-1}s_{i-1}$,$t_i = t_{i-2} - q_{i-1}t_{i-1}$,如 $t_2 = 0 - 5 \times 1 = -5$;$t_5 = 6 - 2 \times (-11) = 28$。

模幂或者模指数算法中,常用的快速计算方法是平方乘算法,也就是将指数展开为二进制串,迭代计算底数的各次平方并求剩余,最终将二进制串中 1 对应的各个因子相乘。例如,例 5-2 中解密过程的 $110^{147} \bmod 253$,平方乘快速算法的过程是:将 147 展开为二进制串 $(10010011)_2$,迭代计算 110^2、110^4、…、110^{2^7},将二进制串中为 1 处的项相乘,即为模幂结果。这是因为 $110^{147} = 110^{2^7} \times 110^{2^4} \times 110^2 \times 110$。

平方乘算法根据指数二进制串中 1 的计算顺序,分为"从右到左"和"从左到右"两种。计算 $110^{147} \bmod 253$ 的"从右到左"模幂算法见表 5-2。实际中模指数快速算法还有很多其他算法,如窗口法、向量加链法等。

表 5-2　"从右到左"模幂算法计算 $110^{147} \bmod 253$

$(147)_2 = 10010011$	$x = 1$	$y = 110$
1	$x = xy = 110$	$y = y^2 = 110^2 = 209$
1	$x = xy = 110 \times 209 = 220$	$y = y^2 = 209^2 = 165$
0		$y = y^2 = 165^2 = 154$
0		$y = y^2 = 154^2 = 187$
1	$x = xy = 220 \times 187 = 154$	$y = y^2 = 187^2 = 55$
0		$y = y^2 = 55^2 = 242$
0		$y = y^2 = 242^2 = 121$
1	$x = xy = 154 \times 121 = 165$	

另外一个问题是:如何产生大素数?这需要用到数论中的素性检测算法。数论中产生一个大素数,一般是任选一个满足长度要求的整数,然后检验它是否能够满足一些素数性质(如 N 是与 a 互素的素数,则满足 $a^{N-1} \equiv 1 \bmod N$);如果能通过,则说明它是一个素数。这

类素性检测算法很多都是概率性质的算法,也就是说,通过检测的数很大概率是素数,但并不一定真是素数。数论中有很多素性检测算法,如费马算法、Miller-Rabin 算法等。

3. 与 RSA 相关的 Rabin 加密

RSA 加密是计算消息 m 的公钥 e 次方,当 $e=2$ 时,就是 Rabin 加密方案,这是 1979 年 M. Rabin 提出的公钥加密方案,其涉及数论中常见的二次剩余的概念。

定义 5-2(二次剩余) 令 p 是奇素数,a 是不被 p 整除的数,如果 a 是模 p 的一个平方,即存在 x 满足 $x^2 \equiv a \pmod{p}$,则称 a 是一个模 p 的二次剩余;反之称 a 是一个模 p 的非二次剩余。一个数是否为模 p 的二次剩余,常用 Legendre 符号判断。令 p 是个奇素数,a 的 Legendre 符号(也称二次符号)为

$$\left(\frac{a}{p}\right) = \begin{cases} 1 & a \text{ 是模} p \text{ 二次剩余} \\ -1 & a \text{ 是模} p \text{ 非二次剩余} \\ 0 & p|a \end{cases}$$

当模合数时,二次剩余符号采用 Jacobi 符号,设 $n = p_1^{e_1} p_2^{e_2} \cdots p_k^{e_k}$($n$ 不为偶数),则 a 的 Jacobi 符号定义为 $\left(\frac{a}{n}\right) = \left(\frac{a}{p_1}\right)^{e_1} \left(\frac{a}{p_2}\right)^{e_2} \cdots \left(\frac{a}{p_k}\right)^{e_k}$。

例 5-3 求 $Z_{11} = \{0,1,2,3,4,5,6,7,8,9,10\}$ 中的二次剩余和非二次剩余。

解:

$1 \equiv 10^2$,$3 \equiv 5^2$,$4 \equiv 2^2$,$5 \equiv 4^2$,$9 \equiv 3^2 \pmod{11}$,所以 1、3、4、5 和 9 是模 11 的二次剩余,记为 $\left(\frac{1}{11}\right) = 1$、$\left(\frac{3}{11}\right) = 1$ 等;而 2、6、7、8 和 10 是模 11 的非二次剩余,记为 $\left(\frac{2}{11}\right) = -1$、$\left(\frac{6}{11}\right) = -1$ 等。

Rabin 加密方案的过程如下。

1)密钥生成:用户 A 产生两个素数 p、q,满足 $p \equiv q \equiv 3 \bmod 4$,令 $n = pq$(这样的 n 被称为 Blum 数)。此时 A 的公钥为 n,私钥为 p 和 q。若 $1 < a < n$,且 $\left(\frac{a}{n}\right) = 1$,则 a 或 $n-a$ 是模 n 的平方(二次剩余)。

2)加密过程:对于明文 $m \in Z_n^*$,用户 B 计算密文为 $c = m^2 \bmod n$。

3)解密过程:对于接收到的密文 c,用户 A 计算 $m_p = c^{(p+1)/4} \bmod p$,$m_q = c^{(q+1)/4} \bmod q$,验证 $m_p^2 \equiv c \bmod p$,$m_q^2 \equiv c \bmod q$,若不成立则拒绝。利用中国剩余定理,得到 4 个可能的 $m \bmod n$,再利用冗余信息(额外添加或隐含在密文中),确定平方根的正负号。

上述解密的正确性是因为:若 c 是模 p 的二次剩余,则 $\left(\frac{c}{p}\right) = c^{\frac{p-1}{2}} \equiv 1 \bmod p$,$m_p^2 = c^{(p+1)/2} = c^{1+\frac{p-1}{2}} \equiv c \bmod p$。中国剩余定理也称为孙子定理,其结论出自我国南北朝时期的《孙子算经》,其内容可表述如下。

定义 5-3(中国剩余定理) 设 $m_1, m_2, \cdots, m_k$ 是两两互素的整数,即 $\gcd(m_i, m_j) = 1, i \neq j$。设 $a_1, a_2, \cdots, a_k$ 是任意整数。则同余系统:

$$x \equiv a_1 (\bmod m_1)$$
$$x \equiv a_2 (\bmod m_2)$$
$$\vdots$$
$$x \equiv a_k (\bmod m_k)$$

有解 $x=c$。若 $x \equiv c, x \equiv c'$，则 $c \equiv c' (\bmod m_1 \cdots m_k)$。

实际上，令 $m = m_1 \cdots m_k, n_i = m/m_i$，则 $\gcd(m_i, n_i) = 1$，有 $r_i m_i + s_i n_i = 1$。令 $e_i = s_i n_i$，则 $e_i \equiv 1 \bmod m_i$，$e_i \equiv 0 \bmod m_j (j \neq i)$。再令 $c = \sum_{i=1}^{k} a_i e_i$，则 $c \equiv a_i e_i \bmod m_i$，$c \equiv a_i \bmod m_i$，$x \equiv c$。如果 $x \equiv c, x \equiv c'$，则 $c - c' \equiv 0 \bmod m_i$，又 $\gcd(m_i, m_j) = 1, i \neq j \to c - c' \equiv 0 \bmod m$。

例 5-4 根据中国剩余定理，求解三个联立的同余方程：
$$x \equiv 2 (\bmod 3), \quad x \equiv 3 (\bmod 7), \quad x \equiv 4 (\bmod 16)$$

解：
因为 $3 \times 7 \times 16 = 336$，所以上式模 336 有解。具体求解可以采用下面的方法。

由第一个同余式得 $x = 2 + 3y$，代入第二个得 $2 + 3y \equiv 3 (\bmod 7)$，有 $3y \equiv 1 (\bmod 7)$，得到 $y \equiv 5 (\bmod 7)$，因此得到 $x = 17$。这是满足前两个同余方程的解。此解模 21 也成立，化成等式为 $x = 17 + 21z$。代入第三个同余式，$17 + 21z \equiv 4 (\bmod 16), 5z \equiv 3 (\bmod 16)$。$z \equiv (-3) \times 3 \equiv -9 \equiv 7 (\bmod 16)$，$x = 17 + 21 \times 7 = 164$，得 $x \equiv 164 \bmod (3 \times 7 \times 16) \equiv 164 (\bmod 336)$。

Rabin 加密依赖在未知 n 分解情况下求平方根问题，这一问题与分解 n 问题等价。RSA 加密发展过程中，也出现了模多个素数积、模 $p^r q$ 的种种变型。这些变型多是为了提高 RSA 类型的实现速度，但其计算困难问题都不强于 RSA 假设。

5.2.3 RSA 选择多大的数才安全

整数分解问题是数论中被长期研究的问题，被公认为是计算困难问题，目前最好的求解方法是亚指数时间的算法。实际中，RSA 加密等方案选取多大的整数才安全，取决于整数分解算法复杂度、计算机的计算能力等。另外选择什么样的素数 p、q 和公私钥也是需要考虑的重要因素。

1. 整数分解算法

整数分解问题是数论中的一个经典问题，在数论的发展过程中形成了很多求解算法。以下介绍 Pollard 的 $p-1$ 算法，并对筛法进行概述。

Pollard 的 $p-1$ 算法尽管不适合于所有的数，但对 $n = pq$ 十分有效。其算法原理是：给定 $n = pq$，设法发现一个整数 L，具有特性：$(p-1) | L, (q-1) \nmid L$。这意味着存在整数 $i, j, k \neq 0$，满足：$L = i(p-1), L = j(q-1) + k$。之后随机选择一个整数 a，计算 a^L，由费马小定理（欧拉定理的特例）可知：
$$a^L = a^{i(p-1)} = (a^{p-1})^i \equiv 1^i \equiv 1 (\bmod p)$$
$$a^L = a^{j(q-1)+k} = a^k (a^{q-1})^j \equiv a^k \cdot 1^i \equiv a^k (\bmod q)$$

指数 k 不等于 0，所以 $a^k (\bmod q)$ 不可能同余 1。因此高概率地有 $p | (a^L - 1)$，$q \nmid (a^L - 1)$。这意味着可以通过简单的 $\gcd$ 计算，找到 $p = \gcd(a^L - 1, n)$。

如何发现指数 L，使得 L 被 $p-1$ 整除，而不被 $q-1$ 整除？Pallard 指出：如果 $p-1$ 恰好是一些小素数之积（这样的数称为光滑的），则它可以整除不太大的某个 m 的阶乘 m !。对每个 $m=2,3,4,\cdots$，选择一个 a（实际上简单地选 a=2），计算 $gcd(a^{m!}-1,n)$。如果这个值为 1，继续进行下一个 m 值的计算；如果这个值为 n，则换另外的 a。如果得到 1 和 n 之间的数，就得到了 n 的分解。

Pollard p−1 分解算法步骤可总结如下。

输入：要分解的整数 n。

1）令 a=2（或其他方便的值）。

2）进行 $j=2,3,4,\cdots,T$（规定的界）的循环。

① 令 $a=a^j \bmod n$（注意这是求阶乘的迭代）。

② 计算 $d=gcd(a-1,n)$。

③ 如果 $1<d<n$，成功，返回 d。

3）j 加 1，返回到步骤 2）。

整数分解常用各种各样的筛法。筛法（Sieve Method）是古希腊产生素数列表的方法。如图 5-3 所示，从第一个素数 2 开始画方框，消去所有 2 的倍数；再框住下一个素数 3，消去所有 3 的倍数；框住 5，消去 5 的倍数；以此类推，最终被框住的数都是素数。

	2	3	4	5	6	7	8	9	10	11	12	13	14	15	16	17	18	19	20
21	22	23	24	25	26	27	28	29	30	31	32	33	34	35	36	37	38	39	40
41	42	43	44	45	46	47	48	49	50	51	52	53	54	55	56	57	58	59	60
61	62	63	64	65	66	67	68	69	70	71	72	73	74	75	76	77	78	79	80
81	82	83	84	85	86	87	88	89	90	91	92	93	94	95	96	97	98	99	

图 5-3　产生素数的筛法

如果不是消去数，而是用小素数（以及其幂次）分别除它们的倍数，那么最后得 1 的数就对应着 B−平滑数（素因子小于 B 的数）。随着数论研究的发展，筛法也形成很多种类，目前整数分解速度最快的算法即为筛法的变型。

很多整数分解方法，基本思路都是寻找一些 $a^2 \equiv b^2 \bmod n$，因 $(a-b)(a+b)=0 \bmod n$，从而得到 n 的因子。筛法是速度更快、允许稍大的 a 值、使用有效消减过程的算法，同时可以产生合适的 B-Smooth 的 $a^2(\bmod n)$ 数。二次筛是最快的分解小于 2^{350} 大小 $n=pq$ 的方法，它是同时考虑 a 的取值范围和 $a^2(\bmod n)$ 的分解的筛法；数域筛是分解规模较大数的最快方法，如分解大于 2^{450} 的数，这也是最复杂的方法。

2. 计算机的整数分解能力

整数分解不仅与分解算法有关，还与计算机的计算能力有关。计算机的计算能力随着多核、并行计算、分布计算等技术的应用得到很大提高，因此对计算困难问题的求解也有很大影响。

RSA 数据安全公司很早就发布了整数分解问题的挑战，每个挑战是一个大合数，如 RSA155 为（155 位十进制数长的合数）：

RSA155=10941738641570527421809707322040357612003732945449
205990913842131476349984288934784717997257891267332
49762575289978183379707653724402714674353159335433389 7

1999 年 8 月，由 H. Riele 领导的来自六个国家的团队，采用每秒 8000 百万条指令的计算机网络，花费 1 年的时间，得到了 RSA155 的分解：
10263959282974110577205419657399167590071656780803806680334193352179071130777×
1066034883801684548209272203600128786792079585759892915222706082371930628086433

2005 年 5 月，F. Bahr 和 M. Boehm 等人的研究组成功分解 663 比特的（挑战）数，耗时两年多（自 2003 年至 2005 年），相当于在单机 2.2GHz 的 Opteron CPU 机器上用时 55 年。2010 年，Kleinjung 和十二个联盟声称成功分解了 RSA768 挑战模数。这种分解工作仍旧在不断演进之中。

因此实用的 RSA 加密等方案需要慎重选择所用参数大小，要能抵抗当前攻击能力并考虑留有安全余量。这样使方案速度尽量快、又有足够安全性。目前最好的、经过证明的分解算法的运行时间是 $2^{O((n\log n)^{1/2})}$，RSA 加密方案的长度一般选择 3248 比特或更多比特。

长度的要求使得公钥密码相对于对称密码而言计算速度慢、效率低，一般是对称密码计算时间的几十倍甚至上百倍。因此公钥密码并不用于大量数据的加密，而只是加密少量、关键的数据，如用于传递对称密钥，这就是所谓 KEM（密钥封装机制）。

3. 参数选择与安全性

如果选择的参数不适当，或即使确定了合适的参数但由于使用方式不当，也会造成安全漏洞。比如，针对 RSA 方案有小指数攻击、公模攻击等。因此，参数的选择与算法的安全性息息相关。

采用较小的公钥 e，可使 RSA 加密速度加快，但当 e 较小时，利用 Coppersmith 算法（格方法求解方程）可攻击各类 RSA。其攻击算法复杂度仅为 $\log n$，只要方程的一个根小于 $n^{1/e}$，就可求出次数为 e 的多项式方程的模 n 的根。最简单的例子是 $e=3$ 时，如果明文小于 $n^{1/e}$（如 RSA 用于加密分组密码的密钥时），此时密文实际上没有进行模 n 运算，可以用一般整数开立方的算法进行求解。

采用较小的私钥 d，可使 RSA 解密速度加快，但当 d 比较小时，如 $d<n^{1/4}$，存在 Wiener 算法可恢复私钥。其思路大致如下：设 $n=pq, p<q<2p$，RSA 的公私钥满足 $ed=1+k\varphi(n)$。因为 $e<\varphi(n)$，所以 $k<d$。又因为 $\varphi(n)=(p-1)(q-1)=n+1-(p+q)$，$\sqrt{n} \leqslant p+q<3\sqrt{n}$，令 $u=p+q-1$，$\varphi(n)=n-u$，所以 $0 \leqslant u \leqslant 3\sqrt{n}$，因此 $-ed+kn=(-1+ku)<3k\sqrt{n}$。当 $d<\sqrt{n}/3$ 时，$-ed+kn<n$，则利用扩展欧几里得算法，可尝试求得 e 的系数 d。利用 LLL 格基化简算法还可以进一步提高 d 的界限。

如果两个实现方案中使用相同模数，则会产生共模攻击，即如果 $gcd(e_1,e_2)=1$，则有关系 $r_1e_1+r_2e_2=1$。若对同一明文 m 加密的两个密文为 $c_1=m^{e_1} \bmod n$ 和 $c_2=m^{e_2} \bmod n$，则可破解方案，得到明文 $c_1^{r_1}c_2^{r_2}=m^{r_1e_1}m^{r_2e_2}=m^{r_1e_1+r_2e_2} \equiv m \bmod n$。

另外，由于 RSA 加密是确定性算法，即相同明文产生相同密文，这种算法存在信息泄露的风险，例如，电子投票系统中若用 RSA 加密选票（将候选人的姓名作为明文），则很容易让他人判断出选票内容。为此，RSA 加密一般采用在明文后添加一定长度的随机数的方式（即 padding），形成所谓的 OAEP（优化的非对称加密填充），使方案由确定算法转变为概率算法。这样改造后还可以使 RSA 防止很多种攻击，实现可证明安全性，但会使方案的实现效率有所下降。

4. 可证明安全性

公钥密码的一个显著特点是具有可证明安全性，也就是可将算法的安全性规约（即推导）为所依赖的计算困难问题上。为此首先需要定义什么是安全性，也就是确立安全模型，这一般通过敌手攻击能力和破坏程度两方面进行形式化表述。多项式时间内，敌手可以得到一些明文-密文对条件，被表示为访问加/解密预言（只给结果，不暴露私钥）的能力。如果敌手仅能访问这类预言，则安全模型称为标准模型。如果敌手还可以访问一个产生随机数的随机预言（实际中由 Hash 函数实现），则安全模型称为随机预言模型（ROM）。

对于加密方案，敌手的破坏程度可有完全攻破、部分攻破、泄露某些信息（如可区分两个密文对应的明文）等。敌手攻击能力也可分为唯密文攻击、已知明文攻击、选择明文攻击（CPA）、选择密文攻击（CCA-1）和主动选择密文攻击（CCA-2，简记为 CCA）。对于公钥加密，任何人都可得到公钥并对某些明文进行加密，CPA 是任何敌手都具备的能力，因此需要考虑 CCA-1 或 CCA，此时敌手不仅能访问加密预言，还能访问解密预言。

公钥加密方案的安全性定义为：在 CCA 攻击下具有密文不可区分性（IND），简写为 IND-CCA。方案的安全性证明，就是将 CCA 攻击下区分密文的过程表述为敌手和挑战者之间的 Game，之后证明敌手赢得 Game 的概率是很小的，或者如果敌手能赢得 Game，则挑战者可以求解所依赖的困难问题。

填充后的 OAEP-RSA 加密方案在 ROM 模型下被证明是 IND-CCA 的。

5.3 基于离散对数问题的公钥加密算法

5.3.1 ElGamal 提出的解决方案

自 RSA 算法提出以来，人们一直尝试采用其他计算问题实现公钥加密。1985 年，T. ElGamal 提出了利用乘法群中离散对数困难问题实现加密的方案。离散对数问题和整数分解问题一样，是数论中常见的计算困难问题。

1. 离散对数问题

T. ElGamal 方案中离散对数问题工作在乘法群 $\mathbb{Z}_p^* = \{1, 2, \cdots, p-1\}$ 中，其中 p 是一个大素数，乘法都是模 p 的运算。这个群还是一个**循环群**，即其中元素都可表示为某个元素 g 的不同幂次 $g^i \bmod p$（$1 \leq i \leq p-1$）。

定义 5-4（群元素的阶） 满足 $g^m = 1$ 的最小正整数 m，称为 g 在群中的阶，记为 $ord(g)$。一个有限群的元素个数称为该群的阶。

例 5-5 求 $\mathbb{Z}_7^* = (1, 2, 3, 4, 5, 6)$ 中各元素的阶数。

解：

$1^1 = 1$

$2^1 = 2, \quad 2^2 = 4, \quad 2^3 = 1$

$3^1 = 3, \quad 3^2 = 2, \quad 3^3 = 2 \times 3 = 6, \quad 3^4 = 4, \quad 3^5 = 5, \quad 3^6 = 5 \times 3 = 1$

$4^1 = 4, \quad 4^2 = 2, \quad 4^3 = 1$

$5^1 = 5, \quad 5^2 = 4, \quad 5^3 = 4 \times 5 = 6, \quad 5^4 = 2, \quad 5^5 = 3, \quad 5^6 = 3 \times 5 = 1$

$6^1 = 6, \quad 6^2 = 1$

因此 $\mathbb{Z}_7^*$ 的阶为6，其中2和4的阶为3，3和5的阶为6。$\mathbb{Z}_7^*$ 的元素都可以用3或者5的幂次得到。因此3和5被称为生成元，$\mathbb{Z}_7^*$ 就是一个循环群。乘法群 $\mathbb{Z}_p^*$ 中的生成元也称为有限域 $\mathbb{Z}_p$ 的本原元。

令 g 是 $\mathbb{Z}_p^*$ 的一个生成元，y 是 $\mathbb{Z}_p^*$ 的一个非零元，可以表示为 $y \equiv g^x \pmod{p}$。其中的 x 称为 y 关于底 g 的离散对数，表示为 $\log_g y$。ElGamal 方案所依赖的困难问题就是在 $\mathbb{Z}_p^*$ 中从 $y = g^x$ 求解 x 的离散对数问题。

2. ElGamal 加密算法

先看一个 ElGamal 加密算法的实例。

例 5-6　选取素数 $p=19$，生成元 $g=2$，私钥 $x=10$，求公钥 y，并运用 ElGamal 加密对明文 $m=11$ 进行加/解密。

解：

1）素数 $p=19$，生成元 $g=2$。用户 A 选择私钥 $x=10$，计算 $y = g^x \bmod p = 2^{10} \bmod 19 = 17$，作为自己的公钥。

2）用户 B 打算将明文 $m=11$ 发送给 A，B 选择一个随机数 $k=7$，$0 \leqslant k \leqslant 19-2$，并计算密文：

$$c_1 = g^k \bmod p = 2^7 \bmod 19 = 14$$
$$c_2 = my^k \bmod p = 11 \times 17^7 \bmod 19 = 17$$

B 将（14,17）发送给 A。

3）对于收到的密文（14,17），用户 A 利用自己的私钥 x 计算：

$$c_2(c_1^x)^{-1} = 17 \times (14^{10})^{-1} \bmod 19 = 17 \times 4 \equiv 11 \bmod 19$$

得到明文 $m=11$。

其中用到的模幂运算 17^7、14^{10} 采用从右向左的平方乘算法，如图5-4所示。

```
7 = 111                          10 = 1010
x = 1, y = 17                    x = 1, y = 14
i = 0, x = xy = 17               i = 0, y = y² mod 19 = 6
    y = y² mod 19 = 4            i = 1, x = xy = 6
i = 1, x = xy = 11                   y = y² mod 19 = 17
    y = y² mod 19 = 16           i = 2, y = y² mod 19 = 4
x = xy = 176 mod 19 = 5          x = xy = 24 mod 19 = 5
```

图5-4　例5-6的平方乘算法过程

ElGamal 加密方案可总结如下。

1）密钥生成：选择大素数 p，$g \in \mathbb{Z}_p^*$ 是一个生成元，p 和 g 是公开的。用户 A 随机选择整数 x，$0 \leqslant x \leqslant p-2$，计算 $y = g^x \bmod p$，则 y 是公钥，x 是私钥。

2）加密过程：对于明文 $m \in \mathbb{Z}_p^*$，用户 B 秘密随机选取一个整数 k，$0 \leqslant k \leqslant p-2$，利用 A 的公钥 y 得到密文为

$$c = (g^k \bmod p,\ my^k \bmod p) = (c_1, c_2)$$

3）解密过程：用户 A 收到密文 $c=(c_1,c_2)\in\mathbb{Z}_p^*\times\mathbb{Z}_p^*$，用自己的私钥 x 解密得到明文
$$m=c_2(c_1^x)^{-1}\bmod p。$$

解密过程的正确性为
$$c_2(c_1^x)^{-1}\equiv my^k(g^{xk})^{-1}\equiv mg^{xk}(g^{-xk})\equiv m\bmod p$$

还可以从另一个角度看待 ElGamal 加密方案：用户 A 和 B 首先利用 DH 密钥协商协议建立共享密钥；加密就是用对称密钥乘以明文得到密文；解密就是从密文除以对称密钥得到明文。DH 密钥协商协议将在 6.2.2 小节介绍，这里简述如下，其过程如图 5-5 所示。

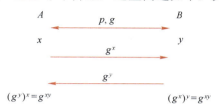

图 5-5　DH 密钥协商

用户 A 选择自己的私钥 x，计算对应的公钥 $g^x\bmod p$，并将结果发送给用户 B；同样 B 选择私钥 y，计算自己的公钥 $g^y\bmod p$，并将结果发送给 A。这样双方可以得到相同的密钥 $g^{xy}\bmod p$，可用作对称密码的共享密钥。其他人从 g^x 和 g^y 只能得到 g^{x+y}，得不到 g^{xy}，这一计算困难问题就是著名的 DH 困难问题；而从公钥 g^x 和 g^y，也不能得到私钥 x 和 y，这是离散对数困难问题。

ElGamal 加密方案可作如下解释。
1）用户 A 选择私钥 x，计算并公布公钥 $y=g^x\bmod p$。
2）用户 B 选择私钥 k，计算自己的公钥 $c_1=g^k\bmod p$。
3）用户 B 为了将消息 m 加密后发送给 A，首先从 A 的公钥 y 得到共享密钥 $y^k=g^{kx}$，用它乘以明文 m，得到密文 $c_2=mg^{kx}\bmod p\equiv my^k\bmod p$，发送给 A 的密文为 (c_1,c_2)。
4）A 收到 (c_1,c_2) 后，从 c_1 得到共享密钥 $c_1^x=g^{kx}$，再用此除以密文 c_2，得到明文 $c_2(c_1^x)^{-1}\bmod p\equiv (mg^{kx})(g^{kx})^{-1}=m$。

ElGamal 加密方案的安全性依赖于离散对数困难问题和 DH 困难问题。DH 问题和离散对数问题有密切关系，但它们之间的准确规约关系仍是不清楚的，普遍认为 DH 问题并不比离散对数问题困难，因此一般称 ElGamal 方案依赖于离散对数问题。另外，ElGamal 方案可视为概率算法，因为每次加密采用的随机数不同，使得同一明文每次加密产生不同密文。但密文长度比明文扩展了一倍。

ElGamal 方案涉及的运算仍然是模幂和模逆基本运算，可以采用 RSA 方案所涉及的快速计算方法。

5.3.2　椭圆曲线的"加盟"

1. 何为椭圆曲线

1985 年，Neal Koblitz 和 Victor Miller 独立地提出利用椭圆曲线设计密码方案的思路。

他们指出：椭圆曲线上离散对数问题比模 p 乘法群上经典离散对数问题还要困难。在同样的安全级别下，椭圆曲线的方案可以采用更短的参数，实现效率会大为提高。此后利用椭圆曲线设计实现密码方案成为一种重要手段。

椭圆曲线和二次曲线的椭圆是两个不同的概念，椭圆曲线的名称中"椭圆"的由来，是因为 Weierstrass 函数（Weierstrass 是最初研究椭圆曲线方程的数学家）沿椭圆进行积分可形成椭圆曲线方程。

定义 5-5（椭圆曲线） 有限域 $\mathbb{Z}_p$（p 为大于 3 的素数）上的椭圆曲线是由如下方程确定的曲线 E：

$$y^2 \equiv x^3 + ax + b \pmod{p}, \quad a, b \in \mathbb{Z}_p$$

其中，$4a^3 + 27b^2 \not\equiv 0 \bmod p$（保证曲线没有奇异点）。椭圆曲线上坐标都为有限域元素的点 $(x, y) \in \mathbb{Z}_p \times \mathbb{Z}_p$，加上一个无穷远点 O，构成有限加法交换群 $E(\mathbb{Z}_p)$，或简写为 E。

椭圆曲线加法群 E 中任意两点 P 和 Q 的加法（以 O 点为零元，即加法单位元），是按照以下规则定义的：在曲线平面上经过 P 和 Q 做直线，交椭圆曲线第三点 S，加法定义为 $P + Q + S = O$，即 $P + Q = -S = R$，其中 R 是 S 关于 x 轴对称的点。点加过程如图 5-6 所示，其中实线为（实数上）椭圆曲线，$P + P$ 的连线是过 P 的切线。加法群（加群）中关于 x 轴对称的点互为负元，此时两点相加为无穷远点（即零元）O，两点连线与 y 轴平行。

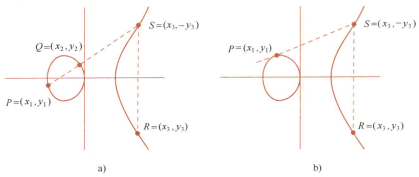

图 5-6 椭圆曲线点的加法
a) $P+Q=R$ b) $P+P=R$

将上面几何形式写成代数形式，形成**点加公式**。

对于 E 的任意点：

$$P = (x_1, y_1) \in E, \quad Q = (x_2, y_2) \in E$$

$$P + Q = \begin{cases} O & x_1 = x_2, y_1 = y_2 = 0 \\ O & x_1 = x_2, y_1 = -y_2 \neq 0 \\ (x_3, y_3) & \text{其他} \end{cases}$$

点加公式

其中，$x_3 = \lambda^2 - x_1 - x_2$，$y_3 = \lambda(x_1 - x_3) - y_1$。

$$\lambda = \begin{cases} \dfrac{y_2 - y_1}{x_2 - x_1} & P \neq Q \\ \dfrac{3x_1^2 + a}{2y_1} & P = Q \end{cases}, \quad \lambda \text{ 为直线斜率。}$$

其推导过程如下：

设 PQ 直线的方程为 $y = \lambda x + c$。

1）当 $P \neq Q$ 时，$\lambda = \dfrac{y_2 - y_1}{x_2 - x_1}$，将 $y = \lambda x + c$ 代入 $y^2 = x^3 + ax + b$，得

$$(\lambda x + c)^2 = x^3 + ax + b \rightarrow x^3 - \lambda^2 x^2 + (a - 2\lambda c)x + b - c^2 = 0$$

比较 $(x - x_1)(x - x_2)(x - x_3) = x^3 + ax^2 + bx + c$ 两边 x^2 的系数，有 $x_1 + x_2 + x_3 = -a$。因此可得：$x_1 + x_2 + x_3 = \lambda^2$，即 $x_3 = \lambda^2 - x_1 - x_2$。

又因为 $(x_3, -y_3)$ 在 PQ 直线上，$\lambda = \dfrac{-y_3 - y_1}{x_3 - x_1}$，$y_3 = \lambda(x_1 - x_3) - y_1$。

2）当 $P = Q$ 时，$y^2 = x^3 + ax + b$ 的导数为：

$2y\dfrac{dy}{dx} = 3x^2 + a \rightarrow \lambda = \dfrac{3x_1^2 + a}{2y_1}$，将 $y = \lambda x + c$ 代入 $y^2 = x^3 + ax + b$，同样得到 $x_3 = \lambda^2 - x_1 - x_2 = \lambda^2 - 2x_1$，$y_3 = \lambda(x_1 - x_3) - y_1$。

例 5-7 已知椭圆曲线：$Y^2 = X^3 + 3X + 8 \pmod{13}$，其上一点为 $G = (2,3)$，求 $2G$ 和 $3G$。

解：

则根据点加公式可得（运算都是 mod 13 的运算）：

1）$2G = (2,3) + (2,3)$，$\lambda = \dfrac{3x_1^2 + a}{2y_1} = \dfrac{2}{6} = 9$，（$6^{-1} \bmod 13 = 11$）

$$x_3 = \lambda^2 - 2x_1 = 9^2 - 2 \times 2 \equiv 12$$

$$y_3 = \lambda(x_1 - x_3) - y_1 = 9(2 - 12) - 3 \equiv 11$$

所以 $2G = (12, 11)$。

2）$3G = G + 2G = (2,3) + (12,11)$，$\lambda = \dfrac{y_2 - y_1}{x_2 - x_1} = \dfrac{8}{10} = 6$

$$x_3 = \lambda^2 - x_1 - x_2 = 6^2 - 2 - 12 \equiv 9$$

$$y_3 = \lambda(x_1 - x_3) - y_1 = 6(2 - 9) - 3 \equiv 7$$

所以 $3G = (9, 7)$。

表 5-3 给出了 $Y^2 = X^3 + 3X + 8 \pmod{13}$ 加群所有点的加法结果。

表 5-3 Z_{13} 上 E：$Y^2 = X^3 + 3X + 8$ 的加法表

和 ↘	O	(1,5)	(1,8)	(2,3)	(2,10)	(9,6)	(9,7)	(12,2)	(12,11)
O	O	(1,5)	(1,8)	(2,3)	(2,10)	(9,6)	(9,7)	(12,2)	(12,11)
(1,5)	(1,5)	(2,10)	O	(1,8)	(9,7)	(2,3)	(12,2)	(12,11)	(9,6)
(1,8)	(1,8)	O	(2,3)	(9,6)	(1,5)	(12,11)	(2,10)	(9,7)	(12,2)
(2,3)	(2,3)	(1,8)	(9,6)	(12,11)	O	(12,2)	(1,5)	(2,10)	(9,7)
(2,10)	(2,10)	(9,7)	(1,5)	O	(12,2)	(1,8)	(12,11)	(9,6)	(2,3)
(9,6)	(9,6)	(2,3)	(12,11)	(12,2)	(1,8)	(9,7)	O	(1,5)	(2,10)
(9,7)	(9,7)	(12,2)	(2,10)	(1,5)	(12,11)	O	(9,6)	(2,3)	(1,8)
(12,2)	(12,2)	(12,11)	(9,7)	(2,10)	(9,6)	(1,5)	(2,3)	(1,8)	O
(12,11)	(12,11)	(9,6)	(12,2)	(9,7)	(2,3)	(2,10)	(1,8)	O	(1,5)

椭圆曲线上的点只定义了加法运算，所以只能进行加减运算，而没有乘除运算。但点的坐标是定义在有限域 $\mathbb{Z}_p$ 上的元素，可以进行模 p 的加减乘除运算。

如何得到有限域上椭圆曲线加群的所有点？一般做法是将 x 遍取有限域所有元素，计算 $z = x^3 + ax + b$，然后再判断 z 是不是一个平方数（利用二次剩余符号）。如果是，则 $(x, \sqrt{z})$ 和 $(x, -\sqrt{z})$ 就是椭圆曲线加群的两个点。

关于椭圆曲线加群元素个数的问题，特别是不同的域（如有理数域、实数域、复数域）上的情况，是椭圆曲线理论中一个很重要的问题。椭圆曲线是数学中多分支的一个交汇点，有着十分丰富的内容，很多理论和方法在此得以试验和发展。

2．椭圆曲线上的公钥加密算法

适当选择有限域上椭圆曲线及其加群，可在较短长度的参数下取得相应安全级别的加密方案。此时可选择一个阶数（即满足 $nG = O$ 的最小正整数 n）足够大的点 G 作为生成元，使得由 G 的各整数倍得到的循环群中离散对数问题是困难的，则可将乘法群上 ElGamal 加密方案转移到椭圆曲线加群上，形成 EC-ElGamal 加密方案（Elliptic Curve，EC）。

椭圆曲线上加群的离散对数（DL）问题即：设有限域上椭圆曲线加群 E 的某个循环（子）群的生成元为 G，对于给定一个点 Q，求满足 $Q = nG$ 的 n。这一问题是加群上的计算困难问题。乘以 n 的运算 nG 也称标量乘，记为 $[n]G$。

例 5-8 已知椭圆曲线：$y^2 = x^3 + 3x + 8 (\bmod 13)$，$G=(2,3)$ 是其加群的生成元，若私钥 $x=5$，公钥 $Y = 5G = (1,8)$，随机数 $k=2$，求消息 $M=(9,7)$ 对应的 EC-ElGamal 加密后的密文。

解：

类似 ElGamal 算法，此时用公钥 Y 对消息 M 加密得到的密文为

$$C_1 = kG = 2G = (2,3) + (2,3) = (12, 11)$$

$$C_2 = M + kY = (9,7) + 2(1,8) = (9,7) + (2,3) = (1,5)$$

加群上的 EC-ElGamal 加密体制可总结如下。

1）密钥生成：用户 A 选择一个大素数 p、$\mathbb{Z}_p$ 上的椭圆曲线 E，以及生成元 $G \in E(\mathbb{Z}_p)$。A 选择私钥 x_A，计算 $Y_A = x_A G$，将 Y_A 作为公钥公布。

2）加密过程：用户 B 选择消息 $M \in E(\mathbb{Z}_p)$，选择临时密钥 k，利用 A 的公钥 Y_A 计算密文：$C_1 = kG$；$C_2 = M + kY_A$，将 (C_1, C_2) 发送给 A。

3）解密过程：用户 A 用自己的私钥计算 $M = C_2 - x_A C_1$。

解密算法的正确性：

$$C_2 - x_A C_1 = M + kY_A - x_A kG = M + kY_A - kY_A = M$$

5.3.3 离散对数的破解之道

1．求解离散对数的典型算法

与整数分解一样，数论中存在很多离散对数的求解算法，这些算法都是计算困难的（接近指数时间）。以下介绍小步-大步法和 Pohlig-Hellman 算法。

Shanks 提出的小步-大步法的思路是：为了求解 $g^x = h \bmod p$，假设 $x = i + jn, 0 \leqslant i, j \leqslant n-1$，其中 n 是一个适当选择的整数，则有 $g^i = hg^{-jn}$。设 $g \in \mathbb{Z}_p^*$ 是阶数 $N \geqslant 2$ 的元素，小步-大步法的步骤如下。

1) 令 $n = 1 + \lfloor \sqrt{N} \rfloor$，所以 $n > \sqrt{N}$。
2) 计算两个列表。

表 1：$1, g, g^2, g^3, \cdots, g^n (\bmod p)$。

表 2：$h, h \cdot g^{-n}, h \cdot g^{-2n}, \cdots, h \cdot g^{-n^2} (\bmod p)$。

3) 发现两个列表中的一个匹配，如 $g^i = h \cdot g^{-jn} (\bmod p)$。
4) $x = i + jn$ 就是 $g^x = h \bmod p$ 的一个解。

上面步骤 2) 的表 1 中乘以 g 是"小步"，表 2 中乘以 g^{-n} 是"大步"。

Pohlig-Hellman 算法是 1978 年被提出的，其求解 $g^x = h$ 的主要思想是：假设 g 的阶数是 $N = q_1^{e_1} \cdot q_2^{e_2} \cdots q_t^{e_t}$（$q_i$ 为不同的素数，e_i 为正整数，$1 \leqslant i \leqslant t$），则可先分别求出指数 $x \bmod q_i^{e_i}$，再根据中国剩余定理，得到实际的 x。

令 $g_i = g^{N/q_i^{e_i}}$，所以 g_i 的阶数为 $q_i^{e_i}$。再令 $h_i = h^{N/q_i^{e_i}}$。设 $x \equiv y_i (\bmod q_i^{e_i})$，$x$ 可以写成等式 $x = y_i + z_i q_i^{e_i}$，则 $h_i = h^{N/q_i^{e_i}} = (g^x)^{N/q_i^{e_i}} = (g^{y_i + z_i q_i^{e_i}})^{N/q_i^{e_i}} = (g^{y_i})^{N/q_i^{e_i}} g^{z_i N} = (g^{N/q_i^{e_i}})^{y_i} = g_i^{y_i}$。

Pohlig–Hellman 算法首先求解各离散对数 $h_i = g_i^{y_i}, 1 \leqslant i \leqslant t$；之后利用中国剩余定理，求解 $x \equiv y_1 (\bmod q_1^{e_1}), x \equiv y_2 (\bmod q_2^{e_2}), \cdots, x \equiv y_t (\bmod q_t^{e_t})$。

如何求解各个 y_i？可采用下面做法将模素数幂的运算转化为模素数的运算。如果 $g^x \equiv h \bmod p$ 中 g 的阶数为 q^e，则 $g^{q^{e-1}}$ 的阶数为 q。可迭代地求出 $g^x \equiv h \bmod p$ 中的 $x = x_0 + x_1 q + x_2 q^2 + \cdots + x_{e-1} q^{e-1} (0 \leqslant x_i < q)$ 的系数 x_i。

1) $h^{q^{e-1}} = (g^x)^{q^{e-1}} = g^{q^{e-1}(x_0 + x_1 q + x_2 q^2 + \cdots + x_{e-1} q^{e-1})}$
$= g^{q^{e-1} x_0} (g^{q^e})^{x_1 + x_2 q + x_3 q^2 + \cdots + x_{e-1} q^{e-2}}$
$= (g^{q^{e-1}})^{x_0}$

因为 $g^{q^{e-1}}$ 的阶数为 q，所以上式求 x_0 是模 q 的离散对数。

2) 和上面过程类似，求 x_1。将 $g^x \equiv h \bmod p$ 两边自举 q^{e-2} 次方：

$$h^{q^{e-2}} = (g^x)^{q^{e-2}} = g^{q^{e-2}(x_0 + x_1 q + x_2 q^2 + \cdots + x_{e-1} q^{e-1})}$$
$$= g^{q^{e-2} x_0} g^{q^{e-1} x_1} (g^{q^e})^{x_2 + x_3 q + x_4 q^2 + \cdots + x_{e-1} q^{e-3}}$$
$$= (g^{q^{e-2}})^{x_0} (g^{q^{e-1}})^{x_1}$$

此时已知 x_0，求 x_1 是模 q 的离散对数，即 $(g^{q^{e-1}})^{x_1} = (h \cdot g^{-x_0})^{q^{e-2}}$。

3) 以此类推，可推导出其他 x_i 的指数模 q 的表示式。

其中模 q 的离散对数问题采用其他方法（如小步-大步法）解决。

例 5-9 假设 $p = 19, g = 2, h = 5$，求 $g^x = h \bmod p$。g 的阶数是 $N = p - 1 = 2 \times 3^2$。

解：

1) 求 $x \bmod 2$。$(p-1)/2 = 9, g_1 = g^9 \equiv -1 \bmod 19$，$h_1 = h^9 \equiv 1 \bmod 19$，因此 $x \bmod 2 = 0$。
2) 求 $x \bmod 9$。因为 $(p-1)/9 = 2, g_2 = g^2 \equiv 4 \bmod 19$，$h_2 = h^2 \equiv 6 \bmod 19$。即 $4^{x \bmod 9} = $

$6 \bmod 19$。将 $x \bmod 9$ 展开为 $x = x_0 + x_1 \times 3$。计算 $g_2^3 \equiv 7 \bmod 19$，$h_2^3 \equiv 7 \bmod 19$，即 $7^{x_0 \bmod 3} \equiv 7 \bmod 19$，得 $x_0 \equiv 1 \bmod 3$；因此从 $4^{1+x_1 \times 3} \equiv 6 \bmod 19$，可得 $4^{3x_1} = (4^3)^{x_1} = 7^{x_1} = (6/4) \equiv 11 \bmod 19$，可解得 $x_1 = 2$。因此 $x \bmod 9 = 1 + 2 \times 3 = 7$。

3）由中国剩余定理求解 $x \equiv 0 \bmod 2$，$x \equiv 7 \bmod 9$，得 $x \equiv 16 \bmod 18$。

椭圆曲线上加群的离散对数问题的求解方法，可以借用针对乘法循环群的方法，但是椭圆曲线加群的离散对数问题要更困难。

2. 如何选取参数才能保障安全

数论中有一个研究结论：求解离散对数的复杂度不会小于整数分解的复杂度。因此实际中 ElGamal 加密中 $\mathbb{Z}_p^*$ 的 p 可选择与 RSA 的模数 n 等长，但椭圆曲线上循环加群的阶数会小很多。例如，在 128 比特安全级别（对应 AES-128 的安全性）时，目前 RSA 加密的 n 为 3248 比特长，ElGamal 加密的素数 p 也为 3248 比特长，而椭圆曲线上加群的阶数近似等于有限域 $\mathbb{Z}_p$ 中的 p，仅为 256 比特长。这是由于椭圆曲线加群离散对数求解复杂度是指数时间的，而整数分解与乘法群离散对数求解复杂度是亚指数（接近指数）时间的。

离散对数问题具有所谓随机自归约的特性，即每个元素的离散对数问题与整体而言的离散对数问题一样困难，例如，某一素数阶元素生成的<u>子群</u>（群的子集，也构成群），其上离散对数便具有这一性质。$\mathbb{Z}_p^*$ 是一个乘法循环群，其阶数为 $p-1$。若 $p-1$ 具有大素因子 q，则存在阶数为素数 q 的子循环群。这样的 p 称为安全素数。

实际中，在 $\mathbb{Z}_p^*$ 中按照如下方法找到一个素数阶 q 的元素：随机选取 $a \in \mathbb{Z}_p^*$，计算 $g = a^{\frac{p-1}{q}} \bmod p$，如果 g 等于 1，则重新选择 a。这样根据费马小定理：$g^q = (a^{\frac{p-1}{q}})^q = a^{p-1} \equiv 1 \bmod p$。元素 g 的各幂次生成的子群的阶数即为素数 q，g 就是其生成元。

如何选择椭圆曲线？随机选取椭圆曲线会存在某些安全隐患，如点群的阶数 $|E(\mathbb{Z}_p)| = p$ 或 $|E(\mathbb{Z}_p)|$ 整除 $p^\tau - 1$（τ 为小正整数）时，离散对数可被多项式时间求解。因此椭圆曲线常从确定的一类曲线中选择，如一些算法标准中常见的椭圆曲线 P256，它是 1999 年美国 NIST 公布的椭圆曲线列表中的 secp256r1，简称为 P256。其中素数 $p = 2^{256} - 2^{224} + 2^{192} + 2^{96} - 1$，这一特殊形式可提高模 p 运算速度。此时加群中离散对数的安全级别为 AES-128，也就是复杂度为 2^{128}。曲线方程为 $y^2 = x^3 + 3x + b$，其中 b（十六进制表示）= 5ac635d8 aa3a93e7 b3ebbd55 769886bc 651d06b0 cc53b0f6 3bce3c3e 27d2604b。

超奇异椭圆曲线（阶数为 p 的点只有无穷远点）和二元域扩展上椭圆曲线的离散对数问题是不安全的，因此加密方案不选择这两类椭圆曲线。

基于离散对数的加密方案中，在确定了循环群及生成元之后，其公私钥的选取应当保证随机选择的条件，即随机选择私钥 x，计算产生的公钥 $y = g^x$ 在循环群中也为一个随机元素。

离散对数问题实现的加密方案也应当具备可证明安全性。例如，ElGamal 加密方案是一种概率算法，在随机预言模型下被证明是 IND-CPA（即选择明文攻击下的不可区分性）的。为了获得 CCA 安全性，可采用 Fujisaki-Okamoto 变换将 CPA 安全的方案变成 CCA 安全的方案。这一变换类似于 RSA 加密填充方式，采用 Hash 函数产生随机数（消息认证码）并应用到方案中，提高其安全性。这也类似于将 CPA 安全的对称密码利用 MAC 改造为 CCA 安全的过程。

5.4 公钥密码中的数字签名

5.4.1 认证技术的主要工具

1. 数字签名恰逢其时

由于计算机网络的广泛应用，网络通信需要解决大量的访问控制、确认对方真实身份、确认接收的消息是否真实可靠等问题。这些任务需要应用密码学的认证技术来完成。随着信息技术的飞速发展和广泛应用，密码学不再局限于专门的部门和领域，而是广泛地应用于经济社会的各个方面，包括个人身份认证。因此，消息认证和身份认证的需求量非常大，任务也非常迫切。

公钥密码出现之前的密码算法，如序列密码和分组密码，主要目的是保障信息的保密性，很少涉及认证问题。之所以如此，是因为最初密码学仅应用于军事及国家少数关键部门，这些部门的通信双方的身份固定不变，一旦确认通信关系后长期不变，不需要重复地进行身份认证。因此，对称密码主要用于信息的加密。若要将其用于身份认证，只能限定在双方享有共享密钥的情形下。

例如，为了确认用户 B 的身份（具有共享密钥），用户 A 发送一个明文给 B；B 用共享密钥进行加密，将密文返回给 A；用户 A 解密得到原来的明文，证实 B 具有相同密钥。一般情况下，这一过程往往要借助一个与每个用户都分别共享不同密钥的可信第三方（TTP）来实现。但这一认证过程仍然摆脱不了对称密码的局限性和"困境"，即只有事先建立共享密钥才能进行认证。

另外，对称密码无法实现所谓的"不可否认性"，即用户不能否认自己做过的"行为"、承诺过的事情。因为双方都具有共享密钥，一方的加/解密或其他"行为"完全可由另一方来代替。此时不可否认性必须通过一个全程参与的 TTP 进行公证，这对于 TTP 而言工作量是巨大的。

数字签名可以很好地解决以上问题。公钥密码可以方便地实现数字签名，为认证技术的广泛应用奠定了坚实基础。

2. 公私钥"顺序倒过来"的妙用

1976 年，Diffie 和 Hellman 在提出公钥加密思想的同时，也提出了实现数字签名的方法。Diffie 和 Hellman 提出了先解密再加密的"单向认证"的概念，这就是数字签名的基本思路。具体来讲，签名者用自己的私钥对消息进行处理（对应"解密"过程），产生一串数字，就是其"数字签名"。其他任何人因为没有私钥，不能产生这个"数字签名"，但可用签名者的公钥验证这个"数字签名"（对应"加密"过程），由此确认消息来源的可靠性。因为签名和消息是绑定在一起的，一旦有人修改了消息，但无法同时修改签名，于是就不能通过验证，这样就能验证消息的完整性。同时，签名人不能否认自己的签名，因为只能用其公钥才能通过签名的验证。数字签名的实现过程如图 5-7 所示。

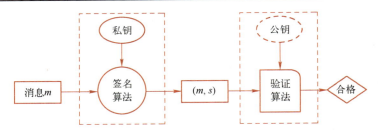

图 5-7 数字签名的实现过程

因此数字签名具有如下性质。
1）不可伪造性：没有私钥的用户不能伪造私钥拥有者的签名。
2）可验证性：任何人可以用签名者的公钥验证签名的真实性。
3）不可否认性：签名者不能否认自己的签名。

传统的手写签名在防止伪造、不可否认性上，存在很大的局限性和不确定性。而数字签名基于计算困难问题，具有坚实的理论基础，实现起来更方便可靠，用途更广、功能更强大。例如，对于数据量很大、需要耗费上百页纸张的法律文书或档案文件，利用 Hash 函数压缩后进行签名，可以有效地实现消息认证。相对于手写签名，数字签名既安全、又便利，还便于保存、管理和快速传递。

由此可见，公钥密码有两大用途，一是可用于消息加密，保障消息的保密性；二是可用于数字签名，保障消息的真实性和可靠性。实现公钥密码两大用途的基本过程可概括为16 个字：公钥加密，私钥解密；私钥签名，公钥验证。在数字签名中，私钥也被称为签名钥；公钥也被称为验证钥。

3. 数字签名促进了认证技术发展

数字签名可以实现消息认证、身份认证、不可否认性等多种功能，是认证技术的主力。公钥密码的出现和发展，使认证成为密码学领域中的"半壁江山"。从此，保密性和认证性成为密码学的两大中心任务，其中，由于对称密码具有加密速度快等优点，成为实现保密性的主要工具；而公钥密码由于公私钥便于实现数字签名的特点，成为实现认证的主要工具。

加密与认证的目的是不同的。加密是为了实现消息的保密性，即保证敌手不能从密文得到明文，明文是需要保密的对象；而认证是为了实现消息认证、身份认证和不可否认性等，消息是不需要保密的，安全要求是签名不能被伪造。

当然，实用中数字签名也存在安全隐患，就是电子版本的签名容易被复制，可能被非法使用。解决非法使用问题，可以通过指定验证者等手段限定签名的使用权限。

5.4.2 数字签名经典算法

1. RSA 签名

将 RSA 加密方案的加/解密顺序倒过来，就可形成 RSA 签名。例如，用户 A 想要对消息 m 进行签名，他用自己的私钥 d 对消息进行解密变换，也就是签名过程：$s = m^d \bmod N$，s 即是 m 的签名；用户 B 可以用 A 的公钥 e，验证签名 s 的正确性，也就是进行加密变换：$s^e \bmod N = m'$。如果 $m' = m$，则说明签名是正确的。

从上述过程可以看出：消息 m 是公开的，解密过程不是为了将 m 解密，而是为了实现其他人不能伪造的签名过程。加密过程也不是为了对 s 进行加密，而是为了验证其正确性（或称合法性）。如果是合法签名，则一定能通过验证：$s^e \bmod N = m^{ed} \bmod N = m$。

RSA 体制比较特殊，因为其加密算法和解密算法正好可以反过来使用，实现数字签名。但其他加密算法不一定能够如此。

2. ElGamal 签名

ElGamal 在提出加密方案的同时，也提出了签名方案，这就是 ElGamal 签名。此时不能采用将加/解密顺序直接倒过来的方式，因为 ElGamal 加密是 DH+对称密码形式，为了防止伪造，签名不能采用恢复共享密钥后除以密文的解密方式，而只能采取新的形式。

ElGamal 签名中，假设 g 是模 p 乘法循环群的生成元，x 是用户 A 的私钥，y 是对应的公钥。用户 A 想对消息 m 进行签名，随机选择一个正整数 $k \leq p-1$ 且与 $p-1$ 互素，计算：$s_1 = g^k \bmod p, s_2 = (m - xs_1)k^{-1} \bmod (p-1)$，消息 m 的签名为 (s_1, s_2)。

用户 B 接收到 A 的消息与签名后，为了验证签名正确性，他将消息、签名和 A 的公钥 $y = g^x \bmod p$，代入下面的验证方程，判断是否成立：

$$y^{s_1} s_1^{s_2} = g^m \bmod p$$

如果是合法签名，则总能够通过验证：

$$y^{s_1} s_1^{s_2} = y^{s_1} g^{k(m-xs_1)k^{-1}} = y^{s_1} g^m g^{-xs_1} = y^{s_1} g^m y^{-s_1} = g^m$$

ElGamal 签名也是概率算法，且签名长度是消息长度的两倍。与加密方案类似，也可将 ElGamal 签名转变为椭圆曲线加群上的 EC-ElGamal 签名。椭圆曲线上的签名同样具有参数短、安全性高的优势。ElGamal 签名经修改后，成为美国 NIST 的签名标准 DSA 以及对应的椭圆曲线版本 ECDSA（见 5.5.1 小节）。

3. Schnorr 签名

利用离散对数问题实现的数字签名中，常见的还有 Schnorr 签名，这一签名方案是由 C. Schnorr 于 1989 年提出的。这一签名采用 Hash 函数 H 将消息压缩后再签名。方案中选择 $\mathbb{Z}_p$ 中素数阶 r 的元素 g，签名人私钥为 x，$1 \leq x < r$，公钥为 $y = g^x$；签名时签名人随机选择 $0 \leq k < r$，计算 $s_0 = g^k, s_1 = H(m \| s_0), s_2 = (k + xs_1) \bmod r$（"$\|$"表示二进制串的链接），签名为 (s_1, s_2)；验证方程为 $s_1 = H(m \| g^{s_2} y^{-s_1})$。

例 5-10 选择 $p=311$，素数阶 $r=31$，阶为 r 的元素 $g=169$，签名人私钥 $x=11$，试用 Schnorr 签名算法对消息 m 进行签名并验证，假设 H 的输出为 1001。

解：

1）密钥生成：令 $p = 311, r = 31, r | (p-1)$（此处"$|$"表示 r 整除 $p-1$）。选择 $g = 169$，阶数为 r。选择私钥 $x = 11$，计算公钥为 $y = 169^{11} \equiv 47 \bmod 311$。

2）签名过程：为对消息 m 进行签名，签名人选择 $k = 20$，计算 $s_0 = 169^{20} \equiv 225 \bmod 311$，二进制表示为 11100001。将其链接在消息 m（二进制串）之后再用 H 进行压缩，假设得到输出为 $s_1 = (1001)_2$，即十进制数 9。利用私钥计算 $s_2 = 20 + 11 \times 9 \equiv 26 \bmod 31$。签名为 $(1001, 26)$。

3）验证过程：验证者利用签名者公钥、签名和 m，计算 $g^{s_2} y^{-s_1} = 169^{26} \times 47^{-9} \equiv$

$225 \bmod 311$，检查 $s_1 = H(m \| 11100001)$。

实际上，Schnorr 签名是从相应 Schnorr 身份认证协议而来的。Schnorr 身份认证协议过程如图 5-8 所示。其中，$ord(g)$表示 g 的阶数，s_0 称为承诺，s_1 称为挑战，s_2 称为应答。将图 5-8 中交互式认证协议的挑战（s_1）用 Hash 函数实现，就变成随机预言模型（ROM）下非交互的 Schnorr 签名方案。身份认证协议可见 6.4 节。

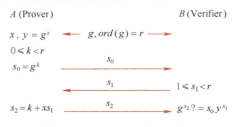

图 5-8　Schnorr 身份认证协议

5.4.3　数字签名的安全性

1. 不可伪造性

加密的安全性是不可区分性，而数字签名的安全性是不可伪造性。数字签名的安全性定义与加密方案类似，也需要从敌手的攻击能力和破坏程度两方面衡量，并将敌手攻击过程形式化地表示为 Game。若 Game 中敌手成功概率很低，或敌手成功就能得出困难问题的解，则可证明方案是安全的。

敌手对数字签名方案的攻击能力可分为唯签名攻击（仅知一对消息-签名）、已知消息攻击（知道一些消息-签名对）、选择消息攻击（攻击之前可选择）和主动选择消息攻击（CMA）。从破坏程度看可分为完全破坏、一般性伪造和存在性伪造。数字签名的安全性定义为：在 CMA 下不可存在性伪造（简写为 EUF-CMA）。

数字签名的安全模型也分为标准模型和随机预言模型（ROM）两类，ROM 中除一般签名预言外，敌手还可访问一个随机预言。实际中，这个随机预言由 Hash 函数实现，因此这类方案实现速度较快。ROM 模型下的数字签名有两类构造方式，一类是 Hash-then-Sign，如全域 Hash（FDH）方案，这类方案利用可将消息压缩映射为签名算法整个输入域的 Hash 函数来构造，实际中的 RSA 签名就是如此实现的；另一类是利用 Fiat-Shamir 变换，将身份认证协议中验证者挑战过程用 Hash 函数取代，从而形成非交互的数字签名方案，如上面Schnorr 签名就是从对应的认证协议而来的。

数字签名的构造并不需要陷门单向函数，只需单向函数，因为相对加密方案中从密文得到明文的解密过程，则签名过程并不需要陷门进行逆向计算过程，只需满足单向性（不能从签名求出私钥）。验证过程是公开的计算过程，只需公钥。因此数字签名方案所依赖的实现条件可以比公钥加密方案的更弱。但是实际中采用更强的假设（如陷门置换）可以提高方案的实现效率。

2*. 可证明安全性的一个实例

下面以使用 Hash 函数的 ElGamal 签名为例说明数字签名安全性的证明过程。这一签名的一般签名形式为：输入为签名钥 x、验证钥 $y = g^x \bmod p$ 和消息 m。输出为消息 m 的签名

(r,e,s)，其中 r 被称为承诺，$r = g^l \bmod p$，l 是一个随机正整数，满足 $\gcd(l, p-1) = 1$；$e = H(m,r), s = l^{-1}(e - xr)$。验证方程为 $y^r r^s = g^e \bmod p$。

ElGamal 签名的证明利用了承诺 r 的重放技术恢复签名钥。因为对于 ElGamal 签名，如果使用两次承诺 r，将会暴露签名钥。

定理 5-1 在 ROM 模型下，如果一个主动选择消息的敌手能够在 t 时间内，以概率 δ 成功伪造一个模为素数 p（满足存在 k 比特的素数 q，$q \mid p-1$，$(p-1)/q$ 没有素因子）的 ElGamal 签名，则存在一个模拟器 A' 能够在时间 t' 内以概率 δ' 求解模 p 的离散对数问题。其中 $t' \approx \dfrac{2(t+q_H \tau) + O(q_s k^3)}{\delta}, \delta' \approx \dfrac{1}{\sqrt{q_H}}$，$q_s, q_H$ 为签名预言和随机预言的询问次数。τ 是回答随机预言询问的时间，k 是方案的安全参数（q 的长度），k^3 表示模一个 k 比特整数的模指数运算的时间，$O(q_s k^3)$ 表示做出签名预言回答的时间。

证明：

模拟器（Simulator）随机选取一个 $y \in_R \mathbb{Z}_p^*$，试图恢复 y 的以 g 为底的离散对数，也就是恢复 x，满足 $y \equiv g^x \bmod p$。为此模拟器通过模拟一个签名预言和一个随机预言，使得敌手 A 成功伪造签名。利用伪造签名，模拟器可以求解 x。设敌手 A 伪造签名成功的概率是 δ，时间是 t，模拟器解离散对数成功的概率和时间是 δ' 和 t'（以下过程即为模拟器和敌手之间的 Game）。

1）模拟器运行 $1/\delta$ 次敌手 A 程序，敌手以概率 1 伪造一个签名。假设敌手需要询问 RO 的次数为 q_H，询问为 $(m_1, r_1), \cdots, (m_{q_H}, r_{q_H})$。模拟器相应地给出 q_H 个随机回答 $e_1, \cdots, e_{q_H}$。当敌手进行签名预言询问时，询问的只是消息 m，模拟器在不知道签名钥的条件下给出模拟的签名。对于询问 m，模拟器选择两个随机整数 $u, v < p-1$，令

$$r = g^u y^v \bmod p; \quad s = -rv^{-1} \bmod (p-1); \quad e = -ruv^{-1} \bmod (p-1)$$

模拟器返回 (r,e,s) 作为消息 m 的签名回答。这一过程实际就是存在性伪造的过程。在 ROM 下模拟的签名与真正的签名具有相同的分布，敌手 A 是计算不可分辨的。最终敌手 A 伪造一个消息-签名对 $(M, (r,e,s))$。设伪造的签名中的 r 是上述 q_H 个随机预言询问的第 i 个（以 2^{-k} 的微小概率不在 q_H 个询问之内）。

2）重新运行（Rewind）敌手 A 的程序 $1/\delta$ 次，敌手以概率 1 产生另一个伪造签名。要求敌手的 q_H 次 RO 询问与上一轮的相同（(m_i, r_i) 相同），但这次模拟器将重置（Reset）他的 q_H 个回答，且仍然遵循均匀分布（在某一次设置中，随机预言对于相同的询问总是给出相同的回答；但是如果重置 RO 以后，与上一次设置中相同的询问可能得到不同的回答）。敌手伪造一个消息-签名对 $(M', (r', e', s'))$，设其 r' 是 q_H 询问中的第 j 个询问。

3）由于生日悖论的存在，发生 $M = M', r = r'$ 的情况（成功分叉）的概率是 $1/\sqrt{q_H}$，此时 $i = j = b$（对同一个询问产生不同伪造签名的概率）。模拟器以非常微小的概率 $1/\sqrt{q_H}$，获得了两个有效的签名 (r,e,s) 和 (r,e',s')，而且（随机的）$e \neq e'$ 的概率是 $1 - 2^{-k}$。因此

$$y^r r^s = g^e \bmod p; \quad y^r r^{s'} = g^{e'} \bmod p$$

$$xr + ls = e \bmod q; \quad xr + ls' = e' \bmod q$$

$$l = \frac{e-e'}{s-s'} \bmod q$$

得到 r 的离散对数的解 l（当 $q|r$ 时则得不到解，但这一概率很小）。进一步可解得签名钥：$x = (e-ls)/r \bmod q$。因为 $(p-1)/q$ 没有大素因子，因此容易得到 $x \bmod (p-1)$。

4）总结以上，模拟器抽取离散对数成功的时间和概率为

$$t' \approx \frac{2(t+q_H\tau)+O(q_s k^3)}{\delta}, \quad \delta' \approx \frac{1}{\sqrt{q_H}}$$

5.4.4 数字签名的应用

1. 建立公钥的数字证书

数字签名的一个广泛应用是作为公钥的<u>证书</u>。因为用户的公钥都存放在一个公开文件之中，它们的认证性即数据完整性、来源可靠性和与用户身份的一致性，需要得到保证。否则敌手可以伪造公钥、冒充某一用户，其过程如图 5-9 所示。其中 e^* 是敌手伪造的公钥，d^* 是对应的私钥。

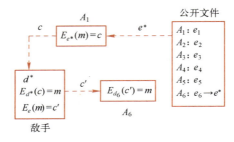

图 5-9　敌手伪造公钥实现窃听的过程

因此一般需要对公钥文件中的每个公钥都附加一个可信第三方（认证中心）所做的签名，这个签名就是所谓的公钥证书，由它来保证公钥的认证性。需要使用某个公钥的用户，首先通过证书验证公钥的合法性，这个过程就是用可信第三方的公钥（可保证安全）对用户公钥作为消息、证书作为签名的验证过程。

公钥证书一般由 **PKI**（<u>公钥基础设施</u>）中的 CA（证书权威）签发。为了更方便地实现密钥管理，1984 年，Shamir 提出基于身份的密码方案类型（IBC，也称为标识密码），其中直接将用户身份的 Hash 值作为其公钥。但由于私钥完全由可信第三方产生和秘密分发，1991 年又出现了无证书的方式（或称无标识的），其中用户私钥由可信第三方与用户合作产生。

2. 附带其他安全功能

基本的签名方案，只能完成认证的基本功能。但很多场合除了基本认证性以外，还需要各种各样附加的功能，如电子投票中需要匿名性、版权保护中需要签名的指定验证性、电子政务中需要多重签名和代理性等。为实现这些安全性质，密码学中先后出现了许多附加功能的签名，如盲签名、群签名、环签名等。

表 5-4 列出了一些常见的具有附加功能的签名类型，以及它们的功能和应用场合。实

际中还存在许多其他类型，并且随着密码学发展还会不断出现新的类型。与基本方案相比，附加功能的签名在功能上有所增加，安全定义也发生了变化，构造方式也不尽相同，但仍然需要是可证明安全性的方案。

表 5-4 附加功能的签名类型、功能和应用场合

类型	功能	应用场合
盲签名	接收者匿名性	电子现金/电子投票
群签名/环签名	签名者匿名性	电子投票/区块链
指定验证者签名	限定验证者	版权保护
门限签名	多人合作完成签名	电子商务/电子政务
代理签名	转移签名权限	电子商务/电子政务
同态签名	无私钥的签名变换	云端存储/隐私计算
属性签名	限定签名者	区块链/隐私计算等
结构保持的签名	限定签名	大数据等

签名还经常与加密结合起来使用，如签密、公钥密码实现的认证加密、可搜索加密等，可完成保密性与认证性以及其他性质复合起来的安全功能。这一方面反映出签名方案的多样性，另一方面也反映了应用领域中安全问题的多样性和广泛性。实际中移动通信、云端计算、区块链、大数据、物联网等领域，常需要解决一些特定场景下的安全问题，这也不断地为密码学提出新的课题。

3. 椭圆曲线上双线性对的应用

椭圆曲线上的两个加群到一个乘法群的双线性映射，也称为双线性对，由于其结构特性，可方便地实现多种附加功能的签名方案以及其他方案。

定义 5-6（双线性对） 双线性对（Bilinear Pairing 或 Pairing）是这样的一个映射 $e: G_1 \times G_2 \to G_T$，$(P,Q) \mapsto e(P,Q)$（其中 G_1、G_2、G_T 是三个阶数相同的群，并假设 G_1、G_2 为加群，G_T 为乘法群），满足以下条件。

（1）双线性

$$e(P_1+P_2,Q) = e(P_1,Q)e(P_2,Q), e(P,Q_1+Q_2) = e(P,Q_1)e(P,Q_2)$$

（2）非退化

$$e(P,Q) \neq 1;\ (e(P,P)=1,\ e(P,Q)=e(Q,P)^{-1})$$

（3）可有效计算

计算 $e(P,Q)$ 是容易实现的，但反向计算是困难的。

最基本的椭圆曲线上双线性对是 Weil 对 $e_m: E(k)[m] \times E(k)[m] \to \mu_m$，其中 $E(k)[m]$ 表示定义在域 k 上曲线 E 中阶数为 m 的点群，μ_m 表示 m 次单位根构成的乘法群。实际中常使用可快速计算的双线性对，如"pairing 友好"的椭圆曲线上简化 Tate 对、优化 Ate 对等。

2000 年，A. Joux 提出了利用双线性对实现的三方密钥协商协议，其中三方的私钥分别为整数 a、b、c，发布各自的公钥为 aP、bP、cP（其中 P 是 G_1 的生成元，$G_1=G_2$），共享的秘密为 $e(bP,cP)^a = e(aP,cP)^b = e(aP,bP)^c = e(P,P)^{abc}$。

2004 年，D. Boneh 等提出了 BLS 短签名，借助双线性对的性质，可将签名长度进一步缩小。例如，在 128 比特安全级别时，RSA 签名的长度为 3248 比特，ECDSA 签名的长度为 512 比特，但 BLS 签名长度可为 256 比特。

BLS 短签名的过程（其中 P 是 G_1 的生成元，$G_1 = G_2$）如下。

1）密钥建立：签名者选择私钥 x，计算公钥 $Y = xP$。

2）签名过程：签名者用私钥乘以消息 m 的 Hash 值（Hash 函数 H 的输出需映射为加群的点），得到签名 $S = xH(m)$。

3）验证过程：验证者验证等式 $e(S, P) = e(H(m), Y)$。

根据 BLS 短签名，可以构造多重签名、门限签名等。

利用双线性对实现的密码方案，除了依赖每个群上离散对数困难性假设以外，还依赖双线性对的一些计算困难问题，如从 $(P, aP, bP, cP), a, b, c \in \mathbb{Z}_p^*$，求解 $e(P, P)^{abc}$ 的困难性。

双线性对的计算速度是影响这类方案实现性能的主要因素，目前最快的 BN 曲线上优化 Ate 对的计算速度约为 0.6ms（采用指令集），大致与模逆的速度相当。实际中为了防止侧信道攻击（利用计算机能量辐射泄露的信息等），常要求算法计算步骤是定长时间的，这样可使敌手从能量辐射上分辨不出具体是哪种运算，因此双线性对实现的密码方案（包括其他公钥密码）还需要考虑定时实现问题。

5.5 公钥密码算法标准

5.5.1 美国 NIST 公钥密码标准

1994 年，美国 NIST 发布美国联邦信息处理标准（FIPS）FIPS 186，确定数字签名标准 DSA；1998 年，NIST 发布 FIPS 186-1，加入了 RSA 数字签名（在 ANSI X9.31 文件中规定）；2000 年发布 FIPS 186-2，加入了 ECDSA（此前为 1999 年 ANSI X9.62 标准）；2009 年发布 FIPS 186-3，增加了 DSA 允许的密钥长度，提供了使用 ECDSA 和 RSA 附加的需求，替换了原来版本中随机数发生器的说明文件；2013 年发布的 FIPS 186-4 减少了随机数发生器的使用限制和生成素数的种子的使用限制，并与 PKCS#1 标准看齐，推荐了不同安全级别的椭圆曲线。

2016 年 NIST 根据发展的情况，考虑修订 FIPS 186-4，2019 年制定了 FIPS 186-5 草案，对以前版本进行了修订，例如，用 SHA-3 取代原来的 Hash 算法、不再继续使用 DSA、增加 RSA 的规模、增加确定性算法（随机数是输入消息的函数）等。并且为了与工业标准相衔接，增加了 EdDSA 确定性椭圆曲线签名方案（原为 RFC6979 规定的算法），为此增加两个新椭圆曲线 Ed25519 和 Ed448（均为 Edwards 坐标形式的椭圆曲线）。

这些标准详细规定了系统参数产生与验证、密钥对的产生与验证、随机数的产生与验证、数据转换、签名算法、验证算法等过程。

以下对 FIPS 186-4 规定的算法进行介绍。其中 RSA 签名有三种规模：1024 比特、2048 比特和 3072 比特（n 的长度），其算法过程见 5.4.2 小节。DSA 有 4 种规模，见表 5-5。

表 5-5 DSA 的规模

	p 的长度	q 的长度
1	1024	160
2	2048	224
3	2048	256
4	3072	256

ECDSA 有 5 种规模，见表 5-6，其中 n 是循环群的阶数，有限域有两种形式：F_p 和 F_{2^m}（F 表示有限域，下标表示有限域的元素个数）。

表 5-6 ECDSA 的规模

	n 的长度	p 的长度	m 的大小
1	161～223	192	$m=163$
2	224～255	224	$m=263$
3	256～383	256	$m=283$
4	384～511	384	$m=409$
5	≥512	512	$m=571$

1．DSA 算法

（1）系统参数（以第 1 种规模为例）

1）选择一个 160 比特长的素数 q 和一个 1024 比特长的素数 p，满足 $q|(p-1)$。

2）选择阶数为 q 的循环群的生成元：选择 $h \in \mathbb{Z}_p^*$，计算 $g = h^{(p-1)/q} \bmod p$，如果 $g=1$ 则重新选择 h。

3）系统参数为 $\{p, q, g\}$。

（2）密钥生成

1）选择随机或伪随机整数 x，$1 \leqslant x \leqslant q-1$。

2）计算 $y = g^x \bmod p$。

3）签名者 A 的公钥为 y，私钥为 x。

（3）A 对消息 m 的签名过程

1）选择随机或伪随机整数 k，$1 \leqslant k \leqslant q-1$。

2）计算 $X = g^k \bmod p$，$r = X \bmod q$。若 $r=0$，返回步骤 1）。

3）计算 $k^{-1} \bmod q$。

4）计算 $e = \text{SHA} - 1(m)$（后改为从 Hash 函数的摘要最左端选择一定长度的比特串，并转换为整数）。

5）计算 $s = k^{-1}(e+xr) \bmod q$，若 $s=0$ 则返回步骤 1）。

6）A 对消息 m 的签名为 (r, s)。

（4）对于消息 m、签名 (r, s) 和公钥 y 的验证过程

1）验证 r 和 s 在区间 $[1, q-1]$ 之内。

2）计算 $e = \text{SHA} - 1(m)$（后改为从 Hash 函数的摘要最左端选择一定长度的比特串，并转换为整数）。

3）计算 $w = s^{-1} \bmod q$。

4）计算 $u_1 = ew \bmod q$ 和 $u_2 = rw \bmod q$。

5）计算 $X = g^{u_1} y^{u_2} \bmod p$ 和 $v = X \bmod q$。

6）当且仅当 $v = r$，接受签名。

验证过程的正确性

$$X = g^{u_1} y^{u_2} \bmod p = g^{u_1} g^{xu_2} = g^{u_1 + xu_2} = g^{(e+xr)w} = g^k \equiv r \bmod q$$

2．ECDSA 算法

（1）系统参数（Domain Parameters）

生成 $D = (q, FR, a, b, G, n, h)$，其中 $q = p$ 或 $q = 2^m$，FR 是有限域的表示方式，(a, b) 是椭圆曲线方程的系数，G 是循环加群的生成元（即基点），n 是 G 的阶数，h 是余因子（等于椭圆曲线点的总数除以 n）。使用前需验证参数的有效性（公钥也需如此）。

（2）密钥生成

生成签名者 A 的公钥为 $Q = [d]G$（[ ]表示标量乘），私钥为 d。

（3）A 对消息 m 的签名过程

1）选择随机或伪随机整数 k，$1 \le k \le n-1$。

2）计算 $[k]G = (x_1, y_1)$，将 x_1 转换为整数 $\overline{x_1}$。

3）计算 $r = \overline{x_1} \bmod n$，如果 $r=0$，返回步骤 1）。

4）计算 $k^{-1} \bmod n$。

5）计算 SHA-1(m)，将其转换为整数 e（后改为其他 Hash 函数）。

6）计算 $s = k^{-1}(e + dr) \bmod n$，如果 $s=0$，返回步骤 1）。

7）A 对消息 m 的签名为 (r, s)。

（4）对于收到的消息 m 和签名 (r, s)，以及域参数的验证过程

1）验证 r 和 s 是区间 $[1, n-1]$ 中的整数。

2）计算 SHA-1(m) 并转换为整数 e（后改为其他 Hash 函数）。

3）计算 $w = s^{-1} \bmod n$。

4）计算 $u_1 = ew \bmod n$ 和 $u_2 = rw \bmod n$。

5）计算 $X = [u_1]G + [u_2]Q$。

6）若 $X = O$，则拒绝；否则将 X 的 x 坐标 x_1 转换为整数 $\overline{x_1}$，计算 $v = \overline{x_1} \bmod n$。

7）当且仅当 $v=r$ 时，接受签名。

验证过程的正确性

$$k \equiv s^{-1}(e + dr) \equiv s^{-1}e + s^{-1}rd \equiv we + wrd \equiv u_1 + u_2 d \pmod{n}$$

因为 $X = [u_1]G + [u_2]Q = [u_1 + u_2 d]G = [k]G$，所以 $v = r$。

5.5.2 我国商用密码标准 SM2

2011 年，我国成立密码行业标准化技术委员会（http://www.gmbz.org.cn/），归口国家密码管理局领导和管理，主要从事密码技术、产品、系统和管理等方面的标准化工作。虽然我国商用密码标准化工作起步比美国等国家晚，但近年来取得了快速发展和长足进步。目前已

经在密码算法、密码应用、信息安全等诸多领域制定了门类齐全、种类众多的标准和规范，包括 SM 系列算法、证书管理、动态口令、OpenSSL 安全网关、电子签章等标准或规范。

2012 年 3 月，颁布中华人民共和国密码行业标准 GM/T 0003—2012：《SM2 椭圆曲线公钥密码算法》，共含 5 个文件，其中包含由椭圆曲线实现的数字签名、密钥交换协议和公钥加密三个算法（以下仅介绍签名和加密算法）。

算法标准严格定义了所用符号、有限域和椭圆曲线概念、随机数生成、数据类型及转换、椭圆曲线系统参数及其验证、密钥对的生成及其公钥验证等部分。标准没有规定椭圆曲线系统参数的生成方式，但规定了系统参数的验证方式。

SM2 算法的安全性依赖于椭圆曲线加群上离散对数问题、DH 问题。

1．SM2 数字签名算法

（1）系统参数生成

系统参数包括签名者 A 身份的长度 $ENTL_A$、签名者 A 的身份 ID_A、曲线方程系数 a 和 b、基点 G（阶数为 n）及公钥 P_A 的坐标。将它们转换为二进制后进行 Hash 计算（256 比特长摘要）得到：

$$Z_A = H_{256}(ENTL_A \| ID_A \| a \| b \| G_x \| G_y \| P_x \| P_y)。$$

其中，G_x, G_y 和 P_x, P_y 分别是 G 和 P_A 的 x、y 坐标，H_{256} 是摘要长度为 256 比特的杂凑算法。

签名者 A 的公私钥：公钥为 $P_A = [d_A]G$，私钥为 d_A。

（2）签名者 A 对消息 M 的签名过程

1）$\overline{M} = Z_A \| M$。

2）计算 $e = H_{256}(\overline{M})$。

3）随机数发生器产生随机数 $k \in [1, n-1]$。

4）计算点 $(x_1, y_1) = [k]G$，将 x_1 转换为整数。

5）计算 $r = e + x_1 \bmod n$，如果 $r=0$ 或 $r + d_A = n$，返回步骤 3）。

6）计算 $s = ((1 + d_A)^{-1}(k - rd_A)) \bmod n$，若 $s=0$，返回步骤 3）。

7）将 r 和 s 转换为字节，签名为 (r, s)。

（3）对于收到的消息 M' 和签名 (r', s') 的验证过程

1）验证 $r' \in [1, n-1]$ 是否成立，若不成立，则不通过。

2）验证 $s' \in [1, n-1]$ 是否成立，若不成立，则不通过。

3）令 $\overline{M'} = Z_A \| M'$。

4）计算 $e' = H_{256}(\overline{M'})$，按照规范将其转换为整数。

5）将 r'、s' 转换为整数，计算 $t = (r' + s') \bmod n$，若 $t=0$，则不通过。

6）计算椭圆曲线点 $(x_1', y_1') = [s']G + [t]P_A$。

7）将 x_1' 转换为整数，计算 $R = (e' + x_1') \bmod n$，若 $R = r'$，则验证通过，否则不通过。

不难证明验证过程的正确性。

2．SM2 公钥加密

系统参数：椭圆曲线参数 $a, b \in F_q$，基点 $G = (x_G, y_G)$，n 为 G 的阶数，h 为余因子。

KDF 为密钥派生函数，$klen$ 为所需密钥长度。

用户 B 的公私钥：私钥为 d_B，公钥为 $P_B = [d_B]G = (x_B, y_B)$。

用 B 的公钥对消息 M 的加密过程如下。

1) 产生随机数 k，$k \in [1, n-1]$。
2) 计算椭圆曲线点 $C_1 = [k]G = (x_1, y_1)$。
3) 计算椭圆曲线点 $S = [h]P_B$。
4) 若 $S = O$，退出（确保 P_B 的阶数不为 n）。
5) 计算椭圆曲线点 $[k]P_B = (x_2, y_2)$。
6) 计算 $t = KDF(x_2 \| y_2, klen)$。
7) 判断 t 是否为 0，若是，转到步骤 1）。
8) 计算 $C_2 = M \oplus t$（M 表示为二进制串）。
9) 计算 $C_3 = Hash(x_2 \| M \| y_2)$（$Hash$ 为 Hash 函数算法）。
10) 输出密文：$C = C_1 \| C_2 \| C_3$（带有密文完整性认证）。

收到密文 C 后，用户 B 的解密过程如下。

1) 从 C 中取出二进制串 C_1，转化为椭圆曲线的点，检验其是否满足椭圆曲线方程，不满足则报错退出。
2) 计算 $S = [h]C_1$，若 $S = O$，则报错退出。
3) 计算 $d_B C_1 = (x_2, y_2)$，将坐标转换为二进制串。
4) 计算 $t = KDF(x_2 \| y_2, klen)$，若 t 为全零串，则报错退出。
5) 从 C 取出 C_2，计算 $M' = C_2 \oplus t$。
6) 计算 $u = Hash(x_2 \| M' \| y_2)$，从 C 取出 C_3，若 $u \neq C_3$，则报错退出。
7) 输出明文 M'。

5.5.3* 我国商用密码标准 SM9

2016 年 3 月，我国颁布《SM9 标识密码算法》，序号为 GM/T 0044—2016。所谓标识密码，即基于身份（Identity-based）的密码。标准包含 5 个文件，分别为总则、数字签名算法、密钥交换协议、密钥封装机制和公钥加密算法、参数定义。文件分别对参数生成、椭圆曲线及双线性对生成与验证、签名算法、密钥协商协议、KEM 和公钥加密等方面进行详细规定与描述（以下仅介绍签名、KEM 和加密算法）。

标识密码的系统参数有：①基域是模素数 p（大于 191 比特长）的素域 F_p。②曲线为常曲线（即非超奇异曲线）E。③双线性对 $e: G_1 \times G_2 \to G_T$ 中，G_1 是阶数为 N 的 $E(F_{p^{d_1}})$ 中循环子群，生成元为 P_1；G_2 是阶数为 N 的 $E(F_{p^{d_2}})$ 中循环子群，生成元为 P_2；其中 d_1 和 d_2 是扩域的扩展次数（扩域作为基域上线性空间的维数）；G_T 是阶数为 N 的乘法循环群。

标识密码与普通公钥密码的主要区别在于密钥的生成。标识密码需要有一个 KGC（密钥生成中心），负责选择系统参数、生成系统主密钥和用户私钥。

SM9 算法的安全性依赖于椭圆曲线加群的离散对数问题、DH 问题、双线性对的计算困难问题。

1. SM9 的数字签名算法

在签名算法中,KGC 选择随机数 $ks \in [1, N-1]$ 作为主私钥,计算 G_2 中元素 $P_{pub-s} = [ks]P_2$ 作为主公钥,公开 P_{pub-s} 并将 ks 保密。

若用户 A 的身份为 ID_A,KGC 首先计算 $t_1 = H_1(ID_A \| hid, N) + ks$,其中 hid 是签名私钥生成函数标识符(标记生成私钥过程的公开二进制串),H_1 是将 $ID_A \| hid$ 压缩为 N 长输出的 Hash 函数。如果 $t_1 = 0$,则需重新选择主私钥、生成用户私钥等。否则计算 $t_2 = ks t_1^{-1}$,再计算 $ds_A = [t_2]P_1$。A 的私钥为 ds_A,公钥就是自己的身份。

用户 A 对消息 M 的<u>签名过程</u>如下。

1)计算 G_T 中元素 $g = e(P_1, P_{pub-s})$。
2)产生随机数 $r \in [1, N-1]$。
3)计算 G_T 中元素 $\omega = g^r$,并将其转换为比特串。
4)计算 $h = H_2(M \| \omega, N)$,H_2 是一个 Hash 函数。
5)计算整数 $l = (r - h) \bmod N$,若 $l = 0$ 则返回到步骤 2)。
6)计算群 G_1 中元素 $S = [l]ds_A$。
7)将 h 和 S 转换为二进制串,签名为 (h, S)。

对身份 ID_A、消息 M'、签名 (h', S') 的<u>验证过程</u>如下。

1)将 h' 转换为整数,检查其是否在区间 $[1, N-1]$,若否,则验证不通过。
2)将 S' 转换为椭圆曲线上的点,检查 $S' \in G_1$,若否,则验证不通过。
3)计算 G_T 中元素 $g = e(P_1, P_{pub-s})$。
4)计算 G_T 中元素 $t = g^{h'}$。
5)计算 $h_1 = H_1(ID_A \| hid, N)$。
6)计算群 G_2 中元素 $P = [h_1]P_2 + P_{pub-s}$。
7)计算 G_T 中元素 $u = e(S', P)$。
8)计算 G_T 中元素 $\omega' = ut$,并将其转换为二进制串。
9)计算整数 $h_2 = H_2(M' \| \omega', N)$,检查是否 $h_2 = h'$,若相等则验证通过,否则验证不通过。

验证过程的正确性为(利用双线性性质和 $h_1 = t_1 - ks$, $S' = S$, $h' = h$)

$$\begin{aligned}
\omega' = ut &= e(S', [h_1]P_2 + P_{pub-s})e(P_1, P_{pub-s})^{h'} \\
&= e([l]ds_A, [t_1 - ks]P_2 + P_{pub-s})e([h']P_1, P_{pub-s}) \\
&= e([l]ds_A, [t_1]P_2)e([h']P_1, P_{pub-s}) = e([l][t_1]ds_A, P_2)e([h']P_1, P_{pub-s}) \\
&= e([l][ks]P_1, P_2)e([h']P_1, P_{pub-s}) = e([l]P_1, [ks]P_2)e([h']P_1, P_{pub-s}) \\
&= e([l]P_1, P_{pub-s})e([h']P_1, P_{pub-s}) = ([r]P_1, P_{pub-s}) = e(P_1, P_{pub-s})^r \\
&= \omega
\end{aligned}$$

2. SM9 的密钥封装机制与公钥加密

KGC 选择随机数 $ke \in [1, N-1]$ 作为主私钥,计算 G_1 中元素 $P_{pub-e} = [ke]P_1$ 作为主公钥。用户 A 和用户 B 的身份(标识)分别为 ID_A 和 ID_B,KGC 为其产生的私钥为 de_A 和 de_B。例

如，KGC 首先计算 $t_1 = H_1(ID_A \| hid, N) + ke$ （hid 含义同签名方案）。若 $t_1 \neq 0$，则计算 $t_2 = ket_1^{-1}$，再计算 $de_A = [t_2]P_2$。

为了封装长度为 klen 的密钥给用户 B，用户 A 执行下面步骤。

1）计算群 G_1 中元素 $Q_B = [H_1(ID_B\|hid,N)]P_1 + P_{pub-e}$。

2）产生随机数 $r \in [1, N-1]$。

3）计算 G_1 中元素 $C = [r]Q_B$，并将坐标转换为比特串。

4）计算 G_T 中元素 $g = e(P_{pub-e}, P_2)$。

5）计算 G_T 中元素 $\omega = g^r$，并将其转换为比特串。

6）计算 $K = KDF(C \| \omega \| ID_B, klen)$，若 K 为全 0 比特串，则返回步骤 2）。

其中，KDF 为密钥导出函数（具体实现中采用 Hash 函数）。

7）输出 (K, C)，其中 K 是被封装的密钥，C 是封装的密文。

B 收到封装的密文 C 后，解封装需执行以下步骤。

1）验证 $C \in G_1$ 是否成立，若不成立则报错并退出。

2）计算群 G_T 中元素 $\omega' = e(C, de_B)$，并将 ω' 转换为比特串。

3）将 C 转换为比特串，计算封装的密钥 $K' = KDF(C \| \omega' \| ID_B, klen)$，若 K' 为全 0 比特串，则报错并退出。

4）输出密钥 K'。

为了将消息 M 加密送给用户 B，用户 A 的加密算法过程如下。

1）计算群 G_1 中元素 $Q_B = [H_1(ID_B\|hid,N)]P_1 + P_{pub-e}$。

2）产生随机数 $r \in [1, N-1]$。

3）计算 G_1 中元素 $C_1 = [r]Q_B$，并转换为比特串。

4）计算 G_T 中元素 $g = e(P_{pub-e}, P_2)$。

5）计算 G_T 中元素 $\omega = g^r$，并将其转换为比特串。

6）对称加密方法分为两种：

① 若采用序列密码，计算整数 $klen = mlen + K_2\_len$（mlen 为消息长度，K_2_len 是密钥 K_2 的长度），计算 $K = KDF(C_1 \| \omega \| ID_B, klen)$。令 K_1 为 K 的最左的 mlen 比特，K_2 为 K 的余下的 K_2_len 比特。若 K_1 为全 0 比特串，则返回步骤 2），否则密文为 $C_2 = M \oplus K_1$。

② 若采用分组密码 (Enc, Dec)，计算整数 $klen = K_1\_len + K_2\_len$，计算 $K = KDF(C_1 \| \omega \| ID_B, klen)$。令 K_1 为 K 的最左的 K_1_len 比特，K_2 为 K 的余下的 K_2_len 比特。若 K_1 为全 0 比特串，则返回步骤 2），否则密文为 $C_2 = Enc(K_1, M)$。

7）计算 $C_3 = MAC(K_2, C_2)$，MAC 是 K_2 为密钥的消息认证码。

8）输出密文 $C = C_1 \| C_2 \| C_3$。

对于密文 C，用户 B 的解密算法过程如下。

1）从 C 取出 C_1，转换为椭圆曲线上的点，验证 $C_1 \in G_1$，若不成立则报错并退出。

2）计算 G_T 中元素 $\omega' = e(C_1, de_B)$，并转换为比特串。

3）按照对称加密采用的方式分为两种：

① 若采用序列密码，计算整数 $klen = mlen + K_2\_len$，再计算 $K' = KDF(C_1\|\omega'\|ID_B, klen)$。令 K_1' 为 K' 的最左的 $mlen$ 比特，K_2' 为 K' 的余下的 K_2_len 比特。若 K_1' 为全 0 比特串，则报错并退出，否则明文为 $M' = C_2 \oplus K_1'$。

② 若采用分组密码，计算整数 $klen = K_1\_len + K_2\_len$，计算 $K' = KDF(C_1\|\omega'\|ID_B, klen)$。令 K_1' 为 K' 的最左的 K_1_len 比特，K_2' 为 K' 的余下的 K_2_len 比特。若 K_1' 为全 0 比特串，则报错并退出，否则明文为 $M' = Dec(K_1', C_2)$。

4）计算 $u = MAC(K_2', C_2)$，从 C 中取出 C_3，若 $u \neq C_3$ 则报错并退出。

5）输出明文为 M'。

由上述加密过程，可以看出 SM9 的公钥加密实际上是首先利用 KEM（Key Encapsulation Mechanism）得到共享的对称密钥，再用对称加密技术实现消息（明文）的加 / 解密，这与 5.3.1 小节介绍的 ElGamal 加密过程是类似的，只不过这里是在双线性对上进行的。而且 SM9 还带有消息认证码，可以进行密文完整性 / 可靠性认证。

5.6 迎接量子计算的挑战

5.6.1 传统密码算法的"危机"

基于整数分解、离散对数等经典数论计算困难问题的密码算法，经过四十多年的发展，已经成为公钥密码的主要角色，在众多国际标准中得到了广泛应用。这些算法经受住了多年的攻击（分析）方法的考验，尽管过去几十年电子计算机的求解能力在不断提升，但适当增加这些传统算法的运算规模，这些方案仍然是安全的。

但是，随着量子计算理论的兴起，1994 年出现了 Shor 算法，它可在量子计算环境下有效求解整数分解、离散对数等问题，这就使这些经典数论困难问题不再困难，因此撼动了传统计算机运算能力下不能破解的公钥密码的根基，使它们在强大的量子计算面前不再安全。对称密码的设计不依赖计算困难问题的假设，因此受量子计算的直接影响较小，但在工作模式和迭代结构等方面也不同程度地受到攻击。

量子计算依赖量子力学的原理，借助量子并行性和量子纠缠等性质，可以有效求解一些在传统电子计算机下计算困难的问题。

1. 量子计算的特点

在量子计算中，用 $|y\rangle$ 表示列向量 $\begin{pmatrix} y_1 \\ \vdots \\ y_n \end{pmatrix}$，其中 $y_i \in \mathbb{C}$（复数域）；用 $\langle x|$ 表示行向量 $(x_1, \cdots, x_n)$，$x_i \in \mathbb{C}$。

一个<u>量子比特</u>（Qubit）是一个复数域 $\mathbb{C}^2$ 中的二维向量，表示为基向量 $|0\rangle$ 和 $|1\rangle$ 的复线性组合：$|\psi\rangle = \alpha|0\rangle + \beta|1\rangle, \alpha, \beta \in \mathbb{C}$。$|0\rangle = \begin{pmatrix} 1 \\ 0 \end{pmatrix}, |1\rangle = \begin{pmatrix} 0 \\ 1 \end{pmatrix}$ 为基向量。当测量时，量子比特确定为一个最终状态，这个状态不是 $|0\rangle$，就是 $|1\rangle$。不测量时，量子比特处于叠加态。一个量子比特可以存放于一个量子寄存器中。

多个量子比特可表示为 $|i_1\cdots i_n\rangle=|i_1\rangle\otimes\cdots\otimes|i_n\rangle$，$\otimes$ 表示张量积。或者写为 $|y_1\cdots y_n\rangle=|y_1\rangle|y_2\rangle\cdots|y_n\rangle=|y_i\rangle^{\otimes n}$。所谓张量积，在线性代数中也称克罗内克积，是一种多线性映射，其结果可实现维数的扩展，例如：

$$\begin{pmatrix}1\\0\end{pmatrix}\otimes\begin{pmatrix}1\\0\end{pmatrix}=\begin{pmatrix}1\cdot\begin{pmatrix}1\\0\end{pmatrix}\\0\cdot\begin{pmatrix}1\\0\end{pmatrix}\end{pmatrix}=\begin{pmatrix}1\\0\\0\\0\end{pmatrix},\quad\begin{pmatrix}1&0\\0&1\end{pmatrix}\otimes\begin{pmatrix}1&0\\0&1\end{pmatrix}=\begin{pmatrix}1&0&0&0\\0&1&0&0\\0&0&1&0\\0&0&0&1\end{pmatrix}$$

量子力学的一些基本假设如下。

1）与一个量子系统相联系的是具有内积的复线性空间（即希尔伯特空间），这个空间称为系统的状态空间，系统由状态向量来完全描述。

2）一个封闭量子系统从某一时刻状态 $|\psi\rangle$ 变化到另一时刻的状态 $|\psi'\rangle$，由一个酉变换 U（共轭转置乘本身为单位元）决定：$|\psi'\rangle=U|\psi\rangle$。

3）一个可分离的复合系统是各分量系统的张量积，不可分离系统的状态为纠缠态。

4）测量是纠缠态的另一种体现方式，测量一个量子比特影响另一个。

量子计算的并行性是指计算函数 $f(x)$ 时，同时将所有输入 x 的函数值计算出来。一旦量子设备完成计算，需要一种方式将复状态（分量都是复数）变换回比特序列，这个比特序列表示量子算法的输出，这个过程称为"测量"。从性质上说这一过程是不确定的，即不知道输出结果是哪个向量。

量子系统可通过酉变换可逆地（即双射）变化。因此需要将量子机器中数据通过的"门"（类似数字电路的各种门）定义为状态空间 $\mathcal{H}_n$ 上的酉算子（酉变换）。根据其物理实现，一个量子机器将能完成一个有限酉变换集合中的各种变换，更复杂的变换需要由这个集合的变换构造而成。

2. Shor 算法简介

Shor 算法提出的大整数分解和离散对数问题的快速解法，利用了量子形式的离散 Fourier 变换（DFT）。离散 Fourier 变换是将 N 个复数 $x_0,x_1,\cdots,x_{N-1}$ 映射为另外的 N 个复数 $y_0,y_1,\cdots,y_{N-1}$ 的变换，其中 $y_k=\dfrac{1}{\sqrt{N}}\sum_{j=0}^{N-1}e^{2\pi ijk/N}x_j$（$i=\sqrt{-1}$）。DFT 在许多科学分支有广泛应用。量子 Fourier 变换（QFT）利用量子并行性，可对定义在 $\mathbb{Z}^m$ 上的向量进行快速 Fourier 变换。

令 $N=2^m$，设 $|0\rangle,|1\rangle,\cdots,|N-1\rangle$ 是 m 个量子比特的基向量。量子 Fourier 变换（QFT）定义为如下线性算子（酉变换）：$|k\rangle\to\dfrac{1}{\sqrt{N}}\sum_{j=0}^{N-1}e^{\frac{2\pi ijk}{N}}|j\rangle$，$N=2^m$。

任意状态的 QFT 记为 $\sum_{j=0}^{N-1}x_j|j\rangle\to\sum_{k=0}^{N-1}y_k|k\rangle$，其中 y_k 是 x_j 的 QFT。

假设 n 是待分解的整数，x 是一个与 n 互素的整数，则函数 $\mathcal{F}(a)=x^a\bmod n$ 关于 a 是周期的，即 $x^{a+\varphi(n)}\equiv x^a\bmod n$。利用 DFT 可找到周期 $r=\varphi(n)$，再利用分解方法 $c^2\equiv d^2\bmod n\to(c-d)(c+d)\equiv 0\bmod n$，得到 n 的因子。

上述分解方法即：如果 r 是个偶数，$x^r = 1 \bmod n$，即 $(x^{\frac{r}{2}})^2 = 1^2 \bmod n$，则有 $\left(x^{\frac{r}{2}} - 1\right)\left(x^{\frac{r}{2}} + 1\right) \equiv 0 \bmod n$。即 $\left(x^{\frac{r}{2}} - 1\right)\left(x^{\frac{r}{2}} + 1\right)$ 是 n 的整数倍，所以数 n 被分解。只要 $x^{\frac{r}{2}}$ 不等于 ± 1，则至少 $\left(x^{\frac{r}{2}} - 1\right)$ 或者 $\left(x^{\frac{r}{2}} + 1\right)$ 与 n 有共同的非平凡因子。因此通过计算 $gcd\left(x^{\frac{r}{2}} - 1, n\right)$、$gcd\left(x^{\frac{r}{2}} + 1, n\right)$，将得到 n 的一个因子。

这实际上是数论中常用的方法，Shor 算法之所以能以多项式时间求解，是因为求周期的量子 DFT 算法可并行实现。

Shor 算法的大致过程可简述如下。

1）构造两个量子寄存器，在第一个量子寄存器存放 $x^a \bmod n$ 中 a 的一个叠加态：$\frac{1}{\sqrt{q}} \sum_{a=0}^{q-1} |a, 0\rangle$。$a$ 在从 0 到 $q-1$ 中选择，其中 q 是 2 的方幂，满足 $n^2 \leqslant q \leqslant 2n^2$。计算 $x^a \bmod n$，将计算结果放到第二个量子寄存器：$\frac{1}{\sqrt{q}} \sum_{a=0}^{q-1} |a, x^a \bmod n\rangle$。

2）测量第二个寄存器的状态，此时这个寄存器包含 $x^a \bmod n$ 所有可能输出的叠加态。测量这个寄存器的结果，使状态坍塌到某个观测值，如 k。此时第一个寄存器包含基向量的叠加态。由于 $x^a \bmod n$ 是一个周期为 r 的函数，第一个寄存器将包括值 $c, c+r, c+2r, \cdots$，其中 c 是满足 $x^c \bmod n = k$ 的最小整数。

3）对第一个寄存器的内容进行离散傅里叶变换：$\frac{1}{\sqrt{|A|}} \sum_{a' \in A} \frac{1}{\sqrt{q}} \sum_{c=0}^{q-1} |c, k\rangle * \mathrm{e}^{2\pi i a' c / q}$，其中 A 是满足 $x^a \bmod n = k$ 的 a 的集合，$|A|$ 表示 A 的元素个数，*表示进行 QFT。QFT 将使第一个寄存器在 q/r 的整倍数位置高概率地出现幅值的高峰。测量第一个寄存器将产生一个所求周期的整数倍。一旦从量子寄存器中恢复这个数，传统计算机可对这个数进行一些分析，猜测 r 的实际值，从而计算出 n 的可能因子。

3. 抗量子计算的困难问题

很多计算问题可归结为隐子群问题（Hidden Subgroup Problem，HSP）。HSP 即：给定一个群和一个函数，其中函数作用在未知子群的陪集（子群所有元素加上另一个群元素所构成的集合）上的函数值是不变的，求这个子群的生成元集合。HSP 的最简单形式是：给定一个 $\mathbb{Z}$ 上的周期函数 f，发现它的周期。也就是发现 $\mathbb{Z}$ 的最小阶数的隐子群 $\ell \mathbb{Z}$（某个正整数 ℓ 的所有倍数），其中 f 在陪集 $a+\ell \mathbb{Z}$ 上为常数（a 为任意非负整数）。

当群是有限的或者可数的交换群时，整数分解和离散对数问题可归结为 HSP。但当群为非交换群的时候，图同构和最短格向量问题（SVP）等可归结为 HSP。而量子算法求解 HSP 的主要工具是 Fourier 抽样，也就是计算 Fourier 变换然后再测量。如果群是有限和交换的话，Fourier 抽样的良好群论性质可导致 HSP 问题的有效求解。但目前关于非交换群 HSP 的量子计算方法仍然是困难的，如格中最短向量问题、纠错码中的一般译码问题、多变量非线性方程求解问题等。因此可以借助这些问题设计实现抗量子计算的密码算法。关于这些问题的量子求解算法，目前仍在进一步研究之中。

5.6.2 后量子密码算法的"涌现"

虽然量子计算机距离进入实用还有很长的时间，但密码学家已着手研究抗量子计算的密码算法以"防患于未然"。后量子密码，就是采用抗量子计算的困难问题设计的公钥密码。目前，后量子密码算法的许多方案也不是"新面孔"，只是因为效率不高或不能证明其安全性，当初没有成为主流算法。随着量子计算技术的发展，这些算法具有抗量子计算的性质被不断证实，因此它们受到重视并得以快速发展。

1. 基于纠错码的 McEliece 加密算法

这一算法由 R. McEliece 于 1978 年提出，几乎与 RSA 同时，但因公钥过长而不实用。此后人们一直努力减少其长度但多数结果都失败了，最终基于 QC-MDPC 码、秩距离码的公钥加密大为减少了公钥长度，且目前仍是安全的。

纠错码是通信中用来纠正信道传输出现的错误的一种编码方式。因为编码过程多采用线性变换，因此常称为线性码。线性码即是将信息位（假设为 k 位）编码为有限域上 n 维线性空间的一个子空间的向量。设子空间（称为码 L）的基为 $(\overline{g}_1, \overline{g}_2, \cdots, \overline{g}_k)$，信息位为 $(m_1, m_2, \cdots, m_k)$，则其线性编码的码字为

$$c = (c_1, c_2, \cdots, c_n) = (m_1, m_2, \cdots, m_k) \begin{pmatrix} g_{11} & g_{12} & \cdots & g_{1n} \\ g_{21} & g_{22} & \cdots & g_{2n} \\ \vdots & \vdots & & \vdots \\ g_{k1} & g_{k2} & \cdots & g_{kn} \end{pmatrix} = \boldsymbol{mG}$$

其中，$(g_{i1}, g_{i2}, \cdots, g_{in}) = \overline{g}_i, 1 \leqslant i \leqslant k$。$G$ 称为线性码 L 的生成矩阵，若 $G = (I_k | A)$，则称为 L 的标准生成矩阵。其中 I_k 为 $k \times k$ 的单位阵，A 为 $k \times (n-k)$ 的子阵（称为变换阵）。线性码的编码过程就是输入 k 维向量（信息串），乘以生成矩阵 G，得到对应的 n 长的码字。如果 G 是标准生成矩阵，则码字的前 k 位就是信息位，后 $n-k$ 位是为了纠错而增加的校验位。信息串和码字是一一对应的。

根据线性空间的性质，一个线性码总存在与之正交的子空间，即与码字正交的向量集合，这个子空间的基矩阵称为线性码的校验矩阵，记为

$$H = \begin{pmatrix} h_{11} & h_{12} & \cdots & h_{1n} \\ h_{21} & h_{22} & \cdots & h_{2n} \\ \vdots & \vdots & & \vdots \\ h_{(n-k)1} & h_{(n-k)2} & \cdots & h_{(n-k)n} \end{pmatrix}$$

G 和 H 的关系为：$G \cdot H^{\mathrm{T}} = 0$。如果 $G = (I_k | A)$，则根据上述关系可得：$H = (-A^{\mathrm{T}} | I_r)$。对任何 $x \in V(n, q)$，即有限域 F_q 上 n 维线性空间的向量，xH^{T} 称为 x 的伴随式（Syndrome），记为 $S(x)$。$S(x) = 0 \leftrightarrow x \in L$，即对于正确码字，伴随式为 0（因为正交关系）。由伴随式进行译码的过程一般来说是一个计算困难问题，除非对于有些码而言存在快速的译码方法。

例 5-11 假设一个 $(n=5, k=3)$ 线性码的生成矩阵为

$$G = \begin{pmatrix} 1 & 0 & 0 & 1 & 1 \\ 0 & 1 & 0 & 0 & 1 \\ 0 & 0 & 1 & 0 & 1 \end{pmatrix}$$

求所生成的线性码。若接收向量为 $x = 01110$,求其纠错译码结果。

解:

生成的码为(00000,00101,01001,01100,10011,10110,11010,11111)。

这个码的校验矩阵为

$$H = \begin{pmatrix} 1 & 0 & 0 & 1 & 0 \\ 1 & 1 & 1 & 0 & 1 \end{pmatrix}$$

若接收向量为 $x = 01110$,则对应的伴随式为 $S(x) = (01110)H^T = (10)$。伴随式对应的陪集首(x 加各个码字形成的集合中汉明重量最轻的向量)为 00010,即错误样式,所以纠错后得到码字为 01110+00010=01100。

McEliece 加密算法是利用一般译码困难问题设计的公钥加密算法,采用的纠错码为二元 Goppa 码。图 5-10 是其加解密过程。其中私钥是具有快速译码方式的码生成矩阵 G,公钥是将 G 前后乘以随机矩阵进行掩盖而形成的。d 是码的最小码距,t 是能纠错的位数。

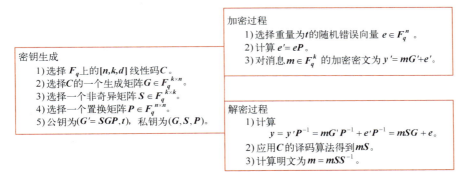

图 5-10 McEliece 加密算法

2. NTRU——基于格的公钥密码

NTRU 是 1996 年由 J. Hoffstein、J. Pipher 和 J. Silverman 提出的实用格密码,原来版本的参数较小,后来改进后仍保持安全性。NTRU 包含加密和签名两部分,分别叫作 NTRUEncrypt 和 NTRUSign。以下仅介绍 NTRUEncrypt。

NTRU 用到三个环:

$$R = \mathbb{Z}[x]/(x^N - 1), R_p = \mathbb{Z}_p[x]/(x^N - 1), R_q = \mathbb{Z}_q[x]/(x^N - 1)$$

其中,N 是素数,$gcd(N,q) = gcd(p,q) = 1$。这些环被称为卷积多项式环,因为其中元素都是次数小于 N 的多项式,元素乘法都是卷积,即 $a(x) * b(x) = c(x)$,$c_k = \sum_{i+j \equiv k \pmod N} a_i b_{k-i}$,其中 a_i、b_i 和 c_i 分别是多项式 $a(x)$、$b(x)$ 和 $c(x)$ 的系数。这是模 $x^N - 1$ 运算的结果($x^N = 1$)。R_p、R_q 中多项式就是 R 中多项式的系数模 p 或 q 的结果。

若 $a(x) \in R_q$,其到 R 的中心提升是多项式 $a'(x) \in R$,满足 $a'(x) \bmod q = a(x)$,$a'(x)$ 的

系数满足 $-q/2 < a_i' \leqslant q/2$。同样，$R_p$ 的多项式也有类似的中心提升，系数满足 $-p/2 < a_i' \leqslant p/2$。多项式 $\mod p$ 或 $\mod q$，就是各系数 $\mod p$ 或 $\mod q$。

设 d_1、d_2 是两个正整数，定义多项式集合：

$\mathcal{T}(d_1,d_2) = \{a(x) \in R \mid a(x) \text{ 中有 } d_1 \text{ 个系数为 } 1, d_2 \text{ 个系数为 } -1, \text{其余系数为 } 0\}$。

$\mathcal{T}(d_1,d_2)$ 中的多项式称为 3-系数多项式。

NTRUEncrypt 算法过程如下。

1）密钥生成：用户 A 选择公开参数 (N,p,q,d)，随机选择两个多项式 $f(x) \in \mathcal{T}(d,d+1), g(x) \in \mathcal{T}(d,d)$。在 R_q 中计算 $F_q(x) = f(x)^{-1}$；在 R_p 中计算 $F_p(x) = f(x)^{-1}$。如果不存在则重新选择。A 在 R_q 中计算 $h(x) = F_q(x) * g(x)$，其公钥为 $h(x)$，私钥为 $(f(x), F_p(x))$。

2）加密过程：用户 B 选择明文为一个多项式 $m(x) \in R$，其系数在 $-p/2$ 和 $p/2$ 之间，即 $m(x)$ 是从 R_p 中心提升的多项式。B 选择一个随机多项式 $r(x) \in \mathcal{T}(d,d)$，利用 A 的公钥计算密文 $e(x) \equiv ph(x) * r(x) + m(x) \pmod{q}$。

3）解密过程：A 计算 $a(x) \equiv f(x) * e(x) \pmod{q}$，将 $a(x)$ 中心提升至 R 再做如下运算：$b(x) \equiv F_p(x) * a(x) \pmod{p}$。假设参数是正确选择的（$q > (6d+1)p$），可验证 $b(x) = m(x)$。

解密正确性可验证如下。

$$a(x) \equiv f(x) * e(x) \pmod{q} \equiv f(x) * (ph(x) * r(x) + m(x)) \pmod{q}$$
$$\equiv pf(x) * F_q(x) * g(x) * r(x) + f(x) * m(x) \pmod{q}$$
$$\equiv pg(x) * r(x) + f(x) * m(x) \pmod{q}$$

当 $q > (6d+1)p$ 时，$a(x) = pg(x) * r(x) + f(x) * m(x)$，

$$b(x) \equiv F_p(x) * a(x) \pmod{p}$$
$$\equiv F_p(x) * (pg(x) * r(x) + f(x) * m(x)) \pmod{p}$$
$$\equiv F_p(x) * (pg(x) * r(x) + f(x) * m(x)) \pmod{p}$$
$$\equiv pF_p(x) * g(x) * r(x) + F_p(x) * f(x) * m(x) \pmod{p}$$
$$\equiv m(x) \pmod{p}$$

破解 NTRU 的私钥等价于求解以下问题：给定 $h(x)$，发现两个 3-系数多项式 $f(x)$ 和 $g(x)$，满足 $f(x) * h(x) \equiv g(x) \pmod{q}$。也就是已知 $f(x)/g(x)$，求 $f(x)$ 和 $g(x)$。这一问题可归结为格的最短向量问题，所以说 NTRU 是基于格的密码。

3*. 基于多变量的公钥密码

有限域上多个变量的次数大于 1 的多项式组（或方程组），称为多变量非线性系统。**多变量密码**（MPKC）是利用多变量非线性系统求解困难性设计的密码。为了实际运算速度，多变量密码的非线性系统一般都是二次的，并且为了实现解密或签名过程，要求这一系统在已知私钥情况下可以快速进行逆运算。

最初的多变量密码是 Mataumoto 和 Imai 于 1988 年提出的。MPKC 中私钥是由容易计算原像的中心映射构成的二次多变量非线性系统，公钥是利用两个仿射变换前后乘以中心映射而形成的二次非线性系统。MPKC 方案的关键是中心映射的设计，不同的中心映射类型

构成不同类型的 MPKC。

设 $K = Z_q$ 为一个有限域，MPKC 的中心映射定义为

$$Q(\overline{x}) = Q(x_1, x_2, \cdots, x_n) = \overline{y} = (y_1, \cdots, y_m)$$
$$= (q_1(\overline{x}), q_2(\overline{x}), \cdots, q_m(\overline{x})), x_i, y_i \in K$$

其中，q_i 是形式特殊、容易求逆的二次多变量多项式。用两个仿射映射 S 和 T 前后乘以中心映射 Q，形成公钥 $P = T \circ Q \circ S : K^n \to K^m$，即有如下过程：

$$P: \overline{w} = (\omega_1, \cdots, \omega_n) \xrightarrow{S} S(\overline{w}) = \overline{x} = (x_1, \cdots, x_n) \xrightarrow{Q} \overline{y} = (y_1, \cdots, y_m) \xrightarrow{T}$$
$$T(\overline{y}) = \overline{z} = (z_1, \cdots, z_m)$$

复合而成的公钥可表示为 $P = (p_1(\omega_1, \cdots, \omega_n), \cdots, p_m(\omega_1, \cdots, \omega_n))$，其中 p_i 是变量为 $\overline{w} = (\omega_1, \cdots, \omega_n)$ 的不易求逆的二次多项式，一般形式为

$$z_k = p_k(\overline{w}) = \sum_i \alpha_{ik} \omega_i + \sum_i \beta_{ik} \omega_i^2 + \sum_{i>j} \gamma_{ijk} \omega_i \omega_j, \alpha_{ik}, \beta_{ik}, \gamma_{ijk} \in K$$

MPKC 的公钥包括 P 中多项式，私钥包括表示 S、T 和 Q 的参数和多项式。

MPKC 加密一个数据块时，只需将其代入变量 $\overline{w}$，计算 $\overline{z} = P(\overline{w})$，$\overline{z}$ 即为密文；为了将密文 $\overline{z}$ 解密，利用私钥计算 $\overline{y} = T^{-1}(\overline{z}), \overline{x} = Q^{-1}(\overline{y}), \overline{w} = S^{-1}(\overline{x})$，得到明文 $\overline{w}$。MPKC 对消息进行签名时，将消息表示为 $\overline{z}$，用私钥（上述解密过程）得到 $\overline{w}$，即为签名；验证时将 $\overline{w}$ 代入公钥多项式，得到 $\overline{z}'$，如果 $\overline{z}' = \overline{z}$ 则为合法签名。从以上可以看到，为了解密和签名，必须能够快速计算 Q 的逆。

Rainbow 算法是一种多层非平衡油醋（UOV）形式的多变量签名算法，由 Ding（丁津泰）和 Schmidt 于 2005 年提出，其中油变量和醋变量表示中心映射中不同性质的变量。Rainbow 在 2016 年作为 NIST PQC（见 5.6.3 小节）的候选算法被提交，2020 年被评为第三轮的正式算法。Rainbow 签名算法计算简单，实现速度快，签名长度短，但私钥比较长。但由于近年来出现的攻击，使其安全性受到怀疑。

4*. 基于 Hash 函数的签名算法

基于 Hash 函数的签名是利用一次性签名方案对消息进行签名，而利用 Merkle 认证树实现对所有一次性签名的公钥的认证。由于该方案的一次性签名、认证树构造都采用 Hash 函数实现，方案的安全性只依赖所用 Hash 函数的安全性，因此被称为基于 Hash 函数的签名。

所谓<u>一次性签名（OTS）</u>，就是公私钥对只能用一次，因为这类方案就是简单地将私钥的一半作为签名。OTS 是 1979 年由 Lamport 和 Diffie 提出的，它用到一个单向函数（可用 Hash 函数实现）$f:\{0,1\}^n \to \{0,1\}^n$，即将输入 n 长的比特串映射到输出 n 长的比特串是容易的，但反向是困难的。再用一个 Hash 函数：$g:\{0,1\}^* \to \{0,1\}^n$ 将任意长比特串的消息压缩到 n 长比特串的摘要。私钥是随机选取的 n 个 $2n$ 长的比特串：

$$X = (x_{n-1}[0], x_{n-1}[1], \cdots, x_1[0], x_1[1], x_0[0], x_0[1]) \in_R \{0,1\}^{(n, 2n)}$$

公钥是将上述各 n 长比特串分别代入单向函数 f 计算得到的函数值：

$$Y = (y_{n-1}[0], y_{n-1}[1], \cdots, y_1[0], y_1[1], y_0[0], y_0[1]) \in \{0,1\}^{(n, 2n)}$$

其中，每个 $y_i[0] = f(x_i[0])$，$y_i[1] = f(x_i[1])$。因此公钥长度也是 n 个 $2n$ 长的比特串。对任意长的消息 M 进行签名时，首先将其进行 Hash 运算，产生 n 长的摘要，之后根据摘要中各比特位是 1 还是 0，选择私钥中对应串 $x_i[1]$ 或 $x_i[0]$，作为签名；签名验证就是将签名中的串代入单向函数 f，将其值与公钥进行比对。

可以看到：OTS 实现过程非常简单，但只能签一次名。为了能够对多个消息签名，需要用多个 OTS 的公私钥对。此时如何认证 OTS 的公钥？为了高效、安全地实现这一目的，1979 年 Merkle 提出用完整二叉 Hash 树（Merkle 认证树）对多个 OTS 的公钥进行认证的方法。这就是 MSS 方案（Merkle Signature Scheme），可签署多个消息，每个一次性签名的公钥经过 Hash 函数压缩后，构成二叉树的叶子，之后从下向上形成二叉树，树根作为签名的公钥，如图 5-11 所示。其中每个节点都是下层节点级联后的 Hash 值。

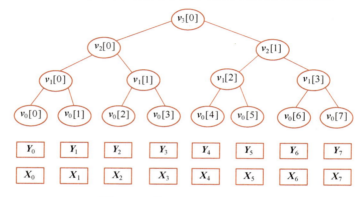

图 5-11　基于 Hash 函数的签名

Merkle 认证树的好处是可以对多个消息进行签名，多个签名可用同一个短的公钥验证，公钥短了很多，就一个 Hash 值（树的根）。但为了验证一次性公钥，签名必须包括一条通往树根的认证路径，因此增加了签名长度。同时也必须保留很长的一次性密钥对。MSS 方案的签名过程包含一次性签名过程与认证路径生成过程，验证过程也包括一次性签名验证和其公钥的认证（与认证路径中节点能产生正确的树根）。但由于都是 Hash 函数的运算，方案的整体速度比 RSA 签名等的要快很多。如何改善签名长度、时间等实现方面的问题，是这类方案发展过程中的主要任务。典型的基于 Hash 函数的签名算法为 SPHINCS+，它是 NIST PQC（见 5.6.3 小节）第三轮的备用签名算法之一。

5*. 基于同源映射的公钥密码

基于椭圆曲线之间同源映射的密码是 1997 年由 Couveignes 最早提出的，并由 Rostovtsev 和 Stolbunov 在 2006 年重新发现。他们的方案建立在通常椭圆曲线上，并且效率很低。2011 年，D. Jao 和 P. Feo 等提出基于超奇异椭圆曲线上同源映射的 DH 密钥协商协议（SIDH，DH 协议见 6.2.2 小节）。

同源映射是一种椭圆曲线加群之间的同态（保持运算）映射，简称同源。例如，一条椭圆曲线 E_0 经过一个同源映射后得到另一条曲线 E_1，则 E_1 的点坐标是 E_0 的点坐标的有理函数，即 $(x_1, y_1) = \left(\dfrac{f_x(x_0, y_0)}{g_x(x_0, y_0)}, \dfrac{f_y(x_0, y_0)}{g_y(x_0, y_0)} \right)$，其中 f_x、g_x、f_y、g_y 是关于 E_0 的点坐标 (x_0, y_0)

的多项式，它们中最高的次数称为同源映射的次数。如果同源映射的次数足够大，则由两条曲线 E_0、E_1 确定它们之间的同源，是计算困难问题。

椭圆曲线上的同源 DH 协议，是仿照 DH 密钥协商协议，利用同源映射实现的。设 E_0 是一条公开的初始曲线。用户 A 选取一个同源 $\varphi_A:E_0 \to E_A$ 作为自己的私钥，将曲线 E_A 作为公钥，发送给用户 B；用户 B 选取一个同源 $\varphi_B:E_0 \to E_B$ 作为私钥，将 E_B 作为公钥，发送给 A。这样 A 对得到的 E_B 进行 φ_A 映射，可得到秘密曲线 E_{BA}；同样 B 通过 $\varphi_B(E_A)$ 得到 E_{AB}。如果曲线自同态环（所有自己到自己的同态映射的集合）是可交换的，则 $E_{AB}=E_{BA}$。

如果将椭圆曲线作为点，它们之间的同源映射作为边，就形成同源图。确定同源图上两个点之间的随机路径（或称随机行走）就是同源计算困难问题。图 5-12a 展示了用户 A 从起点 g 开始的一个随机行走（实线），到达 g_A，之后用户 B 从 g_A 进行自己的随机行走（虚线）到达 g_{AB}；图 5-12b 是 B 先从 g 开始，（虚线）到达 g_B，之后 A 从 g_B（实线）到达相同点 g_{AB}。

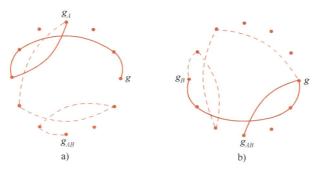

图 5-12　同源图上的"随机行走"（源自参考文献[9]）

超奇异椭圆曲线上的 SIDH 有指数时间的抗量子计算能力，实现效率也比通常椭圆曲线上的高。但由于超奇异曲线上自同态环的非交换性，需要利用公开的附加的点来克服这一障碍，这也使得 SIDH 存在攻击方式。NIST 后量子筛选算法 SIKE 就是利用 SIDH 实现的，它是超奇异同源情况下的 ElGamal 加密与 KEM 形式。同源密码的显著特点是：密钥很短，但计算时间较长。

5.6.3　后量子密码算法标准

1. NIST 后量子密码算法征集

2016 年，美国 NIST 开始征集后量子密码算法（包括公钥加密、KEM 和数字签名算法），进行 PQC（Post Quantum Cryptography）算法标准的竞选。2017 年开始第一轮筛选，2018 年进入第二轮筛选。经过数年在安全性构造、实现效率、攻击等方面的选拔，2020 年进入第三轮的算法见表 5-7、表 5-8。其中正式算法为 7 种，候选算法为 8 种。从表中可以看到，经典的后量子算法占据重要比例，因为这些算法经受了较长时间的考验。多种类型并存是为了防止其中有的类型受到攻击，如发现困难问题存在有效解（或其他安全问题）。

表 5-7　NIST PQC 第三轮正式算法

公钥加密和密钥建立算法		数字签名	
名称	类型	名称	类型
Classic McEliece	经典的纠错码	CRYSTALS-Dilithium	理想格
CRYSTALS-Kyber	理想格	FALCON	NTRUSign 的改进版
NTRU	经典的格	Rainbow	经典的多变量
SABER	Mod-LWR		

表 5-8　NIST PQC 第三轮候选算法

公钥加密和密钥建立算法		数字签名	
名称	类型	名称	类型
BIKE	QC-MDPC 码	GeMSS	多变量 HFE+
FrodoKEM	理想格 R-LWE	Picnic	ZK+circuit decomposition
HQC	Hamming Quasi-Cyclic 码	SPHINCS+	基于 hash 的
NTRU Prime	NTRU		
SIKE	同源		

这些算法中，从密钥长度上看，纠错码实现的算法是最长的，格密码其次，而同源密码长度最短。例如，在 NIST 第一安全级别（对应 AES-128）情况下，纠错码实现的算法公钥长度为 1~300KB，格密码长度 0.5~10KB，而同源密码仅为 209B；但从算法实现速度上看，纠错码的算法速度最快，格密码稍慢，而同源密码的计算时间约是前二者的 100 倍。仍以 NIST 第一安全级别为例，纠错码的密码实现速度为 1Mcycles（兆机器周期/秒），格密码为 0.5~5Mcycles，而同源密码为 190Mcycles。相对而言，格密码的综合性能比较好。基于多变量的 Rainbow 的性能介于纠错码类型与同源密码之间。

我国于 2019 年举办后量子密码算法（PQC）竞赛，参赛算法主要是格密码类型，这些算法在实现性能上有所改进与提高。

2022 年 7 月，NIST 公布第三轮中 4 个候选算法进入标准化过程，这四个算法为 CRYSTALS-Kyber、CRYSTALS-Dilithium、FALCON 和 SPHINCS+；NIST 网站发布的评选理由为：前两个是由于其较好的安全性和广泛适用性；FALCON 是为了在所需签名长度较短的情况下使用；SPHINCS+是为了避免仅有格密码一类算法入选。另有 4 个算法进入第四轮继续进行筛选，这 4 个算法为：BIKE、Classic McEliece、HQC、SIKE。选择这四个算法的理由为：从基于纠错码的算法中选择一个最合适的算法；SIKE 的最短私钥和密文的特点是值得进一步考查的。

2022 年 8 月，W. Castryck 和 T. Decru 在 eprint.iacr.org 上发表针对超奇异同源 DH（SIDH）的多项式时间的攻击结果，可有效实现密钥恢复。这一结果说明基于 SIDH 的 SIKE 算法不再安全。

综上所述，既安全又快捷是密码算法设计追求的主要目标。对于公钥密码，主要的攻击有两类：一类是直接针对计算困难问题的攻击；另一类是针对算法特殊结构进行的攻击。密码算法需要进行较长时间的分析和考查，才能真正步入实用。密码学正是在攻和防矛盾斗争中不断发展的。

2. CRYSTALS-Kyber 与 CRYSTALS-Dilithium

下面简单介绍 NIST 即将标准化的后量子格密码算法 CRYSTALS-Kyber 和 CRYSTALS-Dilithium。

格是数论中一种常见的结构。如 5.2.1 小节中提到的：格是 $\mathbb{R}^n$ 的一组线性无关向量的整系数的线性组合，是一个离散的加群。所谓离散是指每一个格点（格中元素）都有一个邻域使该点为唯一的格点。格点可表示为 $v = Bz$，其中 B 是格的基向量形成的矩阵，z 是分量为整数的向量。

最短向量问题（SVP）是格上常见的计算困难问题，它是在格中寻找长度最短的格点。这是一个最差情况的问题，也就是需要遍历各种格才能得到结论。格的一个好处是：最差情况问题可以规约到（复杂度小于或等于）平均情况问题。密码学所借助的是平均情况的问题，存在上述规约可以保证：格平均情况问题不比最差情况的容易，这样使得假设条件更具牢固基础。

格上常见的平均情况困难问题之一为 **LWE**（Learning with Error）问题（另一个是最小整数解问题 SIS）。令 m、n 和 q 为正整数，χ_σ 是参数化的错误分布（如标准方差为 σ 的高斯分布）。随机选取矩阵 $A \in \mathbb{Z}_q^{m \times n}$，$s \in \mathbb{Z}_q^n$，$e \in \chi_\sigma^m$，计算 $b_0 = As + e$。搜索 LWE 问题是：给定 (A, b_0)，发现 s；判定 LWE 问题是：给定 (A, b_0)、(A, b_0')（其中一个是真随机的），判定哪个是真随机的。

为了提高实现效率，可选择更具代数结构的格，如理想格和模格。这些格是（代数）整数环上理想（环的子集）构成的格，其中元素都是多项式，可用多项式各系数组成的向量表示，加法和乘法等运算是模一个多项式的剩余运算（类似 $\mathbb{Z}_n$）。例如，CRYSTALS-Kyber 和 CRYSTALS-Dilithium 都工作在环 $R_q = \mathbb{Z}_q[x]/(x^{256}+1)$（$q$ 为一个素数），其中元素可表示为 $\mathbb{Z}_q[x]$ 中次数最高为 255 的多项式，加法和乘法运算都是模 $x^{256}+1$ 的模运算。

CRYSTALS-Kyber 是公钥加密（PKE）算法和密钥封装机制（KEM）。算法选择素数 $q=3329$，A 是 R_q 上 $k \times k$ 的矩阵（k 可为 2、3 和 4），其元素为随机选择的多项式。分布 χ 是 R_q 上"短"多项式的概率分布，私钥 $s, e \in R_q^k$ 是分量按照 χ 选择的多项式向量，公钥为 $(A, b) = (A, As+e)$。其 CPA-PKE 的过程为：为了对 256 比特长的消息串 m 进行加密，选择 $r, e_1 \in R_q^k$ 和一个多项式 $e_2 \in R_q$（其中多项式都是从 χ 分布中随机选取），计算密文 $c = (c_1, c_2) = (Ar + e_1, br + e_2 + \lceil q/2 \rceil \cdot m) \in R_q^k \times R_q$；解密时，计算 $v = c_2 - c_1 s$。将 v（多项式）中每个系数模 2，得到二进制串形式的 m。解密正确性是因为 s、错误向量等较"短"，在取整时被消掉。IND-CPA 安全的 PKE，经 FO 变换，形成 IND-CCA 安全的 KEM。

CRYSTALS-Kyber 在具体实现时，还采用压缩去除冗余比特（相当于取整 rounding）、利用编码实现不同形式的数组之间转换、采用 NTT（数论变换，类似离散傅里叶变换）提高乘法计算速度等措施。

CRYSTALS-Dilithium 是数字签名算法，其中素数 $q = 2^{23} - 2^{13} + 1$，公钥是 $(A, t = As_1 + s_2) \in R_q^{k \times n} \times R_q^k$，私钥 $s_1 \in R_q^n$ 和 $s_2 \in R_q^k$ 是 R_q 上的"短"向量，概率分布是 $\{-\eta, -\eta+1, \cdots, \eta\}$ 上的均匀分布，其中 η 是个小正整数。该签名算法基于 Fiat-Shamir 策略，从认证协议得到。认证协议中证明者拥有秘密 (s_1, s_2)，对应的公钥是 $(A, t = As_1 + s_2)$。证明

者对随机选择的 y，计算 Ay，将其高端比特向量 w 发送给验证者；验证者发送挑战 $c \in R_q$；证明者回答 $z = y + cs_1$，并采用拒绝取样技术确保 z 的系数在合理范围（其中 s_2 参与判断）。最终，如果 $Az \approx w + ct$，验证者将接受证明。

CRYSTALS-Dilithium 算法就是将上述认证协议转换为签名，用 hash($w\|m$) 取代认证协议中的挑战 c。同 Kyber 算法一样，Dilithium 也采取了很多优化手段，如利用伪随机性和省略 t 的一半多低位置比特将公钥压缩，为了补全这些信息，签名中含有一些"线索"。Dilithium 签名算法在量子随机预言模型（QROM）情况下，是选择消息攻击-强不可伪造的（SUF-CMA）。Dilithium 与 FALCON 是各候选算法中最高效的签名算法。

应用示例：数字签名在电子保单中的应用

随着互联网和信息技术的发展，互联网上交易逐渐在保险行业普及，电子保单已成为用户办理保单的重要途径。图 5-13 是采用数字签名技术实现的电子保单办理环节（选自参考文献[12]）。投保人或保险公司业务员通过网络销售平台，提交保单文件，销售平台将文件送入电子保单平台；电子保单平台生成原始电子保单，然后对其进行数字签名并加盖电子签章，留存到影像管理平台并返回给网络销售平台；投保人可从网络销售平台下载带数字签名的电子保单，并且可以通过第三方验证平台验证签名正确性。

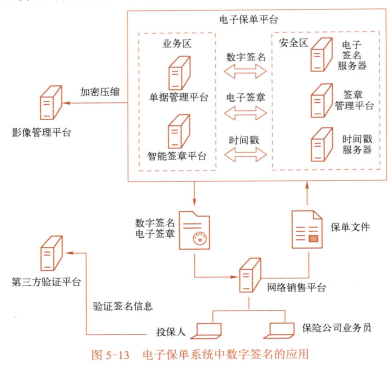

图 5-13 电子保单系统中数字签名的应用

小结

随着信息化社会的不断推进，大量的用户需要进行保密通信，在保密通信之前如何分发大量的共享密钥是面临的一个重大难题。于是，Diffie 和 Hellman 提出了公钥密码的思想，其中每个用户有一对密钥——公钥和私钥，用公钥加密、私钥解密的方式，即可解决密钥分发这一难题。

实现公钥密码的关键是构造一个陷门单向函数，为此研究人员开始从各种数学问题中寻找单向函数、构造陷门单向函数，如数论中经典的背包问题、整数分解问题、离散对数问题等，因此构建了多种安全实用的公钥加密算法。

由于公钥密码的具体实现算法都是基于数学困难问题而构造的，这些算法加/解密运算复杂、速度慢，因此，公钥密码算法仅适合于对短信息进行加/解密，不适合于对大量信息的加/解密。

信息化技术的广泛应用，使认证的需求越来越迫切，而单纯依赖传统的对称密钥密码不能很好地解决这一问题。公钥密码思想中，还包括了使用私钥对消息进行签名，而任何人都可以用签名者的公钥来验证该签名的合法性，从而保障消息的真实性、来源可靠性和不可否认性。于是公钥密码算法在认证领域大显身手，成为认证领域的最佳工具，由此推动了认证技术的大发展。

数字签名作为认证的核心技术，功能也不断强大，不仅可实现消息认证、身份认证等，还可以附加实现更为复杂的其他安全功能，因此数字签名和认证便成为现代密码学的"半壁江山"。类似于分组密码算法标准，美国 NIST 提出了数字签名和公钥加密算法标准；我国也公布了自己的商用数字签名、密钥封装、公钥加密算法标准 SM2 和 SM9。

近年来，量子计算技术在飞速发展，基于量子计算的 Shor 算法可给出大数分解和离散对数问题的快速量子解法，对经典公钥密码算法构成了严重威胁，经典公钥密码所依赖的数学难题在强大的量子计算面前将变得不再困难。为了对抗量子计算的威胁，基于抗量子计算的困难问题而设计的后量子公钥密码算法便成为信息安全的新希望。在多种后量子密码类型中，基于格的加密和签名算法扮演着重要角色。

习题

5-1 简述 Diffie 和 Hellman 提出的公钥密码基本思想。

5-2 公钥密码主要应用在哪些方面？在这些应用中，公钥与私钥如何使用？

5-3 公钥密码的具体实现方式有几类？每一类的代表性算法是什么？

5-4 假设背包加密方案中的超递增序列为 (1, 5, 7, 20, 35, 80, 170)，模数 $M=503$，秘密值 $W=430$，并假设置换为恒等置换，试求对应的公钥；已知明文为 1001100，求对应的密文，并验证解密的正确性。

5-5 在 RSA 加密系统中，已知 Alice 的公钥为 $(e=7, n=11\times3)$。

（1）Bob 将明文 $m=5$ 加密发送给 Alice，求产生的密文。

（2）求 Alice 的私钥。

（3）验证 Alice 能够对上述密文进行正确解密。

5-6 数字签名要满足哪些安全条件？与对称密码相比，公钥密码用于实现数字签名有什么优点？

5-7 数字签名的具体算法有哪些？

5-8　ElGamal 签名体制中 $p=11$，生成元 $g=2$，签名人的私钥为 $x=9$。

（1）若随机数选择为 $k=3$，求签名人对消息 $m=10$ 的签名。

（2）求签名人的公钥 y。

（3）用公钥验证上述签名的正确性。

5-9　证明：若 RSA 体制中，$t=lcm(p-1,q-1)$（lcm 表示最小公倍数），$k\equiv r\bmod t(k>r)$，则有 $a^k\equiv a^r\bmod n(0\leqslant a<n)$。利用上述结果求 $18^{37}\bmod 77$。

5-10　在利用椭圆曲线加群上实现的 DH 密钥协商协议中，设椭圆曲线为 $y^2\equiv x^3+x+6\bmod 11$，点 $G=(2,7)$ 是加群的生成元。

（1）Alice 计算 $G_A=2G$ 并发送给 Bob，求 G_A。

（2）Bob 计算 $G_B=3G$ 并发送给 Alice，求 G_B。

（3）求二者共享的秘密。

5-11　我国公布的商用公钥密码算法标准有哪些？简述其功能与特点。

5-12　公钥密码体制面临的威胁是什么？如何应对面临的威胁？

参考文献

[1] MENEZES A, OORSCHOT P, VANSTONE S. Handbook of Applied Cryptography[M]. Boca Raton: CRC Press, 1997.

[2] BUCHMANN J. Introduction to Cryptography [M]. 2nd Ed. Berlin: Springer, 2003.

[3] HOFFSTEIN J, PIPHER J, SILVERMAN J H. An Introduction to Mathematical Cryptography[M]. Berlin: Springer, 2008.

[4] KATZ J, LINDELL Y. Introduction to Modern Cryptography[M]. Boca Raton: Chapman&Hall/CRC, 2008.

[5] ALAGIC G, et al. Status Report on the Third Round of the NIST Post-Quantum[J]. NIST.IR.8413, 2022.

[6] NIST. Digital Signature Standard (DSS): FIPS PUB 186-4 [S]. Gaithersburg，Maryland, USA: NIST，2013.

[7] 国家密码管理局. SM2 椭圆曲线公钥密码算法　第 2 部分: 数字签名算法: GM/T 0003.2—2012[S]. 北京: 中国标准出版社, 2012.

[8] 国家密码管理局. SM2 椭圆曲线公钥密码算法　第 4 部分: 公钥加密算法: GM/T 0003.4—2012[S]. 北京: 中国标准出版社, 2012.

[9] DE FEO L. Mathematics of Isogeny Based Cryptography[EB/OL].(2017-5-10)[2024-5-9]. http://arxiv.org/pdf/1711.04062.

[10] GALBRAITH S. Mathematics of Public Key Cryptography[M]. Cambridge: Cambridge Univesity Press, 2012.

[11] BERNSTEIN D, BUCHMANN J, DAHMAN E.Post Quantum Cryptography[M]. Berlin: Springer, 2009.

[12]《商用密码知识与政策干部读本》编委会. 商用密码知识与政策干部读本[M]. 北京: 人民出版社，2017.

第6章 密码协议

密码协议是密码通信系统中双方或多方实现身份识别、密钥协商和安全计算等功能的一系列信息交换过程，是现代密码学的重要组成部分。本章第一节介绍密钥管理和密钥分配协议；第二节介绍建立对称密钥的密钥协商协议；第三节介绍秘密共享协议；第四节介绍身份认证协议；第五节介绍应用日益广泛的安全多方计算协议；第六节介绍隐私计算和区块链技术。

6.1 密钥分配协议

现代密码算法设计的理念是，算法本身是可以公开的，保密的只有密钥，即一切秘密寓于密钥之中。然而，密钥从生成到存储、分发、使用、更新直至销毁，其生命周期包含许多环节，每个环节的管理都非常重要，一个环节失守就会危及整个密码系统的安全。只有每个环节的密钥安全了，才能确保整个密码系统的安全。在这些环节中涉及众多密码协议，其中密钥分配协议和密钥协商协议是最主要的。本节主要介绍密钥分配协议，下一节介绍密钥协商协议。

6.1.1 密钥管理的内涵

在前面各章中，我们的重点是介绍各类密码算法本身的设计，没有过多地介绍各类密码算法中密钥的生成与管理。例如，在分组密码中，我们只是讲选择一个随机数作为对称密钥；在公钥密码中，我们是假设用户能安全地产生公私钥对，等等。实际上，每类密码算法中，密钥如何产生、使用、保存，直至如何更新、销毁，都有很多重要的工作要做。

首先，为了更方便地在多用户之间保密通信，需要一个可信方（称为可信权威 TA）负责密钥的建立、存储和分发等；其次，如果一个密钥使用太久，会增加攻击者搜集密文的机会，因此密钥需要及时更新和销毁旧密钥；最后，随着用户的增加，需要建立密钥管理的层次结构，如公钥基础设施（PKI）。

定义 6-1（密钥管理） 密钥管理就是针对上述各项任务，对密钥生成、建立、存储、分发、更新、销毁等各阶段所实施的一整套管理技术。为实现安全性、抵抗各种可能的威胁，密钥管理同样需要借助加密和认证技术来实现，其中 TA 作为可信方参与各环节的管理。另外，密钥管理还与管理制度、人的因素有关。

在密钥管理中，最主要的任务是密钥生成和建立。密钥生成就是产生密码算法所需的安全的密钥，而密钥建立或分发就是将密钥安全地发放到各用户手中。

根据对称密码和公钥密码两种情况，密钥生成和建立又分为几种不同的方式。其中生成和建立对称密钥，一般采用密钥传输（即密钥分配）或密钥协商方式，前者是一方随机产生（或由 TA 产生）对称密钥再秘密发送给其他人，后者是双方或多方共同协商产生对称密钥；生成和建立 公私钥对，一般由用户首先选择随机私钥，生成对应的公钥，再由 TA 发布对应的公钥证书，声明该公钥的合法性。在公钥密码发展过程中形成的 PKI 就是用于管理公钥证书的基础保障，称为公钥基础设施。

为了更安全地管理和使用密钥，密钥管理中所使用的密钥又分为长期密钥和短期会话密钥。长期密钥一般用于 TA 和各用户之间传递保密信息的对称密钥，或者用作用户的公私钥对（可长期使用）；短期会话密钥（简称为会话密钥）是用户用于实际加/解密数据的对称密钥，可以及时更新以降低风险。例如，TA 可通过长期密钥向两个或多个用户传递他们用于某次通信的会话密钥。

密钥管理内容丰富，其管理方式一般是借助于密码协议（Cryptographic Protocol）来进行，主要有密钥分配协议和密钥协商协议。密码协议与前几章介绍的加密和签名算法（或称方案）的不同在于：协议存在双方或者多方之间的多次信息交互（传递）过程。对应地，协议的敌手攻击方式、安全性定义及其证明过程也与方案有很大不同，一般都较为复杂。对此本章不过多介绍。密码协议中，常将加密和签名等基本算法作为部件使用。

6.1.2 密钥分配

定义 6-2（密钥分配） 密钥分配协议是指在 TA 的帮助下，为两个（或多个）需要保密通信的用户建立一个会话（对称）密钥，并且该会话密钥只适用于本次通信。

一般来讲，一个密码通信系统的建立需要由一个 TA 来完成。所谓密码通信系统的建立，就是 TA 确定该系统中的若干个通信对象，如 A、B、C 等，并且管理这些对象之间的密钥建立和密码通信过程。其中，TA 与系统中每个用户都建立了长期密钥，以便与每个用户之间进行密码通信，且可以通过身份认证协议（见 6.4 节）确认每个用户的合法身份。长期密钥的建立需要利用可靠（非公开）信道或者人工传递方式实现。

在上述前提下，假如用户 A 和用户 B 要进行密码通信，它们之间必须要建立一个共享的会话密钥，这样才能完成密码通信。那么，A 和 B 之间的会话密钥由谁产生？又如何分配给 A 和 B？我们知道：进行通信的信道一般是公开的，会存在各种各样的敌手进行监听和破坏，用户 A 和 B 的交互信息也都会被敌手获取。如何解决上述问题？

假设用户 A 与用户 B 分别和 TA 建立了一个共享的长期密钥 K_{at}、K_{bt}，借助 TA 和对称加密，我们可以尝试采取如下交互过程。

1）A 向 TA 发送一个会话密钥请求。请求中包括 A 的身份信息、请求与用户 B 通信的信息 Q_b。由于信道是不安全的，所以 A 向 TA 发出的秘密信息必须用与 TA 共享的长期密钥 K_{at} 进行加密。同时为了让 TA 知道是 A 的请求，需要发送 A 的身份。以下用 $\{Q_b\}_{K_{at}}$ 这样的形式表示用密钥 K_{at} 将 Q_b 加密后的密文，因此上述过程可描述为 $A, \{A, Q_b\}_{K_{at}} \to$ TA。

2）TA 应答 A 的请求。TA 通过解密，知道 A 的身份和请求之后，产生一个用于 A 与 B 通信的会话密钥 K_{ab}。TA 再用与 A 共享的密钥 K_{at} 将 K_{ab} 和 B 的身份加密后发送给 A。其过程可描述为 $\{K_{ab}, B\}_{K_{at}} \to A$。

3）TA 通知用户 B：用户 A 想与之进行密码通信，会话密钥为 K_{ab}。显然，TA 要用与 B 共享的密钥 K_{bt} 将上述内容加密后发送给 B。其过程可描述为 $\{K_{ab}, A\}_{K_{bt}} \to B$。

此后，用户 A 与用户 B 便可以利用 TA 和产生的会话密码 K_{ab} 进行密码通信。整个交互过程如图 6-1 所示。

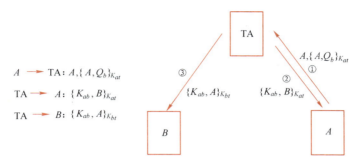

图 6-1　两个用户之间分配密钥的一种方式

上述给出了一个密码系统中两个用户 A 和 B 之间会话密码的产生与分配过程，那么这个过程有没有安全漏洞？事实上，安全漏洞是存在的。上述交互信息容易被敌手重新利用，例如，TA 发送给 B 的 $\{K_{ab}, A\}_{K_{bt}}$，敌手可用于冒充 TA 再次发送给 B。若 A 或者 B 使用完原来的会话密钥 K_{ab}，将其丢弃并被敌手获取，则敌手可以冒充 A 与 B 利用 K_{ab} 进行保密通信。因此协议的交互信息中应带有消息认证的性质，以保证消息来源可靠性。

另外，上述过程中 TA 的通信量较大，需要分别向 A 和 B 发送信息。因为 TA 处于通信的管理中心地位，在保障安全性的前提下，协议应尽量减轻 TA 的负担。

6.1.3　Needham–Schroeder 密钥分配协议

1978 年，R. Needham 和 M. Schroeder 提出的一种后来被称为 Needham-Schroeder 协议的密钥分配协议，其中采用随机数防止重放攻击，而且只需 TA 向 A 发送信息。同样，此协议假设用户 A 和 B 分别与 TA 建立了一个共享的长期密钥 K_{at} 和 K_{bt}。Needham-Schroeder 协议的具体步骤如下。

1）A 向 TA 发送一个会话密钥请求。请求中包括 A 和 B 的身份与一个随机数 N_a，使用随机数的目的是防止假冒。

2）TA 对 A 的请求做出应答。应答的明文包括：随机数 N_a、B 的身份、A 与 B 进行通信的会话密钥 K_{ab}，以及用 TA 与 B 共享的密钥 K_{bt} 加密的密文 $\{K_{ab}, A\}_{K_{bt}}$。TA 用与 A 共享的密钥 K_{at} 将上述内容加密后发送给 A。

3）A 收到 TA 的应答，解密后将 $\{K_{ab}, A\}_{K_{bt}}$ 发送给 B。B 收到后，可得到会话密钥 K_{ab} 并且知道与其建立会话密钥的对方是 A。

4）B 用 K_{ab} 加密他选择的另一个随机数 N_b，并将加密结果发送给 A。

5）A 收到密文后用 K_{ab} 解密，对 B 的随机数 N_b 做一个简单的变换，如减 1，再用会话密钥 K_{ab} 加密后发送给 B。

从上述描述可以看出，第 3）步就完成了密钥分配，第 4）步和第 5）步执行的是密钥确认功能。图 6-2 显示了 A 和 B 建立会话密钥的具体过程。

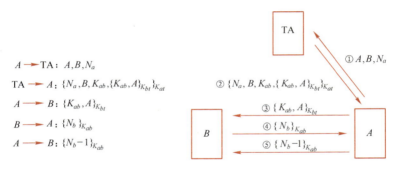

图 6-2　Needham-Schroeder 协议流程

但是，上述 Needham-Schroeder 协议，仍然存在所谓的<u>已知会话密钥攻击</u>。假如协议中的一方 A 在建立和使用会话密钥 K_{ab} 之后，将其丢弃，被攻击者 C 获取，并且 C 也获得了分配协议的交互信息 $\{K_{ab},A\}_{K_{bt}}$。此时 C 可以冒充 A，与 B 发起另一个会话密钥分配协议，并使 B 以为是 A 与其通信。具体过程如下。

1）C 将 $\{K_{ab},A\}_{K_{bt}}$ 重新发送给 B。

2）B（未检查密钥是否重复）选择随机数 N_b'，将其用 K_{ab} 加密发送给 C。

3）C 收到后用 K_{ab} 解密，并将 $N_b'-1$ 加密后发送给 B。此时 B 以为是与 A 共享了会话密钥 K_{ab}。

其中第 2）、3）步是 A 与 B 双方确认会话密钥。第 2）步中 B 一般不会检查收到的会话密钥是否与原来的重复，因为如果进行检查，需要存储已用过的所有会话密钥，并进行比较，这将造成不小的负担。上述这种攻击也是一种典型的重放攻击，即利用原来协议过程的数据进行假冒。

6.1.4　Kerberos 密钥分配协议

为了克服上述已知会话密钥攻击，可在 Needham-Schroeder 协议中加入时间戳，这就形成了著名的 <u>Kerberos 密钥分配协议</u>。

Kerberos 是 MIT 于 20 世纪 80 年代末到 20 世纪 90 年代初开发的协议，用于计算机网络中的身份认证。Kerberos 设有一个认证服务器（Authentication Server，AS），用于对用户的认证；还引入了一个票据许可服务器（Ticket Granting Server，TGS），用于对服务和资源的访问控制。

Kerberos 有多种版本，以下介绍 V5 版本的 Kerberos 密钥传输协议的简化版本。这一协议的步骤如下，所用符号与上述 Needham-Schroeder 协议类似。

1）用户 A 选择随机数 N_a，将 $\{ID(A),ID(B),N_a\}$（ID 表示身份）发送给 TA。

2）TA 选择一个随机会话密钥 K_{ab} 和一个有效周期（或生命时间）L，计算一个发送给 B 的票据 $T_B=\{K_{ab},ID(A),L\}_{K_{bt}}$，再计算 $Y_1=\{N_a,ID(B),K_{ab},L\}_{K_{at}}$，将 T_B 和 Y_1 发送给 A。

3）A 解密 Y_1 得到 K_{ab}，确认其在有效的生命时间之内，确定当前时间，记为 $time$，计算 $Y_2=\{ID(A),time\}_{K_{ab}}$，将 T_B 和 Y_2 发送给 B。

4）B 利用与 TA 共享的密钥 K_{bt} 解密 T_B，得到会话密钥 K_{ab} 并确认其在有效时间之内。再用 K_{ab} 解密 Y_2，得到 $time$。B 计算 $time+1$ 的密文 $Y_3 = \{time+1\}_{K_{ab}}$，并发送给 A。

上述过程如图 6-3 所示。其中 TA 发送的会话密钥在生命时间 L 内是有效的，超出这个时间则无效。L 可有效防止针对 Needham-Schroeder 协议的重放攻击。但这类时间戳式的信息要求通信双方保持时钟同步，这在实际中是比较难以保持的。因此后继出现一系列变型的密钥分配协议，如采用随机数取代时间戳、采用消息认证码（MAC）实现完整性认证和确认会话密钥等。

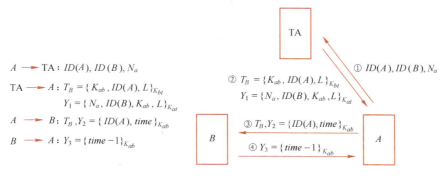

图 6-3　Kerberos 协议流程

6.2　密钥协商协议

从密钥分配协议可知，通过 TA 的帮助，通信双方可以建立共享的对称密钥。但是，如果用户较多，此类协议中 TA 的工作将会导致通信和存储的"瓶颈"。那么，通信双方可否在不借助 TA 的情况下建立共享密钥？

定义 6-3（密钥协商）　密钥协商（Key Agreement）协议是建立对称密钥的另一种方式，它可以在无需 TA 帮助情况下，使两个用户在一个公开信道生成一个共享的会话（对称）密钥，这个会话密钥是双方输入消息的一个函数。

6.2.1　共享密钥的协商

通过第 5 章公钥密码的学习我们知道，公钥密码并不需要用户共享密钥，只需每个用户建立自己的公私钥对。因此，若将对称密钥作为明文，利用公钥进行加密，就可以在通信双方建立共享密钥。例如，用户 A 选择一个对称密钥，然后利用用户 B 的公钥将其加密并发送给 B；B 收到后使用自己的私钥对密文进行解密便可获得用户 A 发来的对称密钥。这一过程被称为密钥封装机制（Key Encapsulation Mechanism，KEM），如图 6-4 所示。

但是，这一方式仍属于密钥传输，即一方产生对称密钥并秘密发送给另一方，而不是所谓双方共同协商产生对称密钥的密钥协商协议。

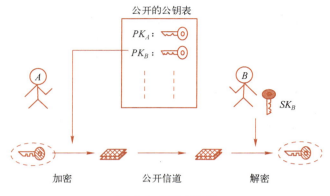

图 6-4　KEM 过程

实际上，W. Diffie 和 M. Hellman 在 1976 年发表的"密码学新方向"一文中，提出了一种建立共享密钥的方式。这一方式借助公钥密码单向函数的概念，可在无 TA 情况下，由双方用户协商产生一个对称密钥，因此称为 Diffie-Hellman 密钥协商协议，简称 DH 密钥协商协议。该协议的提出以及其所依赖的 DH 困难问题对密码学的发展产生了重大影响（见 5.3.1 小节）。

6.2.2　DH 密钥协商协议

DH 协议

Diffie-Hellman 密钥协商的具体过程如下。

设 p 是一个素数，$g \in \mathbb{Z}_p$ 是一个本原元。

1）用户 A 随机选择 $0 < x \leqslant p-2$，计算 $g^x \bmod p$ 送给用户 B。

2）用户 B 随机选择 $0 < y \leqslant p-2$，计算 $g^y \bmod p$ 送给用户 A。

3）用户 A 计算共享的密钥为 $(g^y)^x = g^{xy} \bmod p$。

4）用户 B 计算共享的密钥为 $(g^x)^y = g^{xy} \bmod p$。

因为通信信道是公开的，所以任何第三方都可以截获到 $g^x \bmod p$ 和 $g^y \bmod p$，但它们并不能推算出 x 和 y，因为这是离散对数困难问题。

DH 密钥协商协议还依赖于另一个特殊的计算困难问题：敌手从 $g^x \bmod p$ 和 $g^y \bmod p$ 并不能得到 $g^{xy} \bmod p$，这就是著名的 DH 问题。DH 问题与离散对数问题是相关联的，但并不比离散对数问题困难。

例 6-1　设 $p=11$，$g=2$ 是 $\mathbb{Z}_{11}$ 的一个本原元。假设在 DH 密钥协商协议中，A 选择的随机元素为 5，B 选择的随机元素为 8，试计算它们共享的密钥。

解：

1）A 发送给 B 的消息为 $g^x \bmod p = 2^5 \bmod 11 = 10$。

2）B 发送给 B 的消息为 $g^y \bmod p = 2^8 \bmod 11 = 3$。

3）A 与 B 共享的密钥为 $g^{xy} \bmod p = 2^{5 \times 8} \bmod 11 = 1$。

可以验证：$(2^8)^5 \equiv 3^5 \equiv (2^5)^8 \equiv 10^8 \equiv 1 \bmod 11$。

但是，DH 密钥协商协议容易受到主动敌手 C 的中间人攻击（Man-in-the Middle，

Attack，MITM）。中间人攻击中，敌手 C 冒充用户 B，与 A 利用 DH 密钥协商协议建立一个共享密钥；C 再冒充 A，与 B 利用 DH 协议建立另一个共享密钥。这样由于 A 与 B 没有对所收到的消息进行认证，结果都以为是正常的协商过程，此时如果 A 和 B 用所建立的会话密钥进行保密通信，则敌手 C 因为与 A 和 B 分别共享了会话密钥，所以 C 能够窃听到 A 和 B 的会话。这一过程如图 6-5 所示。

图 6-5 中与 A 建立的会话密钥是 $g^{x'z} \bmod p$，与 B 建立的会话密钥是 $g^{y'z} \bmod p$。通信时 C 分别扮演 B 和 A，与 A 和 B 分别协商出了一个密钥，然后 C 就可以窃听、外传甚至泄露 A 和 B 通信的消息和数据。

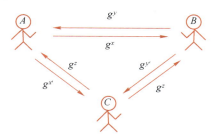

图 6-5 中间人攻击

6.2.3 MTI 协议与 STS 协议

DH 协议非常著名，但它却存在安全漏洞，即不能防止中间人攻击。为了防止中间人攻击，需要在密钥协商过程中加入对所收消息的认证，下面的 MTI 密钥协商协议和 STS 密钥协商协议可以防止中间人攻击。

1. MTI 密钥协商协议

MTI 密钥协商协议是 T. Matsumoto、Y. Takashima 和 H. Imai 于 1986 年提出的。在协议中需要二次传送信息，它的突出特点是用户不需要计算任何签名。MTI 密钥协商协议中每个用户自己选取密钥，并由 TA 签发公钥证书（此处 TA 并不参与会话密钥的生成）。

设 p 是一个素数，$g \in \mathbb{Z}_p$ 是一个本原元。用户 A 的身份信息为 $ID(A)$，A 选取密钥 $0 < x_A \leqslant p - 2$，计算公钥 $y_A = g^{x_A} \bmod p$，TA 为其签发公钥证书：

$$C(A) = (ID(A), y_A, Sig_{TA}(ID(A), y_A))$$

同样，用户 B 的身份信息为 $ID(B)$，B 选取密钥 $0 < x_B \leqslant p - 2$，计算公钥 $y_B = g^{x_B} \bmod p$，TA 为其签发公钥证书：

$$C(B) = (ID(B), y_B, Sig_{TA}(ID(B), y_B))$$

MTI 密钥协商协议具体步骤如下。

1) 用户 A 随机选择 $0 < r_A \leqslant p - 2$，计算 $S_A = g^{r_A} \bmod p$，并将 $(C(A), S_A)$ 发送给用户 B。

2) 用户 B 随机选择 $0 < r_B \leqslant p - 2$，计算 $S_B = g^{r_B} \bmod p$，并将 $(C(B), S_B)$ 发送给用户 A。最终，B 从 $C(A)$ 中获得 y_A，计算共享会话密钥：

$$K_{AB} = S_A^{x_B} y_A^{r_B} \bmod p = g^{r_A x_B} g^{x_A r_B} \bmod p = g^{r_B x_A + x_B r_A} \bmod p$$

3）用户 A 从 $C(B)$ 中获得 y_B，计算共享会话密钥：

$$K_{AB} = S_B^{x_A} y_B^{r_A} \bmod p = g^{r_B x_A} g^{x_B r_A} \bmod p = g^{r_B x_A + x_B r_A} \bmod p$$

主动敌手可能改变用户 A 和用户 B 之间传送的信息，由于不知道用户 A 和用户 B 的密钥 x_A 和 x_B，所以得不到会话密钥。该协议使得用户 A 和用户 B 双方确信：在网络中除了自己以外只有对方（拥有与公钥对应私钥的人）能够计算出会话密钥，因此可以防止中间人攻击。

2. STS 密钥协商协议

STS（Station To Station）密钥协商协议是 W. Diffie、P. Van Oorschot 和 M. Wiener 在 1992 年提出的。STS 密钥协商协议在 DH 协议基础上，采用了签名方法进行身份认证。

设 p 是一个素数，$g \in \mathbb{Z}_p$ 是一个本原元。对于用户 A 的身份信息 $ID(A)$ 和采用的签名算法 Sig_A 所对应的验证算法 ver_A，TA 签发证书：

$$Cert(A) = (ID(A), ver_A, Sig_{TA}(ID(A), ver_A))$$

同样，对于用户 B 的身份信息 $ID(B)$ 和签名算法 Sig_B 所对应的验证算法 ver_B，TA 签发证书：

$$Cert(B) = (ID(B), ver_B, Sig_{TA}(ID(B), ver_B))$$

STS 密钥协商协议的具体步骤如下。

1）用户 A 选取随机数 $0 < x_A \leqslant p-2$，计算公钥 $y_A = g^{x_A} \bmod p$，将 $Cert(A)$ 和 y_A 发送给 B。

2）用户 B 选取随机数 $0 < x_B \leqslant p-2$，计算公钥 $y_B = g^{x_B} \bmod p$、会话密钥 $K_{AB} = y_A^{x_B} \bmod p$ 以及 $s_B = Sig_B(ID(A), y_B, y_A)$，将 $Cert(B)$、y_B 和 s_B 发送给 A。

3）用户 A 用 ver_B 验证 s_B，如果无效，则拒绝协议并终止；否则接受，并计算 $K_{AB} = y_B^{x_A} \bmod p$ 和 $s_A = Sig_A(ID(B), y_A, y_B)$，将 s_A 发送给 B。

4）用户 B 使用 ver_A 验证 s_A，如果无效，则拒绝协议并终止；否则接受。

STS 协议中用户对公钥信息进行了签名认证，因此也能防止中间人攻击。

MTI 协议仅需要 A 到 B 和 B 到 A 两次传递，因此称为"two-flow"型协议，而 STS 协议是"three-flow"或"three-pass"型协议。虽然两个协议都能防止中间人攻击，但是 MTI 协议存在已知会话密钥攻击（见 6.1.3 小节），而 STS 可防止这种攻击。

由此可以看出：以上密码协议都能完成特定的信息交互任务，但同时它们面临一些类似重放攻击和中间人攻击这样的攻击方式。针对协议的攻击往往不是攻击协议所采用的加密或签名等基本算法，而是攻击协议中的信息交互过程，这与针对基本密码算法的攻击方式有显著区别。

以上介绍的密钥协商协议都是两方进行的，实际上还可在多方进行密钥协商。如 5.4.4 小节介绍的双线性对实现三方密钥协商。在 MTI 密钥协商协议和 STS 密钥协商协议的基础上，也可以设计三方或者多方的密钥协商协议。另外，密钥协商协议和 6.4 节介绍的身份认证协议相结合，可实现应用更为广泛的认证密钥交换协议（AKE）。

5.5 节介绍的我国商用密码标准 SM2 和 SM9 中，分别含有相应的密钥协商协议，其具体内容可参阅相关文件。

6.3 秘密共享协议

在实际工作中，由一个人来管理一个组织的秘密往往是有很高风险的，一旦此人不可靠，这个组织的秘密将无法保密。因此，实际应用中，往往是需要多人共同管理同一个秘密的情况，如某个秘密文件需要多个管理者同时提供各自的密码才能被打开阅读。完成这一功能的密码协议称为秘密共享协议。

6.3.1 秘密共享的定义

定义 6-4（秘密共享） 秘密共享（Secret Sharing）就是将一个秘密分成若干份，每份称为一个份额（Share），这些份额被分发送给不同的用户。只有特定的用户子集共同提供各自的份额，才能重构初始秘密。

秘密共享能有效地防止系统外敌人的攻击和系统内个别用户的背叛。当一些用户出现不安全问题时，秘密仍可以由其他用户完整恢复。

秘密共享的关键是如何较恰当地设计秘密拆分方式和恢复方式。实际生活中，一个蛋糕被分为许多份，只有将所有的份收回，才能拼凑出原来的蛋糕。但是电子形式的秘密共享协议，将秘密分为 n 份后，可以仅由其中的 t 份来恢复原来的秘密，这就是所谓的(t,n)门限秘密共享协议。

在(t,n)门限秘密共享协议中，需要有一个分发者将秘密分割为 n 个份额，并安全地将份额分别发送给 n 个用户。这些用户中的任意 t 个，可以依据特定数学关系恢复原来的秘密。例如，选定一个秘密的 $t-1$ 次多项式 $a_{t-1}x^{t-1} + a_{t-2}x^{t-2} + \cdots + a_1 x + a_0$，将要分享的秘密作为这个多项式的常数项 a_0。选定 n 个不同的 x_i，代入这个多项式计算得到 n 个值 y_i 作为份额，秘密地发送给各用户。其中 t 个用户所拥有的 (x_i, y_i) 确定了 t 个线性方程，利用线性代数可求解出多项式的系数，即得到原有秘密。甚至可以利用拉格朗日（Lagrange）插值公式直接恢复出多项式的常数项，这就是著名的 Shamir 门限秘密共享的思路。

门限秘密共享协议的实现形式是多种多样的，例如，除了 Shamir 的拉格朗日插值公式体制，还有 Blakley 的矢量体制、Asmuth 等人的同余类体制和 Simmons 等人的仿射几何体制等。

6.3.2 典型秘密共享协议

1. Shamir 门限协议

Shamir 门限方案是在 1979 年由 A. Shamir 基于拉格朗日插值公式提出的第一个具体的(t,n)门限秘密共享协议。

设 $p > n$ 是一个素数。分发者给 n 个成员分配关于秘密 d 的份额（称为部分秘密）的过程如下：

1）随机选择一个 $t-1$ 次多项式 $h(x) \in F_p[x]$，满足 $d = h(0)$。
2）在 F_p 中选择 n 个非零的、两两相异的元素 $x_1, x_2, \cdots, x_n$。
3）计算 $y_i = h(x_i), i = 1, 2, \cdots, n$。

门限共享

4）将 $x_1, x_2, \cdots, x_n$ 在系统中公布（即作为公开点），$y_i(i=1,2,\cdots,n)$ 秘密交给第 i 个成员保存，这就是共享的份额。

任意多于 t 个的成员可以提供至少 t 个关于秘密 d 的份额：$y_{i_1}, y_{i_2}, \cdots, y_{i_t}$，这时，由拉格朗日插值法可以重构多项式：

$$h(x) = \sum_{s=1}^{t} y_{i_s} \prod_{1 \leqslant j \leqslant t, j \neq s} \frac{x - x_{i_j}}{x_{i_s} - x_{i_j}}$$

从而得出

$$d = h(0) = \sum_{s=1}^{t} y_{i_s} \prod_{1 \leqslant j \leqslant t, j \neq s} \frac{-x_{i_j}}{x_{i_s} - x_{i_j}}$$

但是，任意少于 t 个的系统成员却无法得到关于秘密 d 的任何信息。

例 6-2 设有限域 $GF(13)$ 上的一个 Shamir-(3,5) 门限方案所选的 5 个公开点为 2, 3, 5, 6, 7，交给 5 个系统成员相应的秘密份额依次为 2, 5, 4, 0, −2，选取前三个成员，试求出该系统的秘密值。

解：
由 Lagrange 插值公式可知，该 (3,5) 门限方案所用的多项式为

$$2 \times \frac{(x-3)(x-5)}{(2-3)(2-5)} + 5 \times \frac{(x-2)(x-5)}{(3-2)(3-5)} + 4 \times \frac{(x-2)(x-3)}{(5-2)(5-3)}$$

$$= 2 \times 3^{-1} \times (x-3)(x-5) - 5 \times 2^{-1} \times (x-2)(x-5) + 2 \times 3^{-1} \times (x-2)(x-3)$$

$$= 2 \times 9 \times (x^2 - 8x + 2) - 5 \times 7 \times (x^2 - 7x + 10) + 2 \times 9 \times (x^2 - 5x + 6)$$

$$= x^2 - 2x + 2$$

可见，该系统的秘密值为 2。
或者从 $h(0)$ 直接得到秘密值：

$$d = h(0) = \left(2 \times \frac{(-3)(-5)}{(2-3)(2-5)} + 5 \times \frac{(-2)(-5)}{(3-2)(3-5)} + 4 \times \frac{(-2)(-3)}{(5-2)(5-3)} \right) (\bmod 13)$$

$$= (2 \times 5 + 5 \times (-5) + 4 \times 1)(\bmod 13) = -11 \bmod 13 = 2$$

2. Simmons 门限协议

Simmons 于 1990 年基于仿射几何建立了一个具体的 (t,n) 门限协议。

设 $p > n$ 是素数。分发者给 n 个成员分配关于秘密 d 的份额（部分秘密）过程如下。

1）在 F_p 中随机选择 $s_1, s_2, \cdots, s_t$，使得 $s_1 + s_2 + \cdots + s_t = d$。

2）选择 F_p 上一个 $n \times t$ 矩阵 $A = (a_{ij})_{n \times t}$，满足每个 t 阶子阵均非奇异，计算 $d_i = a_{i,1} s_1 + a_{i,2} s_2 + \cdots + a_{i,t} s_t, i = 1, 2, \cdots, n$。

3）将 $A = (a_{ij})_{n \times t}$ 在系统中公布，$d_i, i = 1, 2, \cdots, n$，就是交由第 i 个成员秘密保存的 d 的份额。

任意多于 t 个的成员可以提供至少 t 个关于秘密 d 的份额：$d_{i_1}, d_{i_2}, \cdots, d_{i_t}$，这时，求解下列线性方程组

$$\begin{cases} a_{i_1,1}x_1 + a_{i_1,2}x_2 + \cdots + a_{i_1,t}x_t = d_{i_1} \\ a_{i_2,1}x_1 + a_{i_2,2}x_2 + \cdots + a_{i_2,t}x_t = d_{i_2} \\ \qquad\qquad\qquad \vdots \\ a_{i_t,1}x_1 + a_{i_t,2}x_2 + \cdots + a_{i_t,t}x_t = d_{i_t} \end{cases}$$

的唯一解 $s_1,s_2,\cdots,s_t$ 后，即能算出 d。

但是，任意少于 t 个的成员却无法得到关于秘密 d 的任何信息。

6.3.3 秘密共享的进一步发展

随着应用的不断深入，秘密共享协议也在不断发展和完善，以解决不断出现的新情况和新问题。下面介绍两类变型的秘密共享协议：可验证和动态的秘密共享协议，并简述门限协议的发展形成一个全新研究方向——门限密码学。

1. 可验证和动态的秘密共享协议

以 Shamir 门限方案为代表的秘密共享协议，一般都假设秘密的分发者总是诚实的，而且假设份额的保存者都是平等和诚实的。但这些假设在现实中往往难以得到满足，因此需要防止不诚实分发者和份额保持者的出现。可验证秘密共享正是在这样的背景下产生的。

B. Chor 和 S. Goldwasser 等人于 1985 年提出可验证秘密共享的概念，即参与者可验证份额的有效性，这样份额的持有者可有效地检验分发者是否有欺骗行为。同时，在恢复共享的秘密时，每一个参与者可以检验其他参与者是否提供了有效的秘密份额。由于份额都是加密后传送给参与者的，因此可验证秘密共享需要参与者在密文情况下验证份额的有效性，这可以利用可验证加密技术实现，或者采用 6.4 节介绍的零知识证明等方式实现。

此外，现实中会出现用户份额动态变化而保持原始秘密不受影响的情况。例如，用户的机器出现问题而丢失份额，需要重新领取。另外，为了防止秘密共享协议中份额长时间不变可能带来的被攻击的隐患，也需要定期更新份额。此时就需要所谓的动态秘密共享协议。

动态秘密共享方案在不改变秘密的情况下，通过周期性地更换秘密的份额，来解决秘密共享方案长周期保存秘密的安全性问题。这样可防止攻击者利用上一个周期内所获得的信息。因此动态秘密共享协议需要满足：过期的份额所含信息不应对以后秘密的构造（或恢复）产生不安全的影响，使之不随着时间增加而产生累加效应。

2. 门限密码学

门限协议的不断拓展，形成了一个新的研究方向——门限密码学。如今，门限密码学是密码学的一个重要分支，它是将某种安全权限（如签名权限）通过一定的方式分散到多个群体的成员上，只有达到门限数量的成员合作方能有效行使该权限，由此降低或者避免了因个体完全掌握权限导致密钥丢失、权限滥用或该成员被攻击者完全控制等带来的安全风险，从而提升了系统的容错性和安全性。因此，门限密码被广泛应用到加密、签名、安全多方计算等领域。

门限加密和门限签名是门限密码学的两种基本类型，它们将私钥分为多个份额，分别发送给多个用户进行解密或签名。随着计算机和网络通信技术的发展，密码应用领域不断拓宽，也不断出现新的加密和签名形式，如基于身份的广播加密、属性加密、无证书的加密和签名、代理重签名等，这些都可以应用门限技术实现分享的功能，这些也是门限密码学近年来新出现的内容。

另外，函数秘密共享、访问结构等也是这一领域新的重要进展。

6.4 身份认证协议

所谓身份认证，就是通信双方在通信之前首先要确认对方身份的真实性，以防假冒。密码学中的认证大致分为两大类，即消息认证和身份认证。消息认证技术已在第 4 章介绍过，本节介绍身份认证技术。

6.4.1 身份认证的实现方式

很多情况下，人们都需要证明自己的身份，如登录计算机系统，从银行自动柜员机（Automatic Teller Machine，ATM）取款等。在 6.1 节、6.2 节介绍的密钥分配和协商协议中也常常需要进行身份认证。身份认证协议作为最基本的密码协议之一，在实际中有广泛而重要的应用，是实现访问控制等安全需求的主要技术之一。

身份认证的特点是认证双方同时在线，且具有实时性，即认证仅保证本次认证有效，下次需要重新认证。身份认证一般在两个用户之间，其中一个是证明自己身份的证明者 P（Prover），另一个是验证对方身份的验证者 V（Verifier）。通过 P 和 V 双方交互信息，身份认证协议使验证者确认证明者的身份，或者拒绝（即身份不符）。身份认证的过程如图 6-6 所示。

图 6-6　身份认证过程

一个安全的身份认证协议应该满足以下三个条件。

1）诚实的 P 能向 V 证明他的确是 P。

2）P 向 V 证明他的身份后，V 不能获得任何有用的信息，即 V 不能冒充成 P，向第三方证明他就是 P。

3）除了 P 以外的用户 C 以 P 的身份执行该协议，能够让 V 相信他是 P 的概率可以忽略不计。

实现身份认证，有三种基本方式：口令、挑战-应答方式和零知识证明。口令认证也称为弱认证，挑战-应答（Challenge-Response）协议被称为强认证，而零知识证明是实现身份认证的最安全的方式。

通常生活中所采用的口令认证是最简单的身份认证方式。此时证明者向验证者输入自己的口令，验证者通过与保存的数据进行对比，判断其身份是否真实。实现口令认证的前提是验证者必须事先存储了对方身份（如姓名）和对应的口令。虽然口令认证简便易行，但也是最不安全的，因为直接将秘密交给了验证方。因此口令认证仅用于一些安全性要求不高的挑战-应答方式的身份认证是常见的身份认证形式。挑战是验证者 V 为了验证证明者 P 的身份而向其发出的询问；应答是证明者 P 针对挑战，利用自己的秘密所做出的回答。如果应答是正确的，则验证者就（大概率地）承认证明者 P 的身份，否则拒绝。上述过程可重复多次，以提高确信程度。挑战-应答身份认证协议的形式多种多样，可以利用随机数发生器、消息认证码、单向函数、对称密码或公钥密码实现。但如同前面章节介绍的那样，采用对称密码实现的身份认证，前提是协议双方拥有共享的对称密钥，例如，V 选择一个明文作为挑战发送给 P，P 将挑战用对称密钥加密作为应答；V 能够正确解密，则说明 P 拥有对称密钥，从而也就确认了 P 的合法身份。

一个用户之所以能够证明自己的身份，根本的原因在于他拥有相应的秘密。例如，他具有和验证者共享的对称密钥，或者具有声称的公钥所对应的私钥。零知识证明是在不泄露任何知识（仅泄露存在秘密这一点）的情况下，证明宣称者拥有某个秘密，是比挑战-应答方式更严格的可证明安全性的证明方式。任何 NP 问题都存在零知识证明，即可有效地、零知识地证明一个 NP 问题存在一个解。零知识证明用于身份认证，就是零知识地证明用户的合法身份。

6.4.2 Guillou–Quisquater 身份认证协议

1988 年，Guillou 和 Quisquater 提出了一种基于 RSA 公钥密码体制的身份认证协议，称为 Guillou-Quisquater 身份认证协议，其步骤如下。

1. 系统初始化

TA 选择两个大素数 p 和 q，计算 $n=pq$，并确定签名算法 Sig_{TA} 和 Hash 函数 h。TA 还要选取一个长度为 40 比特的素数 b（$gcd(b,\varphi(n))=1$）作为自己的公钥，计算私钥 $a \equiv b^{-1} \bmod \varphi(n)$。公开参数为 (n,b,h)。

2. TA 向 P 颁发身份证书

1）TA 为 P 建立身份信息 ID_P。

2）P 秘密选取一个整数 u，$0 \leq u \leq n-1$ 且 $gcd(u,n)=1$。A 计算 $v \equiv (u^{-1})^b \bmod n$ 并将 v 发送给 TA。

3）TA 计算签名 $s=Sig_{TA}(ID_P,v)$，将证书 $C(P)=(ID_P,v,s)$ 发送给 P。

3. P 向 V 证明其身份

1）P 随机选取整数 k，$1 \leq k \leq n-1$，计算 $\gamma \equiv k^b \bmod n$，并将证书 $C(P)$ 和 γ 发送给 V。

2）V 验证 s 是否是 TA 对 (ID_P,v) 的签名。如果是，V 随机选取整数 r（r 为挑战），满足 $0 \leq r \leq b-1$，并把它发送给 P。

3）P 计算 $y = ku^r \bmod n$，并将 y 发送给 V。

4）V 验证是否有 $\gamma \equiv v^r y^b \bmod n$ 成立。如果成立，V 就接受 P 的身份证明；否则拒绝 P 的身份证明。

在 Guillou-Quisquater 身份认证方案中，由于 P 掌握了秘密信息 u，对于任何挑战 r，P 都可以在证明身份的步骤 3）中计算 y，使得 $v^r y^b \equiv (u^{-b})^r (ku^r)^b \equiv k^b \equiv \gamma \bmod n$ 成立。

如果一个攻击者 C 能够猜测出 V 随机选取的整数 r，则 C 可以任意选取一个 y，计算

$\gamma \equiv v^r y^b \bmod n$。在步骤 1) 中，$C$ 将 γ 发送给 V，在步骤 3) 中，C 将 y 发送给 V。最后，在步骤 4) 中，V 一定能够验证 $\gamma \equiv v^r y^b \bmod n$ 成立，V 接受 C 的身份证明，从而 C 成功地冒充了 P。攻击者 C 能够猜测随机数 r 的概率为 $1/b$。因为 b 是一个很大的整数，所以 C 想成功冒充 P 的概率非常小。

6.4.3 零知识证明及其身份认证协议

零知识证明（Zero Knowledge Proof，ZKP）是由 S. Goldwasser、S. Micali 及 C. Rackoff 在 20 世纪 80 年代初提出的。它是一种涉及两方或更多方的证明系统，其中证明者试图使验证者相信自己拥有某一消息，但证明过程不能向验证者泄露任何关于被证明消息的信息。

零知识证明可用图 6-7 所示的例子加以说明。图 6-7 中是一个有入口的环形走廊（深色部分是障碍物），走廊的中间某处有一道只能用钥匙打开的门。B 要向 A 证明自己拥有该门的钥匙。零知识证明过程就是：A 看着 B 从一端进入走廊，然后又从另一端走出走廊，这时 A 没有得到任何关于这个钥匙的信息，但是完全可以证明 B 拥有钥匙。为了实现概率性证明，B 可以先藏在 C 或 D 的位置，由 A 确定从哪一端出来。如果数次尝试中 B 都能走出来，很大程度上可确信他拥有钥匙。

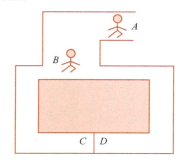

图 6-7 零知识证明示意图

与挑战-应答协议中类似，证明系统包括一个证明者（Prover）和一个验证者（Verifier）。证明是通过这两者之间的交互来执行的。

定义 6-5（证明系统） 证明系统是满足以下两个条件的交互系统：

1) 正确性。不正确的宣称不能通过证明，即 P 无法欺骗 V。换言之，若 P 不知道一个定理的证明方法，则 P 使 V 相信的概率很低。

2) 完备性。正确的宣称总能通过证明，即 V 无法欺骗 P。若 P 知道一个定理的证明方法，则 P 使 V 大概率相信他能证明。

零知识证明系统中，除满足上述两点以外，还满足零知识性，即 V 无法获取任何额外的知识。

实现零知识证明的一般过程如图 6-8 所示。为了证明拥有某个秘密，P 首先向 V 发送一个**承诺**（Commit），这个承诺是与秘密有关的值；其次，V 向 P 发出挑战，询问有关信息；再次，P 利用自己的秘密进行应答。V 根据公开信息，检验应答、承诺、挑战三者是否满足正确的关系。如果满足，V 输出 Accept，否则，输出 Reject。经过多次这种交互过程，合法的 P 能够大概率地零知识地证明自己。

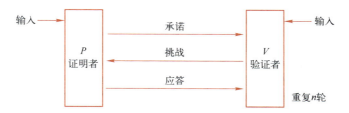

图 6-8 零知识证明的一般过程

实际中,零知识证明从理论到实践有很多的变化形式,具有十分丰富的内容,如诚实验证者 ZK、论证系统(Argument System)、知识证明、非交互 ZK 等。零知识证明是密码学的一个基础部件,有很多重要的应用,如用于可验证加密、附加性质的签名算法(如群签名)、身份认证协议、安全多方计算等。

例 6-3 列举整数分解问题实现的零知识证明。

解:

设两个大素数 p 和 q,$n = pq$。假设 P 知道 n 的因子,P 想让 V 相信他知道 n 的因子,并且 P 不想让 V 知道 n 的因子,则他们可执行下面的协议。

1)V 随机地选取一个大整数 x,计算 $y \equiv x^2 \mod n$,V 将 y 告诉给 P。

2)P 计算 $z = y^{1/2} \mod n$,P 将 z 告诉给 V。

3)V 验证 $z \equiv x^2 \mod n$ 是否成立。

上述协议可重复执行多次。如果 P 每次都能正确地计算出 $y^{1/2} \mod n$,则 V 就会相信 P 知道 n 的因子 p 和 q(这里没有承诺的步骤,更标准的证明见下边 Fiat-Shamir 协议)。

数论中已有结论:计算 $y^{1/2} \mod n$ 等价于对 n 进行因子分解。如果 P 不知道 n 的因子 p 和 q,则计算 $y^{1/2} \mod n$ 是一个困难的问题,即在 P 不知道 n 的因子的情形下,在多次重复执行上述协议后,P 每次都能正确地计算出 $y^{1/2} \mod n$ 的概率非常小。

协议的执行过程中,V 没有得到关于 n 的因子 p 和 q 的任何信息。

借助零知识证明,可实现更为安全的身份认证协议。上边介绍的整数分解问题实现的零知识证明,实际就是 Fiat-Shamir 身份认证协议,这一协议还可扩展为 Feige-Fiat-Shamir 身份认证协议。

1. Fiat-Shamir 身份认证协议

TA 选定一个随机模数 $n = p_1 \times p_2$,p_1, p_2 为两个大素数。实际中 n 至少为 512 比特或 1024 比特。TA 为用户产生公私钥的过程为:选择 v 使得 $x^2 = v \mod n$ 有一个解并且 $v^{-1} \mod n$ 存在,将 v 作为证明者 P 的公钥;计算最小的整数 s:$s \equiv \sqrt{v^{-1}} \mod n$,将它作为证明者 P 的私钥。

实现身份认证的协议如下。

1)用户 P 取随机数 r($r<m$),计算 $x \equiv r^2 \mod n$,发送给验证方 V。

2)V 将一个随机比特 b 发送给 P。

3)若 $b=0$,则 P 将 r 发送给 V;若 $b=1$,则将 $y \equiv rs \mod n$ 发送给 V。

4)若 $b=0$,则 V 验证 $x \equiv r^2 \mod n$,从而证明 P 知道 $\sqrt{x}$;若 $b=1$,则 V 验证 $x \equiv y^2 v \mod n$,从而证明 P 知道 s。

这是一轮认证，P 和 V 可将此协议重复 t 次，直到 V 确信 P 知道 s 为止。

2. Feige-Fiat-Shamir 身份认证协议

这一协议比 Fiat-Shamir 的效率更高，应用更广泛。TA 选 $n = p_1 \times p_2$，p_1、p_2 为两个大素数，并选 k 个不同的随机数 $v_1, v_2, \cdots, v_k$，各 v_i 是 $\mathrm{mod}\, n$ 的平方剩余，且有逆。以 $v_1, v_2, \cdots, v_k$ 为证明者 P 的公钥，计算最小正整数 s_i，使 $s_i = \sqrt{1/v_i} \,\mathrm{mod}\, n$，将 $s_1, s_2, \cdots, s_k$ 作为 P 的私钥。

身份认证协议如下。

1）P 取随机数 $r\ (r < m)$，计算 $x \equiv r^2 \,\mathrm{mod}\, n$ 并发送给验证方 V。
2）V 取 k 比特随机二进制串 $b_1, b_2, \cdots, b_k$ 发送给 P。
3）P 计算 $y \equiv r \times (s_1^{b_1} \times s_2^{b_2} \times \cdots \times s_k^{b_k}) \,\mathrm{mod}\, n$，并发送给 V。
4）V 验证 $x \equiv y^2 \times (v_1^{b_1} \times v_2^{b_2} \times \cdots \times v_k^{b_k}) \,\mathrm{mod}\, n$。

此协议可执行 t 次，直到 V 相信 P 知道 $s_1, s_2, \cdots, s_k$ 为止。

近年来，零知识证明在减少执行轮数、提高实现速度方面取得很大进展，出现了很少几次交互证明即可实现安全性的协议，这也为其应用到身份认证等领域提供了有力支撑。

6.5 安全多方计算协议

除秘密共享外，前面介绍的密码协议一般都是在两个参与者之间进行的，如证明系统一般是一个证明者和一个验证者之间的事情。安全多方计算协议将其扩展到在更多参与者之间进行，特别是这种协议可以完成（比密钥管理、身份认证）更广泛、更一般性的功能。例如，安全多方计算协议可使多个参与者共同完成一个函数的运算，这个函数可以是比较各参与者秘密值的大小、相加/相乘运算等。协议结束之后，各参与者都知晓函数的结果，但各自的秘密并不被其他人知晓。作为一种重要的密码技术，安全多方计算在众多领域有着十分广泛的应用。

6.5.1 "百万富翁"问题及其求解

某天，两个互相不服气的百万富翁在大街上相遇，他们不知道对方到底有多少财富，又想比较到底谁更富有。如何在不暴露各自财富数量情况下，让他们知道到底谁更富有？这就是 1982 年由著名学者姚期智提出的"百万富翁"问题（可自然地扩展到多个百万富翁问题）。

如果有一个可信第三方 TTP，这一问题就很容易解决：富翁 A 和富翁 B 可以把他们的财富分别秘密地告诉 TTP，然后由 TTP 比较 A 和 B 的财富，并将结果告诉给 A 和 B。如此一来，既保护了个人隐私，又比较了他们的财富。

但这样做的话，TTP 会了解两个富翁的财富数量。能否寻找一种密码技术，在无需可信任第三方的情况下解决这个问题？

假设 A 的财富值为 x，B 的财富值为 y，可以设计一个以 x 和 y 为输入参数的函数 $F(x, y)$，该函数允许 A 和 B 分别将自己的财富值输入，然后在不泄露 x 和 y 的情况下，输出三种结果 1、0、-1，分别表示 A 的财富多于 B、A 的财富等于 B 以及 B 的财富

多于 A,即

$$F(x,y)=\begin{cases} 1 & x>y \\ 0 & x=y \\ -1 & x<y \end{cases}$$

这样,通过 $F(x,y)$ 的值就可以知道谁的财富更多,并且满足不向对方泄露自己到底有多少财富的安全要求。这一过程如图6-9所示。

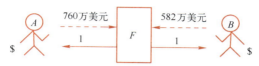

图6-9 "百万富翁"问题

如何实现这样的函数 $F(x,y)$?姚期智教授在提出"百万富翁"问题时,给出一个解决方案。假设输入值 x、$y \leqslant 100$,这一解决方案如下:

1)B 选择一个大整数 p(保密),用 A 的公钥将其加密得到 $Y=E_{pk_A}(p)$,将 $C=Y-y$ 发送给 A。

2)A 收到后,分别将 $C+i(i=1,2,\cdots,100)$ 用自己的私钥进行解密,得到 $X_i=D_{sk_A}(C+i)(1 \leqslant i \leqslant 100)$。选择一个比 p 稍小(事先确定一个选择范围)的素数 q,计算 $Z_i=X_i \bmod q$,将 $Z_1'=Z_1,Z_2'=Z_2,\cdots,Z_x'=Z_x,Z_{x+1}'=Z_{x+1}+1,\cdots,Z_{100}'=Z_{100}+1$ 发送给 B。

3)B 收到后,检查是否 $Z_y'=p \bmod q$,若是,则说明 $y \leqslant x$;否则 $y>x$。之后将结果告诉 A。

因为:$X_y=D_{sk_A}(C+y)=D_{sk_A}((Y-y)+y)=D_{sk_A}(Y)=p$,$Z_y=X_y \bmod q=p \bmod q$。

当 $i \leqslant x$ 时 Z_i' 是不加 1 的,因此如果 $Z_y'=p \bmod q$,则说明 $y \leqslant x$;反之,如果 $Z_y' \neq p \bmod q$,则说明 $Z_y'=Z_y+1$,因此 $y>x$。但 B 并不知道 x 的大小。

这一协议虽然能实现在不泄露秘密情况下比较大小的功能,但可以看出效率比较低,需要解密很多密文,而且假设 A 和 B 都是诚实的。

上述两方的百万富翁问题可以推广到 n 个百万富翁的情况。假设有 n 个百万富翁,可用 $p_1,p_2,\cdots,p_n$ 来表示这 n 个百万富翁。这 n 个百万富翁分别持有财富值 $x_1,x_2,\cdots,x_n$,并且 n 个百万富翁任何一方都不向其他方泄露自身的财富值。当 n 个百万富翁向函数 $F(x_1,x_2,\cdots,x_n)$ 输入他们秘密持有的财富值 $x_1,x_2,\cdots,x_n$ 时,对应的有 n 个输出值 $y_1,y_2,\cdots,y_n$(表示输入大小的排序),即

$$F(x_1,x_2,\cdots,x_n)=(y_1,y_2,\cdots,y_n)$$

通过 $y_1,y_2,\cdots,y_n$ 这样的排名,各富翁可知道自己的财富到底比谁多、比谁少。

设计和实现这个函数计算的过程,就是所谓的安全多方计算。

6.5.2 安全多方计算及其应用

定义 6-6(安全多方计算) 安全多方计算(Secure Multi-Party Computation,SMPC)就是指在无可信第三方的情况下,多个参与方安全地计算一个约定的函数。其中,参与方之

间互不信任,各自都有不想让其他任何人知道的秘密,但是他们可利用这些秘密作为函数输入,得到大家都信任的公开函数值。完成这一过程的协议就是安全多方计算协议。这里的函数不限于比较大小,可扩展到其他的功能。

作为密码协议,安全多方计算协议必须能够说明:什么样的协议是安全的?存在不存在这样的协议?如何构造这样的协议?因此需要从理论上定义安全多方计算的安全模型。一般的 SMPC 模型中应具有三个基本性能。

1) 私有性:各方秘密不被泄露。
2) 正确性:函数结果是正确的。
3) 输入独立性:各方输入相互独立。

安全模型中并不能假设所有参与者都是诚实的,因此除了假定存在恶意敌手之外,还需考虑"被腐蚀"的参与者,这也是 SMPC 模型较为复杂的原因之一。

从构造上讲,SMPC 的实现需要兼顾安全性和实现效率两方面。例如,前面介绍的两个百万富翁比较财富的解决方案是早期的方案,效率较低,后续出现多种提高效率的改进方案,并且能够防止恶意敌手和不诚实参与者的攻击。另外,当安全多方计算协议用于各种环境中时,应当能与其他协议(安全性上)协调一致,这就是具有所谓的**一般复合性**(Universal Composability,UC)。

安全多方计算技术伴随着零知识证明、不经意传输等基础性密码部件(primitive,也翻译为原语)的研究而逐渐发展起来,已成为密码学中一个重要的组成部分。从可证明的基础理论到多种构造和实现方式,SMPC 已经形成十分丰富的内容。前面提到的门限密码学,可视为安全多方计算的一个特殊分支,并且也被用于构造有效的 SMPC 协议。

SMPC 在实际中有着十分广泛的应用。例如,某人怀疑自己得了某种遗传病,他可以借助 SMPC 在不泄露自己隐私的前提下,从医疗机构确定自己的病情;另外,电子投票系统中采用 SMPC 可很好地解决投票者的隐私性、选票的完整性和保密性等诸多问题。从 6.6 节将会了解到:SMPC 是实现隐私计算与区块链的主要技术之一。

6.5.3 安全多方计算实现方式

目前,已有多种 SMPC 协议的实现方式,例如,将函数表示为一个算术电路,它由加法门、乘法门等单元连接而成,执行两参与方协议时电路的每个输入和中间结果都被分解为两部分(多个用户时采用秘密共享协议),分别由参与者 A 与 B 掌握,这样可在不泄露各自秘密的情况下完成电路的计算。另一种 SMPC 的重要实现方式是由不经意传输协议实现的置乱电路方法,下面对其进行介绍。

1. 不经意传输

考虑网络上付费购买电子读物的情况。电子读物网站上提供了可下载购买的书目,假设每种读物的价钱相同。某读者打算购买其中一本,但是不想让网站知道具体是哪本。同时网站也想确认该读者只买了一本而不知晓其他的读物。怎么用密码技术实现这一过程?

不经意传输(Oblivious Transfer,OT)是两用户之间的一个交互协议,发送者有两个消息 m_0 和 m_1,接收者选择 $b \in \{0,1\}$,执行这一协议后接收者仅能获得消息 m_b,而不了解另一个消息的任何信息;同时,发送者并不知道 b 的值,也就是说发送者并不知道接收者收到了哪个消息。这就是从两个消息中选一个的 OT 协议,被称为 1-out-of-2 OT,如图 6-10 所示。将其扩展为从 n 个消息中选一个的 OT 协议，称为 1-out-of-n OT，它就可以解决上述购买电子读物的问题。

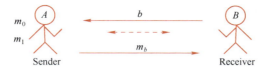

图 6-10　1-out-of-2 OT

OT 的研究由来已久。自从 1981 年 Rabin 提出这一概念以来，它作为密码学基本模块，一直被广泛研究。OT 可以用多种方式实现，以下介绍一个简单的 OT 实例。

公共参考串模型（CRS）是假设协议双方共有一个均匀分布的随机消息串。一个交换群 G 作用到一个集合 X 上，是指这样的一个映射 $*: G \times X \to X$：对于任意 $x \in X$，G 的单位元 e 的作用为 $e*x=x$；对于 $g,h \in G$，$(gh)*x = g*(h*x) = h*(g*x)$。这个群作用是弱不可预测的，是指已知多个 $x_i \in X$ 和 $g*x_i$（未知 g），计算某个 $x^* \in X$ 的作用 $g*x^*$ 是困难的。下面是一个在公共参考串模型下、利用弱不可预测性群作用实现的两消息的 OT 协议过程。

1）可信第三方（只用于产生公共参考串）随机选择 X 的一个元素 $x \leftarrow_R X$，随机抽取两个群元素 $g_0, g_1 \leftarrow_R G$，输出公共参考串 $crs = (x_0, x_1) = (g_0*x, g_1*x)$。接收者 R 和发送者 S 都会收到这个 crs。

2）接收者 R 确定一个比特 b（等于 1 或 0），随机抽取 $r \leftarrow_R G$，计算 $z = r*x_b$。将 z 发送给发送者 S。

3）发送者随机抽取 $k_0, k_1 \leftarrow_R G$，计算 $y_0 = k_0*x_0$，$\gamma_0 = H(k_0*z) \oplus m_0$，$y_1 = k_1*x_1$，$\gamma_1 = H(k_1*z) \oplus m_1$，其中 m_0 和 m_1 是发送者拥有的两个消息，H 是一个 Hash 函数。发送者将 $(y_0, y_1, \gamma_0, \gamma_1)$ 发送给接收者。γ_0 和 γ_1 即是两个密文。

4）接收者计算 $m' = \gamma_b \oplus H(r*y_b)$。

事实上：
$$m' = \gamma_b \oplus H(r*y_b) = H(k_b*z) \oplus m_b \oplus H(r*y_b)$$
$$= H(k_b*r*x_b) \oplus m_b \oplus H(r*k_b*x_b) = m_b$$

这样，发送者不知道接收者收到哪个消息，而接收者只收到 m_b，而并不了解另一个消息。

2. 置乱电路

早在 1986 年，姚期智教授就已提出了置乱电路（Garbled circuits，也翻译为混淆电路）的方法，可实现任意函数的安全多方计算。这一方法将函数表示为布尔电路（处理的数据都是比特），采用置乱编码和不经意传输来实现该电路的安全计算。置乱电路的解决方法经过后续学者的不断改善和发展，现已经成为 SMPC 的主要构造形式之一。

下面介绍置乱电路的一般实现过程。为叙述简便，仍以两个参与者 A 与 B 的协议为例（且略去安全性讨论）。

设所计算的函数表示为布尔电路 f。先将 f 的输入比特进行置乱编码，即将各比特绑定一对随机数（称为令牌）。例如，假设电路有 n 个比特输入，选择输入的置乱编码数据为 $e=\left(\left(X_1^{(0)}, X_1^{(1)}\right), \cdots, \left(X_n^{(0)}, X_n^{(1)}\right)\right)$，其中 $X_i^{(0)}$、$X_i^{(1)}$ 为不同的随机数，分别对应第 i 比特的 0 的令牌和 1 的令牌。若 n 比特输入为 $(x_1, \cdots, x_n) \in \{0,1\}^n$，则它的置乱编码为 $\left(X_1^{(x_1)}, \cdots, X_n^{(x_n)}\right)$。而电路 f 也需要进行置乱编码，即将电路的各个逻辑门进行置乱（仍能执行正常逻辑门功能）。置乱编码后的输入经过置乱电路得到置乱的输出，利用输出置乱译码数据进行译码，得到输出比特串，即函数值。

置乱电路的一般计算过程如下。

1）A 产生电路 f 的置乱编码 $\mathcal{F}$，将 $\mathcal{F}$ 发送给 B。其中，$\mathcal{F}$ 由置乱算法 $Garble(f)$ 产生：$(\mathcal{F}, e, d) \xleftarrow{R} Garble(f)$。$e$ 是针对输入比特的置乱编码数据，d 是针对输出比特的置乱译码数据，这二者由 A 保存。

2）A 与 B 执行一个交互子协议，使 B 得到置乱的输入 $\mathcal{X}$。$\mathcal{X}$ 是电路输入 x 的置乱编码（x 包括 A 与 B 的输入），$\mathcal{X} = Encode(e, x)$。对于 A 的输入比特 x_i，A 将 $X_i^{(x_i)}$ 发送给 B；对于 B 的输入比特 x_j，A 利用 1-out-of-2 的 OT 协议将 $X_j^{(x_j)}$ 发送给 B，其中 $\left(X_j^{(0)}, X_j^{(1)}\right)$ 是 A 作为发送者的两个消息，x_j 是 B 作为接收者的输入。这样 $\mathcal{F}$ 和 $\mathcal{X}$ 将不泄露 A 的输入，同时 A 也不知道 B 的输入。

3）B 根据 $\mathcal{F}$ 和 $\mathcal{X}$，执行算法 $Eval(\mathcal{F}, \mathcal{X})$（计算置乱后的电路过程，即所谓估值算法），得到电路输出值的置乱编码 $\mathcal{Y}$，并发送给 A。

4）A 译码得到输出值 $y \leftarrow Decode(d, \mathcal{Y})$，并将 y 发送给 B。其中，译码 $Decode(,)$ 的过程为：假设电路输出为 m 比特、置乱译码数据为 $d = \left(\left(Y_1^{(0)}, Y_1^{(1)}\right), \cdots, \left(Y_m^{(0)}, Y_m^{(1)}\right)\right)$。若置乱电路的置乱输出为 $\mathcal{Y} = \left(Y_1^{(y_1)}, \cdots, Y_m^{(y_m)}\right)$，则电路的输出为比特串 $y = (y_1, \cdots, y_n)$。

从上面可以看到：不经意传输协议是实现置乱电路计算中保护参与者秘密值的关键部件。

关于 SMPC 的实现技术这里不再过多介绍。需要指出的是，SMPC、OT 等很多密码协议的思想实际出现得很早，但最初的实现并不实用。随着应用需求迫切性的不断提高，这些协议受到了更深入的研究和发展，实现效率也在不断提升。

6.6 隐私计算与区块链

在大数据、云计算、人工智能、物联网等迅猛发展的情况下，数字经济不断发展壮大并深刻影响着社会的方方面面。新的经济、社会环境也提出新的安全需求和形式，这些需求大大拓展了传统的加密与认证等密码技术的应用领域，也推动了安全多方计算协议等密码技术的不断进步。例如，很多场合需要在保护用户隐私和秘密的同时，实现某些共同完成的"多方计算"，这就是所谓隐私计算技术要解决的主要问题。再比如，区块链技术从比特币这一去中心化分布式数字货币开始，为金融、审计、物流等众多领域带来一场影响深远的全新变革，其中也大量需要安全多方计算等在保护隐私情况下的计算，以维持区块链的安全运转。

6.6.1 隐私计算的定义

现代信息社会中，计算机和互联网技术的发展使得数据的产生、交换和流动呈现爆发式增长，数字经济已经成为现代社会的重要组成部分。特别是近年来，大数据、云计算、物联网、人工智能、移动互联网等为数字经济提供了可靠技术支撑。在此背景下，一方面，数据流通的需求不断加强，要求人们充分共享数据且保持数据流通顺畅。另一方面，很多数据和信息又属于某团体或个人的隐私信息，必须得到保护。如果单纯采用数据加密技术保护隐私，就会形成所谓的数据鸿沟、信息孤岛（见图 6-11），使得这些信息相对封闭（处于只能被有密钥的人打开、否则只能是密文的状态），妨碍其流通和发挥作用。针对上述矛盾，急需在保障隐私的情况下实现互联互通。隐私计算就是为了解决这一问题而发展起来的新密码技术。

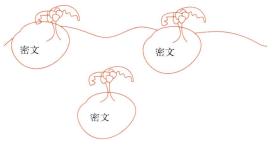

图 6-11　信息孤岛现象

定义 6-7（隐私计算）　隐私计算（Privacy Compute）是指在保证数据提供方不泄露原始数据的前提下，对数据进行分析计算的一系列信息技术，能够保障数据在流通与融合过程中的"可用不可见"。也就是说，隐私计算是对隐私信息的"不可见"的计算。其中隐私数据不仅包括个人秘密，也涉及单位、团体、行业等各自的受保护信息。在隐私计算中，用户彼此留存隐私，"理性"地达成计算协议，这样可以合理解决数据流通与保护隐私之间的矛盾。

作为隐私计算的一个实例，考虑公安部门需要调查某公司的内部视频，以便确认其中是否存在某个嫌疑人。此时公安部门掌握嫌疑人的照片，但不想将它暴露给公司；而公司又不准备完全暴露内部的视频录像。此时可利用隐私计算技术，将视频加密后在密文的情况下判断录像中是否存在嫌疑人。

随着各领域数据流通和隐私保护的需求不断增加，隐私计算的应用极为广阔，如在金融、医疗、政务方面已经取得很大进展。例如，欧盟牵头开发的"Machine Learning Ledger Orchestration for Drug Discovery"，是一个由十几家医药企业和机构联合研制的药物研究平台，可在保护患者隐私和专有数据前提下，确定更准确的模型，开发更有效的药物等。正是看到隐私计算的巨大作用和发展潜力，多个国家及其大企业/公司竞相制定相关政策，大力开发隐私计算技术。我国政府和很多企业都致力于倡导和研发隐私计算的产品，目前已经存在多款隐私计算的应用系统。

6.6.2 隐私计算的实现技术

实现隐私计算这一任务，不是靠单纯一项技术所能独立完成的。它既需要借助密码学技术，也需要利用人工智能、可靠硬件环境等技术支撑。概括地说，隐私计算的核心技术包括安全多方计算、可信执行环境、联邦学习和区块链等。

从目的和性质上来看，隐私计算和安全多方计算协议具有很大的相似性，因此安全多方计算协议是实现隐私计算的主要密码学工具之一。同时，隐私计算也涉及同态加密、可搜索加密、密文检索等相关密码技术。隐私计算的另一个核心技术是联邦学习，又称联合学习，它是采用分布式机器学习模式，将人工智能技术和密码学技术相结合形成的隐私计算技术。隐私计算的第三个核心技术是可信执行环境，它是基于硬件和操作系统的安全架构，通过构造物理安全空间和与外界隔离的计算环境，并与外界共享计算能力，实现隐私计算功能。

另外，隐私计算与区块链技术十分相似，区块链是计算账本，而隐私计算是计算结果。区块链技术将在下一小节介绍，这里主要介绍隐私计算所涉及的与安全多方计算相关的其他密码协议和技术。

1. 同态加密（Homomorphic Encryption）

同态加密就是通过对密文的运算，实现对应明文的运算。从数学角度来说，所谓同态，就是一种保持运算的映射。例如，在 RSA 加密中，设 $c_1 = m_1^e \bmod n, c_2 = m_2^e \bmod n$，则有 $c_1 c_2 = (m_1 m_2)^e \bmod n$，因此两个密文的乘积就是对应明文乘积后加密的密文。

全同态加密（Fully Homological Encryption，FHE）是 1978 年 Rivest 等人提出的概念，它可对被加密的数据进行（全）同态运算。例如，给定一个数据 m 的密文，同态加密可以返回一个数据 $f(m)$ 的密文（其中 f 是一个指定的函数），并且这是在不解密或者不知道密钥情况下进行的。FHE 的概念提出三十年后，2009 年才由 Gentry 等提出了安全的基于理想格的 FHE 方案。从此以后，同态加密技术在安全性、实用性、类型等方面取得了很多改进和发展。

下面列举一个具体的同态加密算法，这是利用环上 LWE 问题（可参见 5.6.3 小节）设计的所谓 BFV 算法。

（1）公私钥生成

令 $\mathcal{R} = \mathbb{Z}[X]/(X^N+1)$，$\mathcal{R}_Q = \mathcal{R}/Q\mathcal{R}$，其中 N 和 Q 是两个正整数。χ_{err} 表示噪声概率分布，χ_{key} 是密钥空间概率分布，$\mathcal{U}_Q$ 为消息空间。用户私钥为随机选择的 $s \leftarrow \chi_{key}$。通过选择 $a \leftarrow \mathcal{U}_Q, e \leftarrow \chi_{err}$（表示 e 服从这种概率分布），对应私钥的公钥为 $\boldsymbol{pk} = (\boldsymbol{pk}_0, \boldsymbol{pk}_1) = ([\boldsymbol{a} \cdot \boldsymbol{s} + \boldsymbol{e}]_Q, -\boldsymbol{a}) \in \mathcal{R}_Q^2$。其中 $[\cdot]_Q$ 表示模 Q 运算。

（2）加密过程

对于消息 m，用 pk 加密后的密文为
$$\boldsymbol{ct} = (\boldsymbol{c}_0, \boldsymbol{c}_1) = ([\triangle[m]_t + \boldsymbol{u} \cdot \boldsymbol{pk}_0 + \boldsymbol{e}_0]_Q, [\boldsymbol{u} \cdot \boldsymbol{pk}_1 + \boldsymbol{e}_1]_Q)$$
其中，t 是一个大整数（明文模 t、密文模 Q），$\triangle = \lfloor Q/t \rfloor$ 是表示对 Q/t 向下取整的常数，$\boldsymbol{u} \leftarrow \chi_{key}, \boldsymbol{e}_0, \boldsymbol{e}_1 \leftarrow \chi_{err}$ 是随机选择的一次性密钥和噪声。

（3）解密过程

对密文 $\boldsymbol{ct} = (\boldsymbol{c}_0, \boldsymbol{c}_1)$，用私钥 s 进行解密的结果为
$$\boldsymbol{c}_0 + \boldsymbol{c}_1 \cdot \boldsymbol{s} = \triangle[m]_t + \boldsymbol{u} \cdot \boldsymbol{e} + \boldsymbol{e}_1 \cdot \boldsymbol{s} + \boldsymbol{e}_0 = \triangle[m]_t + v_{fresh} \pmod Q$$

其中，$v_{fresh} = u \cdot e + e_1 \cdot s + e_0$（属于值比较小的项）。上述结果再经过乘以 t/Q 去掉因子 $\triangle$ 和取整，得到 $m' = \lfloor \frac{t}{Q}[c_0 + c_1 \cdot s]_Q \rceil$。只要 $\|v_{fresh}\|_\infty < \frac{Q}{2t} - \frac{r_t(Q)}{2}$（$r_t(Q)$ 是 Q 模 t 的剩余），解密就是正确的，即 $m' = m$。

（4）加法同态

对于两个密文 $ct = (c_0, c_1)$、$ct' = (c'_0, c'_1)$，因为

$$(c_0 + c_1 \cdot s) + (c'_0 + c'_1 \cdot s) = c_0 + c'_0 + (c_1 + c'_1) \cdot s$$
$$= \triangle[m + m']_t + v + v' - r_t(Q)u \pmod{Q}$$

其中，v 和 v' 等为一些小项。因此密文 $ct_{add} = ([c_0 + c'_0]_Q, [c_1 + c'_1]_Q)$ 是 $[m + m']_t$ 的密文，即对于加法而言，加密是同态的。

（5）乘法同态

因为

$$(c_0 + c_1 \cdot s) \cdot (c'_0 + c'_1 \cdot s) = (\triangle[m]_t + v + Qk) \cdot (\triangle[m']_t + v' + Qk')$$
$$= \frac{Q}{t}\triangle[m \cdot m']_t + \frac{Q}{t}v_{tensor} + \frac{Q^2}{t}k_{tensor}$$

其中，v_{tensor} 和 k_{tensor} 是运算积累的小项（或系数含 Q）。再去掉 $\frac{Q}{t}\triangle$ 和取整、模 Q，可恢复明文为 $m \cdot m'$。因此密文乘积 $ct_{tensor} = (c_0 \cdot c'_0, c_0 \cdot c'_1 + c_1 \cdot c'_0, c_1 \cdot c'_1) \in \mathcal{R}^3$ 对应着明文的乘积 $m \cdot m'$，即对乘法而言，加密也具有同态性。

2. 混淆（Obfuscation）技术

混淆是一种隐藏内容但可实现功能的密码协议。2001 年，Barak、Goldreich 等提出程序混淆的概念，目的是使计算机程序在保持实现功能的同时不能被读懂。他们给出"虚拟黑箱"混淆的设计思想，也就是让程序经过混淆后像黑箱（不被了解内部）一样被使用。但这一概念在现实中是不可能实现的，因为无法实现真正的"黑箱"。随后他们又提出不可区分混淆，即任意两个不同（但等长）、实现相同功能的程序混淆后是不可区分的，但当时并不清楚如何实现不可区分混淆。直到 2013 年才由 Garg、Gentry 等实现了一个有效的针对一般程序的不可区分混淆，且指明如何将它用在一般电路上来实现函数加密。

不可区分混淆协议与不经意传输、同态加密、函数加密等相互之间关联十分紧密，在实现功能和构造方式上常常相互融合、借鉴。目前不可区分混淆也有效率较高的构造方式，如采用多线性映射实现的不可区分混淆。

3. 函数加密（Functional Encryption）

函数加密是 2010 年由 Boneh、Sahai 和 Waters 给出正式定义的一种特殊加密方式，可以让某些人得到密文的部分解密信息。函数加密中，密文都是用主密钥（含公钥和私钥）的主公钥加密的，具有主密钥的可信方可从主私钥衍生出一个部分私钥 sk_f 发送给某个用户，该用户可用这个密钥从密文中计算关于明文 m 的一个（部分解密）函数 $F(sk_f, m)$ 的输出，但不能获得 m 的其他信息。

这个函数可以是多种形式。例如，邮件服务器在处理用户的加密邮件时，可借助函数加密判断邮件是否是垃圾邮件。此时函数 $F(sk_f, m)$ 是一个判断函数，当邮件是垃圾邮件时

输出 1，正常邮件时输出 0。这样具有 sk_f 的邮件服务器就可以过滤掉垃圾邮件，但并不能解密邮件；再比如，某医院对 n 个病人进行血液化验，若 $(x_1,\cdots,x_n)$ 表示公开的化验结果，$(y_1,\cdots,y_n)$ 表示对应的病人姓名。为了保护病人隐私，医院将病人姓名全部加密，但采用函数加密时可设置一个函数 $F(sk_f,y_i)$，当化验数据 $x_i \leqslant t$（某个合格界限）时，函数输出 y_i。这样具有 sk_f 的护士就可以知道哪些病人的化验结果不合格。

当然，函数也可以是恒等函数，此时函数加密等同一般的加密算法，函数输出是全部明文。因此，函数加密相当于在密文和明文之间开辟多种可能，实现手段是对应一个主密钥设置多个部分私钥，由部分私钥获得明文的部分信息。函数加密包含属性加密、谓词加密等常见类型，也与公钥实现的可验证加密密切相关。

6.6.3 区块链技术

1. 何为区块链

区块链（Blockchain）就是一个又一个的区块（Block）组成的链条，每个区块保存一定的信息（可以看作一个账单）。它们按照各自产生的时间顺序连接成链条，如图 6-12 所示。这个链条保存在所有服务器中，各个服务器被称为节点，它们提供存储空间和计算能力。区块链由各节点共同管理，并不需要一个管理中心。理论上讲，每个节点都可以产生新的区块。区块链利用密码技术保证各区块不可篡改、不可伪造以及被访问和传输的安全性，整个链条是公开透明的并可追溯。

图 6-12 区块链的示意图

区块链起源于比特币。比特币是 2008 年 11 月由日本的中本聪（S. Nakamoto）提出的一种去中心化、分布式（P2P）电子现金系统，代表了区块链的雏形和基本框架。随后比特币成为电子货币交易的公共账簿，并且其影响不断扩大，逐渐成为多个行业竞相应用的新技术。我国高度重视区块链行业发展，将其写入了"十四五"规划纲要。

区块链的主要类型如下。

1）公有链。其中任何节点都可进行交易，参与共识（概念见后）过程。这是最早期的区块链，典型例子是比特币虚拟数字货币链。

2）联盟链。其中某个群体指定内部多个预选节点作为记账人，共同决定新区块，其他节点可参与交易但不关注记账过程。

3）私有链。其中仅使用区块链的总账技术进行记账，独享该区块链的写入权限。

从成员参与方式上，区块链又可分为无需许可型（Permissionless）和许可型（Permissioned），前者任何时候用户可以加入和离开，后者则需要得到许可。比特币是典型的无需许可型区块链。

概括地说，区块链有以下显著特点。

（1）去中心化和自组信任

区块链中不存在中心化的管理机构，数据存储、传输、验证均基于分布式系统结构，无中心节点，各节点具有同等权利和义务。任一节点损坏不影响整个系统运转。各节点自我验证、传递和管理数据，采用共识机制和智能合约来维持各节点之间相互信任。

共识机制（Consensus Mechanism，或称一致性机制）是利用工作证明（Proof of Work，PoW）、权益证明（Proof of Stake，PoS）等证明机制，在区块链增加区块、更新区块链时，使得各个节点保存的账本数据保持一致性。

智能合约（Smart Contract）是一种不需要第三方、自动建立和执行合同条款的协议，以可编程程序的形式存储到区块链中，当满足条件时自动运行，实现合同约定的功能，而且可被多方公开审计和验证。

（2）公开化和不可篡改

区块链中存储的区块是公开的。除交易各方私有信息被加密、每个节点保持自己的秘密外，数据对所有人公开，任何人可从公开接口查询，且系统提供灵活的脚本代码供用户开发使用。但节点之间无法进行欺骗，不能对已有的区块进行篡改，因为区块严格按照时间顺序推进，具有不可逆性，任何篡改容易被追溯。

（3）匿名性和可追溯

区块链节点中的用户，其身份是以公钥的 Hash 函数（假名）作为标识，不需第三方开具的公钥证书。交易并不与真实身份关联，只和用户所在的节点地址相关联，因此用户具有匿名性（这里实际指非实名制，与不能将同一用户两次交易联系起来的匿名性是有区别的）。但由于区块链中记录所有历史数据，任何区块都是可进行追溯的。

2. 区块链中的密码协议和技术

为了实现区块链的诸多特性，密码协议和算法是不可或缺的关键技术。例如，区块链中需要用 Hash 函数将交易内容和用户身份等转变为 Hash 值，保证区块完整性、防止篡改和可公开验证，这一 Hash 值和上一区块的 Hash 值等数据构成一个区块头；公钥加密用于保护用户隐私和秘密数据，基于属性的加密用于区块链访问控制，同态加密在保证数据隐私的同时，实现节点之间的可计算性；安全多方计算使区块链各节点之间可进行联合计算，参与完成共识机制、智能合约等。

另外，区块链还涉及一些新密码技术，例如，ORAM（Oblivious RAM）是用户将数据安全存放到不可信服务器的密码协议，用户可对数据进行远程读写；PoR（Proof of Retrievability）是云端服务器给出的所存数据可被恢复的证明，用户可得到这个保证。可见区块链涉及的密码技术十分丰富，这里不再一一列举，下面仅介绍两个实例。

（1）比特币中的"挖矿"

比特币系统中没有处于中心地位的银行，人人保有一个区块链上所有交易的拷贝。如果产生一笔新的交易，即产生一个新区块，需要确认这个区块的合法性，并通知所有参与者更新所有拷贝，使得区块链保持一致（即共识机制）。如果多个新区块同时都想加入怎么办？为此比特币采用一种选拔机制，即工作证明（PoW）机制，就是让用户解决一个与新区块相联系的计算难题（Puzzle），谁第一个解决，谁就能获得加入一个新区块的权力，并获得一定数量比特币的奖励。而验证解答的正确性过程很简单，以便其他用户对新区块的合法性进行快速的公开验证。比特币系统中将参与求解计算难题的用户称为"矿工",将发现答案的过程称为"挖矿"。

比特币中设置的难题是寻找 Hash 函数的部分原像。所使用的 Hash 函数是 SHA-2 的 256 比特输出版本,实际中采用这一函数的两次嵌套:

$$SHA256d(message) = SHA256(SHA256(message))$$

所需求解的计算难题是:在给定新区块的部分信息 C 和一个目标值 T 后,求满足下面条件的未知的唯一数 Nonce:$SHA256d(C \| Nonce) \leqslant T$。其中"$\|$"表示比特串链接。寻找这个部分原像是比较困难的,需要不断尝试不同输入值,如图 6-13 所示。发现一个 Nonce 的概率约为 $\frac{T}{2^{256}}$。T 值不同,"挖矿"的难度就不同,一般来说,区块链中平均十分钟才能产生一个新区块。

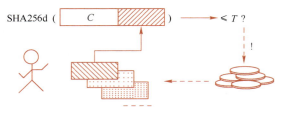

图 6-13 比特币中的工作证明

这种 PoW 也存在一些问题,例如,一些用户借助 ASIC 硬件可将"挖矿"速度提升几个数量级;几乎同时找到 Nonce 的情况仍会产生链条的分叉;计算能量消耗较大。为此后续陆续产生一些新的解决手段。

(2)区块链中防止重复花费的实现方法

区块链中交易是在保护用户真实身份情况下进行的。如果不诚实用户企图将同一个数字货币使用两次进行交易,就是所谓重复花费。如何有效避免这一行为?可链接的环签名算法是一种解决方案。环签名可以在保护签名人隐私的同时产生有效的签名,它是用环成员私钥进行签名,而用环的公钥进行验证。可链接的环签名中一个成员进行重复签名时可被发现,因此可用于防止重复花费。

下面是一个可链接环签名的具体算法。

1)密钥生成。

设定义在 $\mathbb{Z}_q$(q 是一个素数)上一条椭圆曲线的一个加群的生成元为 G,N 是该加群的元素个数,$\mathcal{R} = \{K_1, K_2, \cdots, K_n\}$ 是 n 个用户公钥的集合,用户私钥 k_i 与公钥 K_i 的对应关系为 $K_i = k_i G, i \in \{1, \cdots, n\}$。$\mathcal{H}_n: \{0,1\}^* \rightarrow Z_N$ 和 $\mathcal{H}_p: \{0,1\}^* \rightarrow \langle G \rangle$ 是两个不同的 Hash 函数,其中 $\langle G \rangle$ 表示 G 生成的循环群。

2)签名过程。

具有私钥 k_π(π 是签名人的序号)的签名人对消息 m 进行签名:

a)计算 $\tilde{K} = k_\pi \mathcal{H}_p(\mathcal{R})$。

b)产生随机数 $\alpha \in_R \mathbb{Z}_q, r_i \in_R \mathbb{Z}_q, i \in \{1, \cdots, n\}, i \neq \pi$。

c）计算 $c_{\pi+1} = \mathcal{H}_n(\mathcal{R}, \tilde{K}, m, \alpha G, \alpha \mathcal{H}_p(\mathcal{R}))$。

d）对于 $i = \pi+1, \pi+2, \cdots, n, 1, 2, \pi-1$（即 $n+1$ 用 1 取代），计算：
$$c_{i+1} = \mathcal{H}_n(\mathcal{R}, \tilde{K}, m, r_i G + c_i K_i, r_i \mathcal{H}_n(\mathcal{R}) + c_i \tilde{K})$$

3）定义 $r_\pi = \alpha - k_\pi c_\pi \pmod{N}$。

签名为 $\sigma(m) = (c_1, r_1, \cdots, r_n, \tilde{K})$。

4）验证过程。

验证者利用环公钥 $\mathcal{R}$ 验证签名 $\sigma(m)$ 的正确性。

a）对于 $i = 1, 2, \cdots, n$，（$n+1$ 用 1 取代）计算：
$$z_i' = r_i G + c_i K_i\text{；}\quad z_i'' = r_i \mathcal{H}_p(\mathcal{R}) + c_i \tilde{K}\text{；}\quad c_{i+1}' = \mathcal{H}_n\left(\mathcal{R}, \tilde{K}, m, z_i', z_i''\right)$$

b）如果 $c_1' = c_1$，则签名有效；否则无效。

这个签名的正确性可验证如下。

如果 $i \neq \pi$，则 c_{i+1}' 如签名过程所定义；如果 $i = \pi$，则
$$\begin{cases} z_i' = r_i G + c_i K_i = (\alpha - k_\pi c_\pi) G + c_\pi K_\pi = \alpha G \\ z_i'' = r_i \mathcal{H}_p(\mathcal{R}) + c_i \tilde{K} = (\alpha - k_\pi c_\pi) \mathcal{H}_p(\mathcal{R}) + c_\pi k_\pi \mathcal{H}_p(\mathcal{R}) = \alpha \mathcal{H}_p(\mathcal{R}) \end{cases}$$

所以 $c_{i+1}' = \mathcal{H}_n(\mathcal{R}, \tilde{K}, m, z_i', z_i'') = c_{i+1}$。

这个签名具有可链接性：对于相同的 $\mathcal{R}$，两个不同消息的两个有效签名为
$$\sigma(m) = (c_1, r_1, \cdots, r_n, \tilde{K}),\quad \sigma'(m') = (c_1', r_1', \cdots, r_n', \tilde{K}')$$

若 $\tilde{K} = \tilde{K}'$，则说明签名来自同一个签名人。

3．区块链的应用

由于区块链的优越性质，使得它在数字货币、金融资产的交易结算、数字政务、存证防伪数据服务等众多领域具有广阔的应用前景。区块链的一些典型应用见表 6-1。

表 6-1 区块链的典型应用

领域	应用
金融	跨境支付更快，支付结算更快，证券交易更方便
登记、存证	简化登记业务、税务发票等业务，降低成本
溯源、防伪	司法鉴定、保护知识产权更方便
医疗、保险	保护敏感信息和隐私，并实现更多业务功能
物联网、云端	有助其实现，保证其安全性等

区块链最初的、最普遍的应用是数字货币。比特币技术上实现了无需第三方中转或仲裁，交易双方可以直接相互转账的电子现金系统。由比特币技术带动的区块链技术正对金融业产生颠覆式变革（参见[15]）。例如，在支付结算方面，在区块链分布式账本体系下，市场多个参与者共同维护并实时同步一份"总账"，短短几分钟内就可以完成过去两三天才能完成的支付、清算、结算任务，降低了跨行跨境交易的复杂性和成本。同时，监管部门可以方便地追踪链上交易，快速定位高风险资金的流向。在证券发行交易方面，传统股票发行流程长、成本高、环节复杂，区块链技术能够弱化承销机构作用，帮助各方建立快速准确的信

息交互共享通道，发行人通过智能合约自行办理发行，监管部门统一审查核对，投资者也可以绕过中介机构进行直接操作。

区块链的另一个典型应用是在数字政务方面，它可以让数据"跑"起来，大大精简办事流程（参见[15]）。区块链的分布式技术可以让政府部门集中到一个链上，所有办事流程交付智能合约，办事人只要在一个部门通过身份认证以及电子签章，智能合约就可以自动处理并流转，顺序完成后续所有审批和签章。区块链发票是国内区块链技术最早落地的应用。税务部门推出区块链电子发票"税链"平台，税务部门、开票方、受票方通过独一无二的数字身份加入"税链"网络，真正实现"交易即开票""开票即报销"——秒级开票、分钟级报销入账，大幅降低了税收征管成本，有效解决数据篡改、一票多报、偷税漏税等问题。

数字经济正以前所未有的方式改变着人们的生活方式，计算机技术、网络技术、人工智能技术、量子计算等也以颠覆人们想象力的方式推动着时代发展。作为为信息安全、网络空间安全保驾护航的密码技术，则早已突破了仅仅实现保密和认证的应用范围，而是面向新的应用环境，自身不断融合、拓展，成为隐私计算、区块链、大数据、云计算等的核心技术之一。当前，无论是隐私计算技术，还是区块链技术，在实现时仍存在不少问题亟待解决，密码技术及其应用也必然会随之不断发展。

应用示例：电子证照中的身份认证

随着社会发展，各类证照层出不穷，五花八门的证照给公众办证用证带来诸多不便，而纸版证照存在不便保存、伪证泛滥、难以验证等问题。电子证照可有效解决上述问题，有效地节省了成本，提升了政府服务能力。

图 6-14 是电子证照发放的示意图（选自[16]），其中采用身份认证协议实现办事中心系统与电子证照库之间的身份确认。电子证照库中的电子证照数据库存放有各个证照签发部门根据用户证照信息产生的带数字签名的电子证照，并加盖电子印章。用户需要在领取证照时，通过营业厅向办事中心系统提出申请，后者与电子证照库进行身份认证之后，将用户申请经过加密通道（将数据经过加密后传输）发送给电子证照库；电子证照库验证申请及身份合格后，通过查询找到对应的电子证照，验证电子证照签名的正确性，并将电子证照发送给办事中心系统；办事中心系统收到后验证电子证照签名的正确性，再发放给用户。

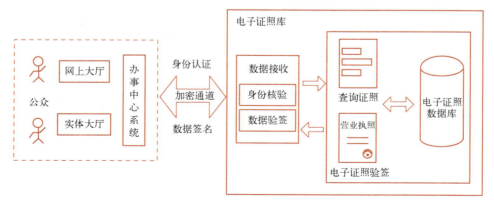

图 6-14　电子证照发放示意图

小结

密码通信都是在不可信的公开信道上进行的。密码通信过程分为两个阶段，第一阶段是通信双方进行身份认证、密钥分配或密钥协商，第二阶段是利用获得的密钥，双方进行密码通信。完成身份认证、密钥分配或密钥协商等工作，需要使用密码协议。

Needham-Schroeder 协议就是典型的密钥分配协议，不过它的缺点是不能对抗已知会话密钥攻击。在该协议中加入时间戳，便形成了著名的 Kerberos 密钥分配协议。密钥分配协议需要借助于 TA 的帮助，因此在通信用户非常多的情况下效率很低。于是，不借助 TA 而由通信双方直接进行密钥协商的 DH 密码协议便应运而生，该协议可在公共信道上借助公钥密码单向函数，由通信双方直接协商产生对称密钥。不过，DH 协议也存在安全漏洞，它不能防止中间人攻击，于是 MTI 和 STS 密钥协商协议便登上了舞台。在实际工作中，人们发现由一个人全权管理一个秘密很不安全，于是提出了秘密共享概念，由此提出了 Shamir 门限协议和 Simmons 门限协议，还产生了密码学的分支学科——门限密码学。为了解决身份认证问题，提出了 Guillou-Quisquater 身份认证协议，以及基于零知识证明的 Fiat-Shamir 身份认证协议和改进的 Feige-Fiat-Shamir 身份认证协议。

在密码学发展历程中，对称密码体制（序列密码和分组密码）仅限于在可信的通信双方之间使用，它主要解决了通信的保密性问题；非对称密码体制（公钥密码体制）是在通信对象猛增、建立大量对称密钥很困难的情况下提出的，它能完成多个可信用户之间的认证，是密码学解决认证问题的主要手段；安全多方计算则是在公开网络（不一定可信的）上多个用户之间实现安全运算的新方向，它具有协议的特点和更广泛的性能，更适于当前网络化、分布式的通信环境。

目前，隐私计算与区块链技术应用如火如荼。一方面，它们综合地应用了安全多方计算协议、混淆协议、同态加密和函数加密等多种密码技术；另一方面，设计这些安全应用也对密码学提出了新的挑战。展望未来，密码学的发展没有终点。

习题

6-1 密钥的传递和保存方法是什么？

6-2 密钥的生命周期的各阶段包括什么？

6-3 什么是 KEM？其实现过程又是怎样的？

6-4 在 Diffie-Hellman 密钥协商协议中，已知 p 是素数，$g \in \mathbb{Z}_p$ 是本原元素。若 $p=27803, g=5$，用户 U 选取 $x_U=10031$，用户 V 选取 $x_V=17333$，试求用户 U 和用户 V 建立的共享密钥。

6-5 在有限域 $GF(13)$ 上的一个 Shamir$(3,5)$ 门限方案如例 6-2 所示，若所选的 3 个公开点为 5、6 和 7，求出该系统的秘密值。

6-6 基于椭圆曲线上离散对数问题，也可以建立 DH 密钥交换协议，试描述其实现过程。

6-7　什么是可验证秘密共享和动态秘密共享？各有什么作用？

6-8　试比较消息认证与身份认证的特点，并指出身份认证协议常见的攻击方式都有哪些。

6-9　零知识证明都有哪些应用？

6-10　举例说明安全多方计算的应用场景。

6-11　试分析不经意传输、混淆、同态加密的区别与联系。

6-12　比较隐私计算和区块链在实现方式、应用场景等方面的异同。

参考文献

[1] SIMMONS G. J. Prepositioned Shared Secret and/or Shared Control Schemes[C]//Annual International Cryptology Conference.Berlin, Heidelberg: Springer, 1990.

[2] SHAMIR A. How to Share a Secret[J]. Communications of the ACM, 1979, 22(11): 612-613.

[3] STINSON D. Cryptography: Theory and Practice[M]. 3rd Ed. Boca Raton: Chapman& Hall/CRC, 2006.

[4] BADRINARAYANAN S, MASNY D, MUKHERJEE P, et al. Round-Optimal Oblivious Transfer and MPC from Computational CSIDH [C]//Public Key Cryptography. Berlin, Heidelberg: Springer, 2023.

[5] BONEH D, SHOUP V. A Graduate Course in Applied Cryptography[EB/OL]. (2023-01-14)[2024-05-09]. https://toc.cryptobook.us/.

[6] KIM A, POLYAKOV Y, ZUCCA V. Revisiting Homomorphic Encryption Schemes for Finite Fields[C]//International Conference on the Theory and Application of Cryptology and Information Security. Berlin, Heidelberg: Springer, 2021.

[7] RAIKWAR M, GLIGOROSKI D, KRALEVSKA K. SoK of Used Cryptography in Blockchain[EB/OL]. (2020-1-31)[2024-5-9]. https://eprint.iacr.org/2019/735.pdf.

[8] LIU J, WEI V, WONG D. Linkable Spontaneous Anonymous Group Signature for Ad Hoc Groups[C] // ACISP2004: Information Security and Privacy. Berlin, Heidelberg: Springer, 2004.

[9] 旋奈尔. 应用密码学：协议、算法与 C 源程序[M]. 吴世忠，祝世雄，张文政，等译. 北京：机械工业出版社，2014.

[10] MENEZES A J. 应用密码学手册[M]. 胡磊，王鹏，译. 北京：电子工业出版社，2005.

[11] 杨波. 现代密码学[M]. 2 版. 北京：清华大学出版社，2007.

[12] 加内特. 密码学导引[M]. 吴世忠，宋晓龙，郭涛，等译. 北京：机械工业出版社，2003.

[13] 冯登国，裴定一. 密码学导引[M]. 北京：科学出版社，1999.

[14] 冯登国. 安全协议：理论与实践[M]. 北京：清华大学出版社，2010.

[15] 中华人民共和国国家互联网信息办公室. 区块链技术的五大应用场景[EB/OL]. (2019-11-06)[2023-05-09]. https://www.cac.gov.cn/2019-11/06/c_1574572443976601.htm.

[16] 《商用密码知识与政策干部读本》编委会. 商用密码知识与政策干部读本[M]. 北京：人民出版社，2017.